洪錦魁簡介

2023 年博客來 10 大暢銷華文作家,多年來唯一獲選的電腦書籍作者,也是一位跨越電腦作業系統與科技時代的電腦專家,著作等身的作家。

- ❑ DOS 時代他的代表作品是「IBM PC 組合語言、C、C++、Pascal、資料結構」。
- ❑ Windows 時代他的代表作品是「Windows Programming 使用 C、Visual Basic」。
- ❑ Internet 時代他的代表作品是「網頁設計使用 HTML」。
- ❑ 大數據時代他的代表作品是「R 語言邁向 Big Data 之路」。
- ❑ AI 時代他的代表作品是「機器學習 Python 實作」。
- ❑ 通用 AI 時代,國內第 1 本 ChatGPT、AI 職場、無料 AI 的作者。

作品曾被翻譯為簡體中文、馬來西亞文,英文,近年來作品則是在北京清華大學和台灣深智同步發行:

1:C、Java、Python、C#、R 最強入門邁向頂尖高手之路王者歸來

2:OpenCV 影像創意邁向 AI 視覺王者歸來

3:Python 網路爬蟲:大數據擷取、清洗、儲存與分析王者歸來

4:演算法邏輯思維 + Python 程式實作王者歸來

5:Python 從 2D 到 3D 資料視覺化

6:網頁設計 HTML+CSS+JavaScript+jQuery+Bootstrap+Google Maps 王者歸來

7:機器學習基礎數學、微積分、真實數據、專題 Python 實作王者歸來

8:Excel 完整學習、Excel 函數庫、AI 輔助學習 Excel VBA 應用王者歸來

9:Python 操作 Excel 最強入門邁向辦公室自動化之路王者歸來

10:Power BI 最強入門 – AI 視覺化 + 智慧決策 + 雲端分享王者歸來

他的多本著作皆曾登上天瓏、博客來、Momo 電腦書類,不同時期暢銷排行榜第 1 名,他的著作特色是,所有程式語法或是功能解說會依特性分類,同時以實用的程式範例做說明,不賣弄學問,讓整本書淺顯易懂,讀者可以由他的著作事半功倍輕鬆掌握相關知識。

Excel VBA
最強入門邁向頂尖高手之路
全彩印刷
下冊序

這本書是第 2 版,相較第 1 版,新增內容主要是「用 AI 協助我們設計 Excel VBA 程式,同時增加設計員工資料、庫存和客戶關係管理系統」,新增內容如下:

- 認識有哪些 AI 可以輔助學習 Excel VBA
- AI 輔助 Debug 程式
- AI 為程式增加註解
- AI 輔助學習 Excel 函數
- AI 輔助學習 Excel VBA 程式設計
- AI 輔助設計 Excel VBA 計算通話費用
- AI 輔助批量更新舊版「.xls」為新版的「.xlsx」
- AI 輔助批量更新舊版「.doc」為新版的「.docx」
- AI 輔助批量更新舊版「.ppt」為新版的「.pptx」
- AI 輔助批量執行 CSV 檔案和 Excel 檔案的轉換
- AI 輔助設計 Excel 圖表
- 用 Excel VBA 在 Excel 內設計聊天機器人
- 設計員工資料／庫存／客戶關係管理系統
- 其他細節修訂約 120 處

其實 AI 所設計的程式代表矽谷工程師的思維,細讀 AI 設計的程式,可以擴展自己的程式設計視野。

Excel 軟體本身不難,也是辦公室最常用的軟體之一,但是要更進一步學習 Excel VBA 則是有些困難,原因是市面上的 Excel VBA 書籍存在下列缺點:

1:沒有循序漸進解說。

2:最基礎的 Excel VBA 語法沒有解釋。

3：Excel VBA 語法沒有完整說明。

4：Excel 元件與 Excel VBA 語法關聯性解釋不完整。

5：冗長的文字敘述，缺乏淺顯易懂的實例解說。

6：Excel VBA 實例太少。

7：沒有完整的實例應用。

　　就這樣我決定撰寫一本相較於市面上最完整的 Excel VBA 書籍，整本書從最基礎開始說起，徹底解釋如何用 Excel VBA 操作所有的 Excel 元件。這本書 (上、下冊) 共有 41 個章節，其中 1-18 章是上冊，19-41 章是下冊，共使用約 885 個程式實例完整解說，上冊共有 18 章包含下列內容：

- 巨集觀念，從巨集到 VBA 之路
- 詳細解說 Visual Basic Editor 編輯環境
- VBA 運算子
- AI 輔助 Excel VBA 程式設計
- AI 輔助 Debug 程式
- AI 輔助更新 Excel 檔案
- 輸入與輸出
- 程式的條件控制
- 陣列
- 程式迴圈控制
- 建立自訂資料 Type、程序 Sub 與函數 Function
- 認識 Excel VBA 的物件屬性與方法
- 調用 Excel 函數
- Excel 的日期、時間、字串與數值函數
- Application、Workbook、Worksheet 物件
- Range 物件 – 參照、設定

下冊共有 23 章包含下列內容：

- Range 物件位址、格式化、操作與輸入
- 超連結 Hyperlinks
- 資料驗證 Validation
- 高效吸睛的報表 FormationConditions
- 數據排序與篩選 AutoFilter
- 樞紐分析表 PivotCaches

- 走勢圖 SparklineGroups
- 建立圖表 Charts
- 插入物件 Shapes
- Window 物件
- 工作表列印 PrintOut
- 活頁簿、工作表事件
- OnKey 與 OnTime 特別事件
- 使用者介面設計 – 表單控制項
- 快顯功能表設計 CommandBars
- 財務上的應用
- AI 輔助更新 Word/PowerPoint 檔案
- 在 Excel 內開發聊天機器人
- 專題 – 員工資料／庫存／客戶關係管理系統

　　寫過許多的電腦書著作，本書沿襲筆者著作的特色，內容是市面上最完整，程式實例最豐富，相信讀者只要遵循本書內容必定可以在最短時間精通 Excel VBA 設計，編著本書雖力求完美，但是學經歷不足，謬誤難免，尚祈讀者不吝指正。

洪錦魁 2024-03-20

jiinkwei@me.com

教學資源說明

　　教學資源有教學投影片。

　　如果您是學校老師同時使用本書教學，歡迎與本公司聯繫，本公司將提供教學投影片。請老師聯繫時提供任教學校、科系、Email、和手機號碼，以方便深智數位股份有限公司業務單位協助您。

臉書粉絲團

　　歡迎加入：王者歸來電腦專業圖書系列

　　歡迎加入：iCoding 程式語言讀書會 (Python, Java, C, C++, C#, JavaScript, 大數據，人工智慧等不限)，讀者可以不定期獲得本書籍和作者相關訊息。

讀者資源說明

　　請至本公司網頁 https://deepwisdom.com.tw 下載本書程式實例。

目錄

第二十一章　Range 物件 - 操作儲存格

第二十二章　建立超連結 Hyperlinks

第二十三章　使用格式化建立高效吸睛的報表

第二十四章　資料驗證

第二十五章　數據排序與篩選

第二十六章　樞紐分析表

第二十七章　走勢圖

第二十九章　插入物件

第三十章　Window 物件

第三十一章　工作表的列印

第三十五章　使用者介面設計 - UserForm

第三十七章　快顯功能表

第三十八章　財務上的應用

第三十九章　AI 輔助更新 Word/PowerPoint 檔案

第十九章

Range 物件 - 儲存格 的位址訊息

19-1 儲存格位址或是儲存格區間的位址 Address

19-1-1　Address 基礎實作

Range 物件的 Address 的屬性可以回傳字串形式的儲存格位址訊息，語法如下：

Experssion.Address([RowAbsolute], [ColumnAbsolute], [ReferenceStyle], [External], [RelativeTo])

上述各參數意義如下：

- RowAbsolute：選用，回傳資料類型是 Variant，如果是 True 會回傳絕對參照的列 (row)，預設是 True。如果是 False 則回傳相對位址，False 也可以用 0 取代。

- ColumnAbsolute：選用，回傳資料類型是 Variant，如果是 True 會回傳絕對參照的欄 (column)，預設是 True。如果是 False 則回傳相對位址，False 也可以用 0 取代。

- ReferenceStyle：選用，回傳資料類型是 XlReferenceStyle，這是參照樣式，預設是 xlA1。如果改為 x1R1C1 則 Excel 將改為 R1C1 格式參照儲存格。

- External：選用，回傳資料類型是 Variant，如果是 True 會傳回外部參照，False 會回傳本機參照，預設是 False。

- RelativeTo：選用，回傳資料類型是 Variant，如果 RowAbsolute 和 ColumnAbsolute 是 False，同時 ReferenceStyle 是 xlR1C1，則會回傳相對參照的起始點，此參數就是起始點的 Range 物件。

程式實例 ch19_1.xlsm：用 Cells(1,1) 認識 Address 屬性。

```
1   Public Sub ch19_1()
2       Dim x As Variant
3       Set x = Worksheets(1).Cells(1, 1)
4       Debug.Print x.Address()                          '$A$1
5       Debug.Print x.Address(RowAbsolute:=False)        '$A1
6       Debug.Print x.Address(RowAbsolute:=False, _
7                        ColumnAbsolute:=False)          'A1
8
9       Debug.Print x.Address(ReferenceStyle:=x1R1C1)    'R1C1
10      Debug.Print x.Address(ReferenceStyle:=x1R1C1, _
11                       RowAbsolute:=False, _
12                       ColumnAbsolute:=False, _
13                       RelativeTo:=Worksheets(1).Cells(3, 3))
14  End Sub
```

執行結果

註 上述執行結果 $ 符號代表相對位址。在參數的應用中，如果只有一個參數，想將 RowAbsolute 設為 False，可以使用 0 代表 False，所以可以用 Address(0) 表示。如果想將 RowAbsolute 和 ColumnAbsolute 同時設為 False，可用 Adress(0, 0)。第一個 0 會被視為 RowAbsolute 的設定，第 2 個 0 會被視為 ColumnAbsolute。如果設為 Address(, 0)，表示第一個參數 RowAbsolute 是使用預設，第二個參數 ColumnAbsolute 被設為 False。

重新設計 ch19_2.xlsm：使用簡化方式重新設計 ch19_1.xlsm。

```
1   Public Sub ch19_2()
2       Dim x As Variant
3       Set x = Worksheets(1).Cells(1, 1)
4       Debug.Print x.Address()                          '$A$1
5       Debug.Print x.Address(0)                         '$A1
6       Debug.Print x.Address(0, 0)                      'A1
7
8       Debug.Print x.Address(ReferenceStyle:=xlR1C1)    'R1C1
9       Debug.Print x.Address(ReferenceStyle:=xlR1C1, _
10                      RowAbsolute:=0, _
11                      ColumnAbsolute:=0, _
12                      RelativeTo:=Worksheets(1).Cells(3, 3))
13  End Sub
```

執行結果 與 ch19_1.xlsm 相同。

程式實例 ch19_3.xlsm：有一個工作表內容如下，這個程式會列出已經使用儲存格區間的位址訊息，程式第 6 列參數筆者故意使用 (, False)，讓讀者了解和 (, 0) 意義是相同。

	A	B	C	D	E	F
1						
2		產品	一月	二月	三月	
3		飲料	8800	12000	7900	
4		雜貨	9800	19000	6600	
5		文具	6500	5200	4800	

```
1   Public Sub ch19_3()
2       Dim x As Range
3       Set x = ActiveSheet.UsedRange
4       Debug.Print x.Address()
5       Debug.Print x.Address(0)
6       Debug.Print x.Address(, False)
7       Debug.Print x.Address(0, 0)
8       Debug.Print x.Address(ReferenceStyle:=x1R1C1)
9       Debug.Print x.Address(ReferenceStyle:=x1R1C1, _
10                             RowAbsolute:=0, _
11                             ColumnAbsolute:=0, _
12                             RelativeTo:=Worksheets(1).Cells(3, 3))
13  End Sub
```

執行結果

即時運算　　　　　　　　　　　　　　　　　×

```
$B$2:$E$5
$B2:$E5
B$2:E$5
B2:E5
R2C2:R5C5
R[-1]C[-1]:R[2]C[2]
```

19-1-2　認識 R1C1 格式

Excel 預設是使用 A1 格式代表某個儲存格，Excel 另一種表達儲存格的方式是 R1C1 格式，在 Excel 視窗如果執行檔案 / 選項，點選公式，再勾選運用公式的 [R1C1] 欄名列號表示法，可以看到 Excel 以數字方式顯示欄名。

在 R1C1 表示法中，R 代表 Row(列)，C 代表 Column(欄)，所以可以說 R1C1 是 代表第幾列第幾行，可以參考下方左圖。

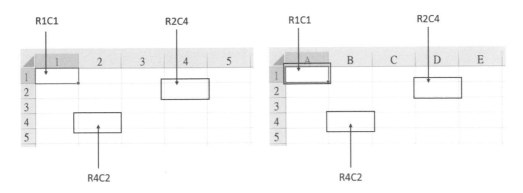

當我們了解 R1C1 所代表個別儲存格意義後，其實我們不用特意將工作表的欄名改成數字，在我們預設的 A、B、⋯ 等欄名的觀念中，R1C1 所代表的儲存格觀念也是相同，可以參考上方右圖。

19-1-3　活用 Address

程式實例 ch19_4.xlsm：列出目前工作儲存格的位址。

```
1  Public Sub ch19_4()
2      Dim rng As Range
3      Set rng = ActiveCell
4      MsgBox "目前工作儲存格位址 : " & rng.Address(0, 0)
5  End Sub
```

執行結果

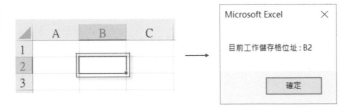

程式實例 ch19_5.xlsm：設定左上角與右下角位址，先選取然後設為黃底，最後列出此區間。

```
1  Public Sub ch19_5()
2      Dim rng As Range
3      Dim left As Integer, top As Integer
4      Dim right As Integer, bottom As Integer
5      left = 2
6      top = 2
7      right = 6
8      bottom = 4
9      Set rng = Range(Cells(top, left), Cells(bottom, right))
```

```
10      rng.Select
11      rng.Interior.Color = vbYellow
12      MsgBox "黃色儲存格區間 : " & rng.Address(0, 0)
13  End Sub
```

執行結果

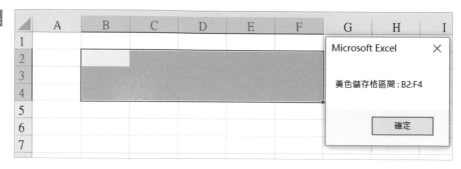

程式實例 ch19_6.xlsm：移動儲存格後，列出新的儲存格位址。

```
1  Public Sub ch19_6()
2      Dim rng1 As Range
3      Dim rng2 As Range
4      Set rng1 = Range("B2")
5      Set rng2 = rng1.Offset(3, 2)
6      rng2.Select
7      MsgBox "新的目前工作儲存格位址 : " & rng2.Address(0, 0)
8  End Sub
```

執行結果

19-2 儲存格或儲存格區間欄與列的序號

其實 17-4-2 節和 17-4-3 節，已經有對這兩個屬性做過說明，Row 會回傳在整體工作表的列序號，Column 是回傳在整體工作表的欄序號。

程式實例 ch19_7.xlsm：列出特定儲存格 B3 的列序號與欄序號。

```
1  Public Sub ch19_7()
2      MsgBox ("B3的列序號 : " & Range("B3").Row & vbCrLf & _
3              "B3的欄序號 : " & Range("B3").Column)
4  End Sub
```

執行結果

```
Microsoft Excel    ×

B3的列序號：3
B3的欄序號：2

      確定
```

19-3 再談 End 屬性

本書 17-12 節已經說明了 End 屬性基本用法，這一節將使用更完整的實例解說此 End 屬性。有一個儲存格資料如下：

▲	A	B	C	D	E	F	G	H	I
1									
2				88					
3				99					
4		100	101	102	103	104	105	106	
5				112					
6				122					
7				132					
8									

程式實例 ch19_8.xlsm：列出最右邊、最左邊、最上邊和最下邊有資料的儲存格位址。

```
1  Public Sub ch19_8()
2     MsgBox "最上方的列 : " & Range("D4").End(xlUp).Row & vbCrLf & _
3            "最下方的列 : " & Range("D4").End(xlDown).Row & vbCrLf & _
4            "最右邊的欄 : " & Range("D4").End(xlToRight).Column & vbCrLf & _
5            "最左邊的欄 : " & Range("D4").End(xlToLeft).Column & vbCrLf
6  End Sub
```

執行結果

```
Microsoft Excel    ×

最上方的列：2
最下方的列：7
最右邊的欄：8
最左邊的欄：2

      確定
```

程式設計重點是要活用，如果將上述第 2 ~ 4 列的 ".Row" 去掉，或是改為 ".Value" 可以獲得末端儲存格的值。

程式實例 ch19_9.xlsm：列出上、下、左、右邊的末端值，筆者使用兩種方式讓讀者體會。

```
1  Public Sub ch19_9()
2      MsgBox "最上方的值 : " & Range("D4").End(xlUp).Value & vbCrLf & _
3              "最下方的值 : " & Range("D4").End(xlDown) & vbCrLf & _
4              "最右邊的值 : " & Range("D4").End(xlToRight) & vbCrLf & _
5              "最左邊的值 : " & Range("D4").End(xlToLeft) & vbCrLf
6  End Sub
```

執行結果

19-4　Next 和 Previous 屬性

19-4-1　下一個儲存格 Next 屬性

在 17-10 節筆者介紹了 Offset 屬性，用這個屬性的 ColumnOffset 參數設定是 1，可以得到右邊的儲存格，這相當於是 Next 屬性的效果。

程式實例 ch19_10.xlsm：列出洪錦魁的業績。

```
1  Public Sub ch19_10()
2      Dim myname As String
3      Dim allname As Range
4      Set allname = Range("B3", Range("B3").End(xlDown))
5      myname = "洪錦魁"
6      For Each na In allname
7          If na = myname Then
8              MsgBox myname & "業績 = " & na.Next.Value
9              Exit Sub
10         End If
11     Next
12 End Sub
```

執行結果

	A	B	C	D	E	F
1						
2	排名	姓名	業績			
3	1	陳嘉許	98000			
4	2	洪錦魁	82000			
5	3	張國棟	77000			
6	4	劉新華	69000			
7	5	葉子華	65000			
8						

Microsoft Excel ×

洪錦魁業績 = 82000

確定

19-4-2 前一格儲存格 Previous 屬性

在 17-10 節筆者介紹了 Offset 屬性，用這個屬性的 ColumnOffset 參數設定是 -1，可以得到左邊的儲存格，這相當於是 Previous 屬性的效果。

程式實例 ch19_11.xlsm：列出洪錦魁的銷售排名。

```
1  Public Sub ch19_11()
2      Dim myname As String
3      Dim allname As Range
4      Set allname = Range("B3", Range("B3").End(xlDown))
5      myname = "洪錦魁"
6      For Each na In allname
7          If na = myname Then
8              MsgBox myname & "排名 = " & na.Previous.Value
9              Exit Sub
10         End If
11     Next
12  End Sub
```

執行結果

	A	B	C	D	E	F
1						
2	排名	姓名	業績			
3	1	陳嘉許	98000			
4	2	洪錦魁	82000			
5	3	張國棟	77000			
6	4	劉新華	69000			
7	5	葉子華	65000			

Microsoft Excel ×

洪錦魁排名 = 2

確定

19-5 欄編號查詢的應用

程式實例 ch19_12.xlsm：給予一個數字的欄編號 100，這個程式會將實際的欄編號輸出。

```
1   Public Sub ch19_12()
2       Dim col As String
3       Dim c As Integer
4       c = 100
5       col = Split(Cells(1, c).Address, "$")(1)
6       MsgBox Cells(1, c).Address
7       MsgBox "第 " & c & " 是第 " & col & " 欄"
8   End Sub
```

執行結果

第二十章

Range 物件 – 資料輸入

　　本書第 12 章筆者有說明數值、時間與日期格式化函數，這一章將擴充講解更多相關的知識。

　　若是想要更進一步操作 Excel 的數據，首先要了解 VBA 數據輸入的規則，同時本章也會更進一步說明使用 Range 物件的 FormatNumber 屬性，更進一步格式化所輸入的數據。

20-1 輸入數值資料

20-1-1 輸入資料

在 Excel 工作表環境數字會靠右對齊。

程式實例 ch20_1.xlsm：列出常見輸入數值資料的方法。

```
1   Public Sub ch20_1()
2       Range("B1").Value = 54321          ' 輸入整數
3       Range("B2").Value = 543.21         ' 輸入小數
4       Range("B3").Value = 2.3E+15        ' 科學符號
5       Range("B4").Value = 2.4E-15        ' 科學符號
6       Range("B5").Value = "3456"         ' 字串內含數字,會直接顯示數字
7       Range("B6").Value = "034560"
8   End Sub
```

執行結果

	A	B	C
1		54321	
2		543.21	
3		2.3E+15	
4		2.4E-15	
5		3456	
6		34560	

註 1：上述雙引號之間的數字會被視為數字，更進一步的說明請參考 20-2 節。

註 2：如果所輸入的科學符號指數值太小，VBE 編輯環境會直接以數字取代，例如：如果輸入是 2.45E-2，VBE 編輯環境會直接改成 0.0245。此外，如果輸入科學符號少了正號 " + "，例如：輸入 " 2.3E15"，VBE 編輯環境會直接改為 "2.3E+15"。

程式實例 ch20_2.xlsm：延續 ch20_1.xlsm，判斷由 "3456" 所產生的是數值資料。

```
1  Public Sub ch20_2()
2      If IsNumeric(Range("B5")) Then
3          MsgBox "B5 是數值資料"
4      Else
5          MsgBox "B5 不是數值資料"
6      End If
7  End Sub
```

執行結果

程式實例 ch20_error.xlsm：若是輸入太大的指數，會產生溢位。

20-1-2　Range 的 NumberFormat 屬性

Range 物件有 NumberFormat 屬性，這個屬性可以格式化儲存格的數字、文字或日期與時間，這種格式化數字基本規則部分與 12-12-1 節觀念相同，這一節將直接以實例解說。

程式實例 ch20_2_1.xlsm：格式化輸入數據，然後轉回通用格式。

```
1    Public Sub ch20_2_1()
2        Range("B2").NumberFormat = "0.00"          ' 2位小數
3        Range("B3").NumberFormat = "0.00%"         ' 含百分比的2位小數
4        Range("B4").NumberFormat = "@"             ' 數字轉為文字
5        MsgBox "復原原先輸入"
6        Range("B2:B4").NumberFormat = "General"    ' 恢復通用格式
7    End Sub
```

執行結果

20-2 刪除資料 Range.ClearContents

Range 物件的 ClearContents 方法可以刪除儲存格或是儲存格區間的資料。

程式實例 ch20_3.xlsm：分 2 次刪除儲存格資料，第一次是刪除單一儲存格，第二次是刪除儲存格區間。

```
1    Public Sub ch20_3()
2        Range("B1").ClearContents
3        Range("B2:B6").ClearContents
4    End Sub
```

執行結果

	A	B
1		54321
2		543.21
3		2.3E+15
4		2.4E-15
5		3456
6		3456

→

	A	B
1		
2		
3		
4		
5		
6		

20-3 輸入字串

使用雙引號之間的文字會被視為字串，如果想將數字視為字串，必須在數字前方再增加一個單引號。在 Excel 工作表環境，字串會靠左對齊。

程式實例 ch20_4.xlsm：讀者可以看到所輸入的字串資料是靠左對齊，下列有關 Date 函數的使用可以參考 12-2 節。

```
1   Public Sub ch20_4()
2       Range("B2") = "深智數位"
3       Range("B3") = "Deepen your mind"
4       Range("B4") = "今天是 : " & Date
5       Range("B5") = "今天是 : " & Format(Date, "yyyy-mm-dd")
6       Range("B6") = "今天是 : " & Format(Date, "aaaa")
7   End Sub
```

執行結果

	A	B	C	D
1				
2		深智數位		
3		Deepen your mind		
4		今天是 : 2021/5/22		
5		今天是 : 2021-05-22		
6		今天是 : 星期六		

在前一小節筆者有說明，雙引號之間的數字會被視為數字，如果希望這是字串，可以在數字前方加上單引號，可以參考下列實例。

程式實例 ch20_5.xlsm：數字當作字串輸入。

```
1   Public Sub ch20_5()
2       Range("B2") = "'3456"
3       If IsNumeric(Range("B2")) Then
4           MsgBox "B2 是字串資料"
5       Else
6           MsgBox "B2 不是字串資料"
7       End If
8   End Sub
```

執行結果

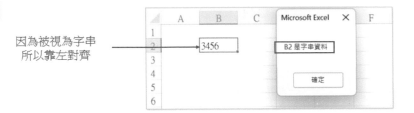

因為被視為字串
所以靠左對齊

　　上述可以看到有一點矛盾，因為經過 IsNumeric 函數測試，仍顯示這是數值資料，可是儲存格呈現的方式是靠左對齊，上述如果按確定鈕，可以看到儲存格左上角出現綠色小三角。

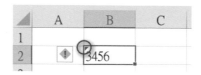

　　這是因為這是數字型態的字串所產生，讀者可以點選 ⬧ₓ3456 再執行取消錯誤。

　　儲存格的資料輸入時，如果輸入 "5-10" 或 "5/10" 會被視為是 5 月 10 日，但是有時候我們希望這是字串，可以使用在輸入字串前方加上單引號，或是使用 NumberFormat 的屬性 "@"。

程式實例 ch20_5_1.xlsm：輸入文字的應用。

```
1  Public Sub ch20_5_1()
2      Range("B2") = "5/10"
3      Range("B3") = "'5/10"
4      Range("C2") = "5-10"
5      Range("C3") = "'5-10"
6      With Range("B4")
7          .NumberFormat = "@"
8          .Value = "5/10"
9      End With
10     With Range("B5")
11         .NumberFormat = "@"
12         .Value = "5-10"
13     End With
14 End Sub
```

執行結果

	A	B	C
1			
2		5月10日	5月10日
3		5/10	5-10
4		5/10	
5		5-10	

20-4 輸入日期資料

20-4-1 輸入日期資料實例

輸入日期的方式有許多，本節將以實例解說。

程式實例 ch20_6.xlsm：輸入日期資料實例。

```
1  Public Sub ch20_6()
2      Range("B2") = "2021/5/22"
3      Range("B3") = "2021-5-22"
4      Range("B4") = "5/22/2021"
5      Range("B5") = #5/22/2021#
6      Range("B6") = CDate("2021年5月22日")
7      Range("B7") = CDate("May-22, 2022")
8      Range("B7") = Date
9  End Sub
```

執行結果

▲	A	B	C
1			
2		2021/5/22	
3		2021/5/22	
4		2021/5/22	
5		2021/5/22	
6		2021/5/22	
7		2021/5/22	

程式實例 ch20_6_1.xlsm：將 NumberFormat 屬性應用在日期輸入。

```
1  Public Sub ch20_6_1()
2      With Range("B2")
3          .NumberFormat = "yy年mm月dd日"
4          .Value = "2021/6/10"
5      End With
6      With Range("B3")
7          .NumberFormat = "yyyy年mm月dd日"
8          .Value = "2021-6-5"
9      End With
10 End Sub
```

執行結果

▲	A	B
1		
2		21年06月10日
3		2021年06月05日

20-4-2　Range 物件的 Value2 屬性

Range 物件的 Value 屬性是儲存格的內容，如果是一般的數值資料也可以使用 Value2 得到此數值。不過如果是日期資料，則使用 Value2 可以得到 1900 年 1 月 1 日至今的序列日數。

程式實例 ch20_7.xlsm：說明 Value 與 Value2 屬性的區別。

```
1   Public Sub ch20_7()
2       Range("B2") = "2021/5/22"
3       Range("B3") = Date
4       MsgBox Range("B2").Value & vbCrLf & _
5               Range("B3").Value2
6   End Sub
```

執行結果

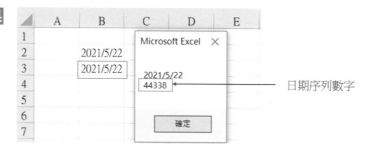

日期序列數字

20-5 輸入時間資料

輸入時間的方式有許多，本節將以實例解說。

程式實例 ch20_8.xlsm：輸入時間的實例。

```
1   Public Sub ch20_8()
2       Range("B2").Value = "18:10:20"
3       Range("B3").Value = "18:15"
4       Range("B4").Value = CDate("18:15")
5       Range("B5").Value = CDate("6:15AM")
6       Range("B6").Value = CDate("6:15PM")
7       Range("B7").Value = CDate("8時15分30秒")
8       Range("B8").Value = CDate("上午8時15分30秒")
9       Range("B9").Value = CDate("下午8時15分30秒")
10  End Sub
```

執行結果

	A	B	C
1			
2		18:10:20	
3		18:15	
4		06:15:00 PM	
5		06:15:00 AM	
6		06:15:00 PM	
7		08:15:30 AM	
8		08:15:30 AM	
9		08:15:30 PM	

20-6 輸入與刪除註解 Range.AddComment

20-6-1 增加註解

Excel 視窗可以使用校閱 / 註解 / 新增註解為儲存格增加註解，Excel VBA 則是使用 Range 物件的 AddComment 方法為儲存格增加註解，語法如下

expression.AddComment(Text)

上述 expression 是 Range 物件表達式，Text 則是註解內容。

程式實例 ch20_9.xlsm：使用 2 種方式輸入註解，註解右上角有紅色的三角形。

```
1  Public Sub ch20_9()
2      Range("B2").AddComment "東漢末年的美女"
3      Range("B3").AddComment ("春秋時代的美女")
4  End Sub
```

執行結果

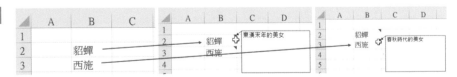

AddComment 預設是 Text 方法，所以也有人使用下列方式增加註解

程式實例 ch20_10.xlsm：使用 AddComment.Text 重新設計 ch20_9.xlsm。

```
1   Public Sub ch20_10()
2       Range("B2").AddComment.Text "東漢末年的美女"
3       Range("B3").AddComment.Text ("春秋時代的美女")
4   End Sub
```

執行結果　與 ch20_9.xlsm 相同。

20-6-2　刪除註解

Excel 視窗可以使用校閱 / 註解 / 刪除，刪除儲存格的註解。Excel VBA 則是使用 Range.ClearComments 刪除註解。

程式實例 ch20_11.xlsm：刪除西施註解。

```
1   Public Sub ch20_11()
2       Range("B3").ClearComments
3   End Sub
```

執行結果

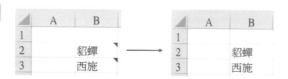

如果 Range 物件是儲存格區間，則可以刪除此區間所有的註解。

程式實例 ch20_12.xlsm：刪除儲存格區間所有的註解。

```
1   Public Sub ch20_12()
2       Range("B2:B3").ClearComments
3   End Sub
```

執行結果

20-7 輸入與刪除附註 Range.NoteText

Excel 視窗可以使用校閱 / 附註 / 新增附註為儲存格增加附註，Excel VBA 則是使用 Range 物件的 NoteText 方法為儲存格增加附註，語法如下

expression.NoteText(Text, Start, Length)

上述 expression 是 Range 物件表達式，其他參數如下：

● Text：選用，附註內容。

● Start：選用，回傳文字的起點。

● Length：選用，要回傳的字元數。

程式實例 ch20_13.xlsm：輸入附註的應用。

```
1  Public Sub ch20_13()
2      Range("B2").NoteText "唐朝美女"
3  End Sub
```

執行結果

附註建立完成後可以使用 20-6-2 節的 Range.ClearComments 刪除附註。

程式實例 ch20_14.xlsm：刪除附註。

```
1  Public Sub ch20_14()
2      Range("B2").ClearComments
3  End Sub
```

執行結果

20-8 快速輸入系列數據

20-8-1 輸入系列欄標題

在 Excel VBA 可以使用 Array( ) 函數快速輸入系列欄標題。

程式實例 ch20_15.xlsm：快速輸入欄標題。

```
1  Public Sub ch20_15()
2      Range("B2:D2") = Array("台北店", "新竹店", "台中店")
3  End Sub
```

執行結果

◢	A	B	C	D
1				
2		台北店	新竹店	台中店

20-8-2 輸入系列標題

Excel VBA 使用 Array( ) 輸入資料是輸入欄儲存格，可以參考上一小節，如果要輸入列標題，須使用 Excel 的轉置函數 Tranpose( )。

程式實例 ch20_16.xlsm：快速輸入列標題。

```
1  Public Sub ch20_16()
2      Dim food As Variant
3      food = Array("飲料", "文具", "生鮮", "小計")
4      Range("A3:A6").Value = WorksheetFunction.Transpose(food)
5  End Sub
```

執行結果

20-8-3 為儲存格區間輸入相同的資料

我們可以直接使用 Range 定義物件，然後設定相同的值。

程式實例 ch20_17.xlsm：將 B3:D5 儲存格區間設為 0。

```
1    Public Sub ch20_17()
2        Range("B3:D5").Value = 0
3    End Sub
```

執行結果

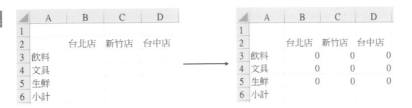

20-9 使用 Range.AutoFill 快速輸入數據

Range.AutoFill 方法可以在指定的儲存格區間快速輸入數據，語法如下：

expression.AutoFill(Destination, Type)

上述 expression 是 Range 的表達式物件，其他參數意義如下：

● Destination：必要，這是 Range 物件，表示要填滿的儲存格。

● Type：選用，指定填滿的資料類型，可以參考下列 XlAutoFillType 列舉常數。

常數名稱	值	說明
xlFillDefault	0	使用 Excel 預設
xlFillCopy	1	填充複製
xlFillSeries	2	填充序列
xlFillFormats	3	格式複製
xlFillValues	4	填充值
xlFillDays	5	填充日期
xlFillWeekdays	6	填充星期資訊
xlFillMonths	7	填充月份
xlFillYears	8	填充年份
xlLinearTrend	9	使用線性模型觀念填充趨勢數據
xlGrowthTrend	10	使用指數模型觀念填充趨勢數據

程式實例 ch20_18.xlsm：將 A1 儲存格內容 5 填滿 A1:A5。

```
1  Public Sub ch20_18()
2      Dim src As Range
3      Dim fill_dst As Range
4      Set src = Range("A1")
5      Set fill_dst = Range("A1:A5")
6      src.AutoFill Destination:=fill_dst
7  End Sub
```

執行結果

	A
1	5
2	
3	
4	
5	

→

	A
1	5
2	5
3	5
4	5
5	5

程式實例 ch20_19.xlsm：填充依規則遞增的數據。

```
1  Public Sub ch20_19()
2      Dim src As Range
3      Dim fill_dst As Range
4      Set src = Range("A1:A2")
5      Set fill_dst = Range("A1:A6")
6      src.AutoFill Destination:=fill_dst
7  End Sub
```

執行結果

	A
1	5
2	10
3	
4	
5	
6	

→

	A
1	5
2	10
3	15
4	20
5	25
6	30

程式實例 ch20_20.xlsm：AutoFill 填入系列資料的實作。

```
1  Public Sub ch20_20()
2      Dim src As Range
3      Dim dst As Range
4      Range("A1") = 1                      ' 填充數值
5      Set src = Range("A1")
6      Set dst = Range("A1:G1")
7      src.AutoFill Destination:=dst, Type:=xlFillSeries
8
9      Range("A2") = "星期日"               ' 填充中文星期
```

```
10      Set src = Range("A2")
11      Set dst = Range("A2:G2")
12      src.AutoFill Destination:=dst, Type:=xlFillWeeks
13
14      Range("A3") = "Sunday"              ' 填充英文星期
15      Set src = Range("A3")
16      Set dst = Range("A3:G3")
17      src.AutoFill Destination:=dst, Type:=xlFillWeeks
18
19      Range("A4") = "Jan"                 ' 填充英文月份
20      Set src = Range("A4")
21      Set dst = Range("A4:G4")
22      src.AutoFill Destination:=dst, Type:=xlFillMonths
23
24      Range("A5") = "一月"                ' 填充中文月份
25      Set src = Range("A5")
26      Set dst = Range("A5:G5")
27      src.AutoFill Destination:=dst, Type:=xlFillMonths
28
29      Range("A6") = "2021年"              ' 填充年度
30      Set src = Range("A6")
31      Set dst = Range("A6:G6")
32      src.AutoFill Destination:=dst, Type:=xlFillYears
33
34      Range("A7") = "1日"                 ' 填充日期
35      Set src = Range("A7")
36      Set dst = Range("A7:G7")
37      src.AutoFill Destination:=dst, Type:=xlFillSeries
38  End Sub
```

執行結果

	A	B	C	D	E	F	G
1	1	2	3	4	5	6	7
2	星期日	星期一	星期二	星期三	星期四	星期五	星期六
3	Sunday	Monday	Tuesday	Wednesda	Thursday	Friday	Saturday
4	Jan	Feb	Mar	Apr	May	Jun	Jul
5	一月	二月	三月	四月	五月	六月	七月
6	2021年	2021年	2021年	2021年	2021年	2021年	2021年
7	1日	2日	3日	4日	5日	6日	7日

20-10 在單一儲存格輸入多列數據

在設計 Excel VBA 時，有時會想要在單一儲存格內輸入多列資料，這時可以使用 Chr(10) 的換列字元，

程式實例 ch20_21.xlsm：在單個儲存格輸入多列資料。

```
1   Public Sub ch20_21()
2       Range("B2") = "深智數位" & Chr(10) & "DeepMind"
3   End Sub
```

執行結果

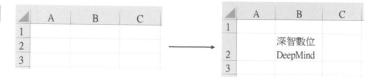

20-11 在多個工作表輸入相同的數據

如果你開了一家連鎖店，每個工作表代表一個分店，這時工作表許多欄位會相同。這一節會用實例說明，將相同的資料填入不同分店相同的欄位。

程式實例 ch20_22.xlsm：在不同工作表相同儲存格位置填入相同的欄位。

```
1   Public Sub ch20_22()
2       Dim food As Variant
3       food = Array("飲料", "文具", "生鮮", "小計")
4       Sheets(Array("Taipei", "Tokyo", "Chicago")).Select
5       Range("B2:E2").Select
6       Selection.Value = food
7       Sheets("Taipei").Select
8   End Sub
```

執行結果

上述第 4 列和第 5 列執行 Select 後，所選擇的就變成 Selection 物件，第 6 列筆者使用了尚未說明的 Application 屬性 Selection，這個屬性是指目前應用程式所選的範圍，從上述可以知道 Selection 是選擇了 Taipei、Tokyo 和 Chicago 等 3 個工作表的 B2:E2 儲存格區間。

Selection 的功能還有許多，例如：Selection 可以引用 Clear 方法刪除所選的區間實例，同時未來筆者還會有實例解說。

程式實例 ch20_23.xlsm：使用 Selection 刪除所選取的儲存格區間。

```
1  Public Sub ch20_23()
2      Range("C3:D5").Select
3      Selection.Clear
4  End Sub
```

執行結果

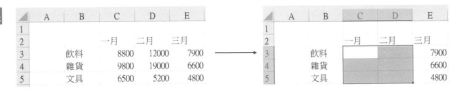

20-12 公式輸入與刪除

在儲存格內輸入公式其實就是輸入公式的字串，本節將分別解說。

20-12-1　使用 Value 或 Formula 屬性執行簡單的運算

Range 物件的 Value 和 Formula 屬性，或是省略屬性，可以處理公式的運算。

程式實例 ch20_24.xlsm：使用 Value 和 Formula 屬性執行運算。

```
1  Public Sub ch20_24()
2      Range("C6") = "=Sum(C3:C5)"
3      Range("D6").Value = "=Sum(D3:D5)"
4      Range("E6").Formula = "=Sum(E3:E5)"
5  End Sub
```

執行結果

▲	A	B	C	D	E
1					
2			一月	二月	三月
3		飲料	8800	12000	7900
4		雜貨	9800	19000	6600
5		文具	6500	5200	4800
6		小計			

→

▲	A	B	C	D	E
1					
2			一月	二月	三月
3		飲料	8800	12000	7900
4		雜貨	9800	19000	6600
5		文具	6500	5200	4800
6		小計	25100	36200	19300

20-12-2　使用 FormulaArray 屬性執行陣列的乘法運算

如果要執行的是陣列的運算，可以使用 Range 物件的 FormulaArray 屬性。

程式實例 ch20_25.xlsm：計算每個產品的銷售金額。

```
1  Public Sub ch20_25()
2      Dim rng As Range
3      Set rng = Range("E4:E6")
4      rng.FormulaArray = "=C4:C6*D4:D6"
5  End Sub
```

 執行結果

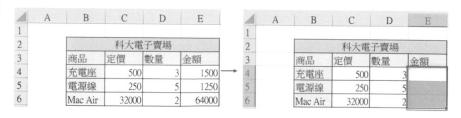

20-12-3　刪除公式

可以參考 ch20_23.xlsm 程式實例的 Selection.Clear 觀念。

程式實例 ch20_26.xlsm：刪除公式。

```
1  Public Sub ch20_26()
2      Dim rng As Range
3      Set rng = Range("E4:E6")
4      rng.Select
5      Selection.Clear
6  End Sub
```

執行結果

20-12-4 判斷儲存格內是否輸入公式

假設有一個工作表如下：

	A	B	C	D	E
1					
2			科大電子賣場		
3		商品	定價	數量	金額
4		充電座	500	3	1500
5		電源線	250	5	1250
6		Mac Air	32000	2	64000

由於上述皆是數字，我們可能想要知道這些數字是否是由公式產生，這時可以使用本節所要介紹 Range 物件的 HasFormula 屬性，這個屬性可以判斷儲存格區間內是否是公式，如果全部是公式則回傳 True，否則回傳 False。

程式實例 ch20_27.xlsm：使用 HasFourmula 判斷是否儲存格區間全部是公式。

```
1   Public Sub ch20_27()
2       Dim rng As Range
3       Set rng = Range("C4:E6")
4       If rng.HasFormula = True Then
5           MsgBox rng.Address(0, 0) & " : 全部是公式"
6       Else
7           MsgBox rng.Address(0, 0) & " : 非全部是公式"
8       End If
9       Set rng = Range("E4:E6")
10      If rng.HasFormula = True Then
11          MsgBox rng.Address(0, 0) & " : 全部是公式"
12      Else
13          MsgBox rng.Address(0, 0) & " : 非全部是公式"
14      End If
15  End Sub
```

執行結果

如果想判斷某一個儲存格是不是內含公式，可以檢查儲存格左邊第一個字元，如果等於 "=" 則是公式。

程式實例 ch20_28.xlsm：判斷 E4 儲存格內容是不是公式。

```
1   Public Sub ch20_28()
2       Dim rng As Range
3       Set rng = Range("E4")
4       If Left(rng.Formula, 1) = "=" Then
5           MsgBox rng.Address(0, 0) & " : 是公式"
6       Else
7           MsgBox rng.Address(0, 0) & " : 不是公式"
8       End If
9   End Sub
```

執行結果

20-12-5　輸出儲存格的公式

如果儲存格是公式，則可以使用 Range 物件的 Formula 取得此公式，如果不是公式，則得到的是 ""。

程式實例 ch20_29.xlsm：如果 E4 儲存格是公式，則列出公式內容。

```
1   Public Sub ch20_29()
2       Dim rng As Range
3       Set rng = Range("E4")
4       myformula = rng.Formula
5       If myformula = "" Then
6           MsgBox rng.Address(0, 0) & " : 不是公式"
7       Else
8           MsgBox rng.Address(0, 0) & " 的公式 : " & myformula
9       End If
10  End Sub
```

執行結果

20-13 VarType 了解變數或物件的資料型態

如果一個變數宣告為 Variant 資料型態時，我們若是想了解此變數真正的資料型態，可以使用 VarType( ) 函數，執行此函數後會回傳下表中的一個資料。

常數名稱	值	說明
vbEmpty	0	空白，未初始化
vbNull	1	Null
vbInteger	2	整數
vbLong	3	長整數
vbSingle	4	單精度浮點數
vbDouble	5	雙精度浮點數
vbCurrency	6	貨幣值
vbDate	7	日期值
vbString	8	字串
vbObject	9	物件
vbError	10	錯誤值
vbBoolean	11	布林值
vbVariant	12	Variant(僅限與變數陣列搭配使用)
vbDataObject	13	資料存取物件
vbDecimal	14	十進位值
vbByte	17	Byte 值
vbLongLong	20	LongLong 整數，僅限 64 位元平台
vbUserDefinedType	36	包含使用者定義資料類型
vbArray	8192	陣列

程式實例 ch20_30.xlsm：設定 Variant 變數的內容，然後了解變數的資料型態。

```
1  Public Sub ch20_30()
2     Dim myInt, mySingle, myStr, myDate, myArray
3     myInt = 100
4     mySingle = 100.5
5     myStr = "Deepmind"
6     myDate = #10/30/2022#
7     myArray = Array("Good", "Morning", "Today")
8     MsgBox "myInt : " & VarType(myInt) & vbCrLf & _
9            "mySingle : " & VarType(mySingle) & vbCrLf & _
10           "myStr : " & VarType(myStr) & vbCrLf & _
11           "myDate : " & VarType(myDate) & vbCrLf & _
12           "myArray : " & VarType(myArray)
13  End Sub
```

執行結果

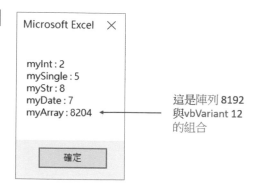

這是陣列 8192
與 vbVariant 12
的組合

註　讀者需留意第 6 列日期輸入方式。

20-14 TypeName

TypeName 可以回傳變數或是所選取物件的資料類型，可以參考下表。

回傳字串	變數
Object Type	類型是 objecttype 物件
Byte	Byte 值
Integer	整數
Long	長整數
Single	單精度浮點數
Double	雙精度浮點數
Currency	貨幣值
Decimal	十進位值
Date	日期值
String	字串
Boolean	布林值
Array( )	陣列
Error	錯誤值
Empty	初始化
Null	無效資料
Object	物件
Nothing	物件不會參照的變數
Unkown	物件型態不明

程式實例 ch20_31.xlsm：回傳變數物件的類型。

```
1  Public Sub ch20_31()
2      Dim varInt As Integer
3      Dim varCur As Currency
4      Dim varStr As String
5      Dim varNull
6      Dim varArray(1 To 10) As Integer
7      varNull = Null
8      MsgBox "varInt : " & TypeName(varInt) & vbCrLf & _
9             "varCur : " & TypeName(varCur) & vbCrLf & _
10            "varStr : " & TypeName(varStr) & vbCrLf & _
11            "varNull : " & TypeName(varNull) & vbCrLf & _
12            "varArray : " & TypeName(varArray)
13 End Sub
```

執行結果

程式實例 **ch20_32.xlsm**：TypeName 的應用，這個程式會列出目前所選的物件，因為目前筆者尚未介紹圖片，所以這個程式會顯示執行前所選取的儲存格區間。

```
1  Public Sub ch20_32()
2      Dim str As String
3      Select Case TypeName(Selection)
4      Case "Nothing"
5          str = "沒有選取物件"
6      Case "Range"
7          str = "選擇一個區間" & Selection.Address(0, 0)
8      Case "Picture"
9          str = "選擇一張圖片"
10     Case Else
11         str = "選擇 " & TypeName(Selection)
12     End Select
13     MsgBox str
14 End Sub
```

執行結果

20-15 特殊的儲存格

所謂的特殊儲存格是指空儲存格、含公式的儲存格、含註解的儲存格、… 等。有時候我們可能需要針對這類的儲存格做特別處理，這時就可以使用本節所述的 SpecialCells 方法，此方法的語法如下：

　　expression.Specialcells(Type, Value)

上述 expression 是 Range 物件，參數意義如下：

Type：必要，這是指資料類型，可以參考下列 XlCellType 列舉常數表。

常數名稱	值	說明
xlCellTypeAllFormatConditions	-4172	任何格式的儲存格
xlCellTypeAllValidation	-4174	具有驗證準則的儲存格
xlCellTypeBlanks	4	空白的儲存格
xlCellTypeComments	-4144	含註解的儲存格
xlCellTypeConstants	2	含常數的儲存格
xlCellTypeFormulas	-4123	含公式的儲存格
xlCellTypeLastCell	11	使用區間的最後一個儲存格
xlCellTypeSameFormatConditions	-4173	有相同格式的儲存格
xlCellTypeSameValidation	-4175	有相同驗證準則的儲存格
xlCellTypeVisible	12	所有顯示的儲存格

Value：選用，如果參數 Type 是 xlCellTypeConstants 或 xlCellTypeFormulas，這個參數可以判斷是那一種類型的儲存格在結果中，可以參考下列 XlSpecialCellsValue 列舉常數表。

常數名稱	值	說明
xlErrors	16	錯誤的儲存格
xlLogical	4	邏輯值的儲存格
xlNumbers	1	數值的儲存格
xlTextValues	2	文字的儲存格

程式實例 ch20_33.xlsm：設定含公式的儲存格底色是黃色。

```
1  Public Sub ch20_33()
2      Dim rng As Range
3      Set rng = Cells.SpecialCells(xlCellTypeFormulas)
4      rng.Interior.Color = vbYellow
5  End Sub
```

執行結果

程式實例 ch20_34.xlsm：將含有註解的儲存格使用黃底藍字，同時置中對齊。

```
1  Public Sub ch20_34()
2      Dim rng As Range
3      Set rng = Cells.SpecialCells(xlCellTypeComments)
4      With rng
5          .Font.Color = vbBlue
6          .Interior.Color = vbYellow
7          .HorizontalAlignment = xlHAlignCenter
8      End With
9  End Sub
```

執行結果

程式實例 ch20_35.xlsm：將含數值的儲存格內容刪除。

```
1  Public Sub ch20_35()
2      Dim rng As Range
3      Set rng = Cells.SpecialCells(xlCellTypeConstants, xlNumbers)
4      rng.ClearContents
5  End Sub
```

執行結果

	A	B	C	D	E			A	B	C	D	E
1							1					
2		科大電子賣場					2		科大電子賣場			
3		商品	定價	數量	金額		3		商品	定價	數量	金額
4		充電座	500	3	1500		4		充電座			0
5		電源線	250	5	1250		5		電源線			0
6		Mac Air	32000	2	64000		6		Mac Air			0

　　上述程式第 3 列，增加了第 2 個參數 xlNumbers，這是指定數值的儲存格，如果省略此參數將造成只有保留 E4:E6 儲存格的內容，其他皆會被刪除。

第二十一章

Range 物件 - 操作儲存格

21-1　隱藏與顯示儲存格

隱藏或顯示儲存格的方法有許多，例如：Range、Rows、Columns，或是直接設定 RowHeight 和 ColumnWidth 方式，儲存格隱藏時只能整列 (entire row) 隱藏或是整欄位 (entire column) 隱藏，本節將分成幾小節說明。

21-1-1　Hidden 屬性

要隱藏儲存格區間是使用 Hidden 屬性，Hidden 英文字本身就有隱藏的意思，當 Hidden 屬性是 True 時，就可以隱藏儲存格。隱藏後，未來如果想要顯示可以將 Hidden 屬性設為 False。

在 Excel VBA 設計中，下列物件內有 Hidden 屬性，可以用於隱藏或顯示列或欄。

```
Range.EntireRow
Range.EntireColumn
Rows
Columns
```

21-1-2　使用 Range.EntireRow 物件隱藏與顯示列

本節將直接用實例解說。

程式實例 ch21_1.xlsm：隱藏第 2 列、第 4～6 列和第 8 列，然後復原顯示。

```
1  Public Sub ch21_1()
2      Range("2:2, 4:6, 8:8").EntireRow.Hidden = True
3      MsgBox "2, 4-6, 8列隱藏中"
4      Range("2:2, 4:6, 8:8").EntireRow.Hidden = False
5  End Sub
```

執行結果

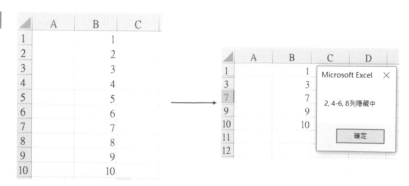

21-1-3　使用 Range.EntireColumn 物件隱藏與顯示欄

本節將直接用實例解說。

程式實例 ch21_2.xlsm：隱藏第 B 欄、第 D:F 欄和第 H 欄，然後復原顯示。

```
1  Public Sub ch21_2()
2      Range("B:B, D:F, H:H").EntireColumn.Hidden = True
3      MsgBox "B, D:F, H欄隱藏中"
4      Range("B:B, D:F, H:H").EntireColumn.Hidden = False
5  End Sub
```

執行結果

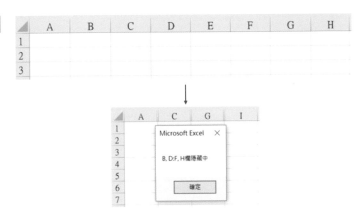

21-1-4　使用 Rows 隱藏與顯示列

使用 Rows 時就可以省略 EntireRow，讀者可以參考下列實例。

程式實例 ch21_3.xlsm：使用 Rows 重新設計 ch21_1.xlsm，隱藏第 2 列、第 4 ～ 6 列和第 8 列，然後復原顯示。

```
1  Public Sub ch21_3()
2      Rows(2).Hidden = True
3      Rows("4:6").Hidden = True
4      Rows("8:8").Hidden = True
5      MsgBox "2, 4-6, 8列隱藏中"
6      Rows(2).Hidden = False
7      Rows("4:6").Hidden = False
8      Rows("8:8").Hidden = False
9  End Sub
```

執行結果　與 ch21_1.xlsm 相同。

21-1-5　使用 Columns 隱藏與顯示欄

使用 Columns 時就可以省略 EntireColumn，讀者可以參考下列實例。

程式實例 ch21_4.xlsm：使用 Columns 重新設計 ch21_2.xlsm，隱藏第 B 欄、第 D:F 欄和第 H 欄，然後復原顯示。

```
1   Public Sub ch21_4()
2       Columns(2).Hidden = True
3       Columns("D:F").Hidden = True
4       Columns("H").Hidden = True
5       MsgBox "B, D:F, H欄隱藏中"
6       Columns(2).Hidden = True
7       Columns("D:F").Hidden = True
8       Columns("H").Hidden = True
9   End Sub
```

執行結果　與 ch21_2.xlsm 相同。

21-1-6　使用 RowHeight 和 ColumnWidth 屬性

RowHeight 屬性可以設定列高，如果將 RowHeight 屬性設為 0，相當於可以隱藏該列。ColumnWidth 屬性可以設定欄寬，如果將 ColumnWidth 屬性設為 0，相當於可以隱藏該欄。

工作表 Worksheets 物件有 StandardHeight 屬性可以將列高設為標準列高，也就是預設高度。工作表 Worksheets 物件有 StandardWidth 屬性可以將欄寬設為標準欄寬，也就是預設寬度。

程式實例 ch21_5.xlsm：將 RowHeight 設為 0，重新設計 ch21_1.xlsm，隱藏第 2 列、第 4-6 列和第 8 列，然後復原顯示。

```
1   Public Sub ch21_5()
2       Range("2:2, 4:6, 8:8").RowHeight = 0
3       MsgBox "2, 4-6, 8列隱藏中"
4       Range("2:2, 4:6, 8:8").RowHeight = ActiveSheet.StandardHeight
5   End Sub
```

執行結果　與 ch21_1.xlsm 相同。

程式實例 ch21_6.xlsm：將 ColumnWidth 設為 0，重新設計 ch21_2.xlsm，隱藏第 B 欄、第 D:F 欄和第 H 欄，然後復原顯示。

```
1   Public Sub ch21_6()
2       Range("B:B, D:F, H:H").ColumnWidth = 0
3       MsgBox "B, D:F, H欄隱藏中"
4       Range("B:B, D:F, H:H").ColumnWidth = ActiveSheet.StandardWidth
5   End Sub
```

執行結果 與 ch21_2.xlsm 相同。

21-2 合併儲存格

使用 Range 物件的 Merge 方法可以合併儲存格，或是將 MergeCells 屬性設為 True 也可以合併儲存格。

21-2-1 使用 Merge 合併儲存格

合併儲存格最常做的工作是置中對齊，可以先使用 Merge 合併儲存格後，再執行置中對齊。

程式實例 ch21_7.xlsm：合併 B2:F2 儲存格區間，然後置中對齊。

```
1   Public Sub ch21_7()
2       Dim rng As Range
3       Set rng = Range("B2:F2")
4       rng.Merge
5       rng.HorizontalAlignment = xlHAlignCenter
6   End Sub
```

執行結果

▲	A	B	C	D	E	F
1						
2		深智數位薪資表				
3		員工編號	姓名	本薪	勞健保	實領

↓

▲	A	B	C	D	E	F
1						
2		深智數位薪資表				
3		員工編號	姓名	本薪	勞健保	實領

21-2-2　使用 MergeCells 合併儲存格

若是將 Range 物件的 MergeCells 屬性設為 True 可以將儲存格合併。

程式實例 ch21_8.xlsm：垂直合併儲存格再置中對齊的實例。

```
1  Public Sub ch21_8()
2      Dim rng As Range
3      Set rng = Range("B4:B5")
4      rng.MergeCells = True
5      rng.HorizontalAlignment = xlHAlignCenter      ' 水平置中
6      rng.VerticalAlignment = xlVAlignCenter        ' 垂直置中
7  End Sub
```

執行結果

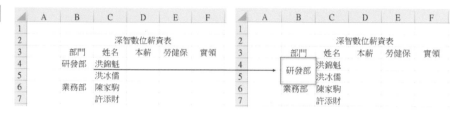

21-3　取消合併儲存格

使用 Range 物件的 UnMerge 方法可以取消合併儲存格，或是將 MergeCells 屬性設為 False 也可以取消合併儲存格。

21-3-1　使用 UnMerge 取消合併儲存格

合併儲存格後若是想要取消合併儲存格，可以使用 UnMerge 方法。

程式實例 ch21_9.xlsm：取消 ch21_7.xlsm 已經合併的儲存格。

```
1  Public Sub ch21_9()
2      Dim rng As Range
3      Set rng = Range("B2:F2")
4      rng.UnMerge
5      rng.HorizontalAlignment = xlHAlignLeft        ' 靠左對齊
6  End Sub
```

執行結果

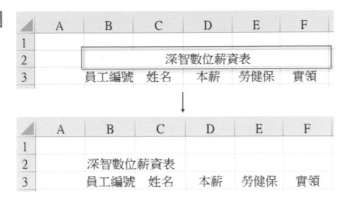

21-3-2 使用 MergeCells 取消合併儲存格

若是將 Range 物件的 MergeCells 屬性設為 False 可以將已經合併的儲存格，取消合併。

程式實例 ch21_10.xlsm：取消 ch21_8.xlsm 已經合併的儲存格。

```
1  Public Sub ch21_10()
2      Dim rng As Range
3      Set rng = Range("B4:B5")
4      rng.MergeCells = False
5      rng.HorizontalAlignment = xlHAlignLeft      ' 靠左對齊
6  End Sub
```

執行結果

21-4 插入與刪除儲存格

21-4-1 插入儲存格

Excel VBA 可以使用 Range 物件的 Insert 方法插入儲存格，語法如下：

expression.Insert(Shift, CopyOrigin)

上述 expression 是物件表達式，參數意義如下：

- Shift：選用，這是代表原儲存格資料移動方式，如果省略 Excel 會依據儲存格內容自行判斷，移動方式可以是下列 XlInsertShiftDirection 列舉常數表的選項。

常數名稱	值	說明
xlShiftDown	-4121	向下移動
xlShiftToRight	-4161	向右移動

- CopyOrigin：選用，複製的來源的格式，可以是下列 XlInsertFormatOrigin 列舉常數表。

常數名稱	值	說明
xlFormatFromLeftOrAbove	0	從上方或左邊的儲存格複製格式，這是預設
xlFormatFromRightOrBelow	1	從下方或右邊的儲存格複製格式

程式實例 ch21_11.xlsm：在研發部洪冰儒上方增加空格。

```
1  Public Sub ch21_11()
2      Dim rng As Range
3      Set rng = Range("B5:C5")
4      rng.Insert xlShiftDown
5  End Sub
```

執行結果

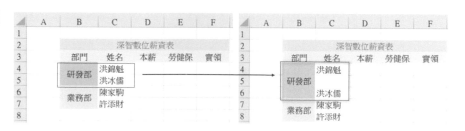

上述實例第 3 列筆者設定 "B5:C5"，如果只有設定 "C5"，將造成洪冰儒被下移至業務部門，所以使用上要謹慎。

程式實例 ch21_12.xlsm：一個錯誤的示範。

```
3      Set rng = Range("C5")
```

執行結果

	A	B	C	D	E	F
1						
2			深智數位薪資表			
3		部門	姓名	本薪	勞健保	實領
4		研發部	洪錦魁			
5						
6		業務部	洪冰儒			
7			陳家駒			
8			許添財			

程式實例 ch21_13.xlsm：在研發部洪冰儒下方增加儲存格，然後將研發部垂直置中。

```
1    Public Sub ch21_13()
2        Dim rng1 As Range, rng2 As Range
3        Set rng1 = Range("B6:C6")
4        rng1.Insert xlShiftDown                    ' 插入儲存格
5        Set rng2 = Range("B4:B6")
6        rng2.Merge
7        rng2.VerticalAlignment = xlVAlignCenter    ' 垂直置中
8    End Sub
```

執行結果

程式實例 ch21_14.xlsm：插入儲存格後，原往下移動的儲存格背景格式取消。

```
1    Public Sub ch21_14()
2        Dim rng As Range
3        Set rng = Range("B6:C7")
4        With rng
5            .Insert xlShiftDown
6            .ClearFormats
7        End With
8    End Sub
```

執行結果

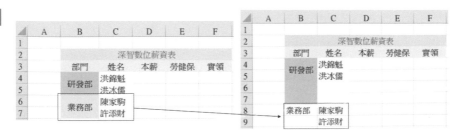

21-4-2　刪除儲存格

在 16-5-3 節筆者介紹了 Delete 方法可以刪除工作表，Range 物件使用 Delete 則可以刪除儲存格。語法如下：

　　　expression.Delete(Shift)

上述 experssion 是 Range 物件，Shift 參數則是指定其他儲存格的移動方式，如果省略 Shift，Excel 會根據目前儲存格內容自行判斷，Shift 選項是下列 XlDeleteShiftDirection 列舉常數表：

常數名稱	值	說明
xlShiftToLeft	-4159	儲存格向左移
xlShiftUp	-4162	儲存格向上移

程式實例 ch21_15.xlsm：使用不含 Shift 參數，刪除 C4 儲存格。

```
1  Public Sub ch21_15()
2      Dim rng As Range
3      Set rng = Range("C4")
4      rng.Delete
5  End Sub
```

執行結果

程式實例 ch21_16.xlsm：使用含 Shift 參數，參數內容是 xlShiftToLeft，刪除 C4 儲存格。

```
1  Public Sub ch21_16()
2      Dim rng As Range
3      Set rng = Range("C4")
4      rng.Delete xlShiftToLeft
5  End Sub
```

執行結果

21-5 插入與刪除列

21-5-1　插入列

可以先使用 EntireRow 屬性獲得 Range 物件，再使用 Insert 方法就可以插入整列。

程式實例 ch21_17.xlsm：在 C6 儲存格上方插入一列。

```
1  Public Sub ch21_17()
2      Dim rng As Range
3      Set rng = Range("C6")
4      rng.EntireRow.Insert
5  End Sub
```

上述可以看到所插入的列適合供研發部使用，如果我們想要插入的列供業務部使用，則在插入時需要增加設定 CopyOrigin:=xlFormatFromRightOrBelow 參數。

程式實例 ch21_18.xlsm：在 C6 儲存格上方插入一列，所插入的列適合業務部門使用。

```
1  Public Sub ch21_18()
2      Dim rng As Range
3      Set rng = Range("C6")
4      rng.EntireRow.Insert CopyOrigin:=xlFormatFromRightOrBelow
5  End Sub
```

執行結果

程式實例 ch21_19.xlsm：在 B4:E7 儲存格區間，每個名字下方插入一列。

```
1   Public Sub ch21_19()
2       Dim rng As Range
3       Dim i As Integer, rowNum As Integer
4       Set rng = Range("B4:E7")
5       rowNum = 5
6       For i = 5 To 8
7           Rows(rowNum).Insert Shift:=xlShiftDown
8           rowNum = rowNum + 2
9       Next i
10  End Sub
```

執行結果

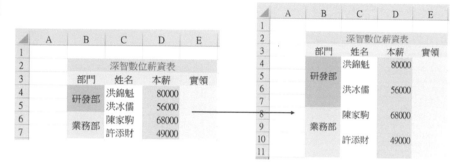

21-5-2　刪除列

可以先使用 EntireRow 屬性獲得 Range 物件，再使用 Delete 方法就可以刪除整列。

程式實例 ch21_20.xlsm：刪除 C6 儲存格所在列。

```
1   Public Sub ch21_20()
2       Dim rng As Range
3       Set rng = Range("C6")
4       rng.EntireRow.Delete
5   End Sub
```

執行結果

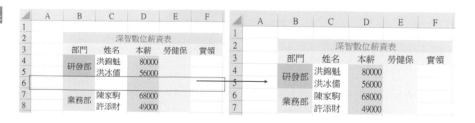

21-6 插入與刪除欄

21-6-1 插入欄

可以先使用 EntireColumn 屬性獲得 Range 物件，再使用 Insert 方法就可以插入整欄。

程式實例 ch21_21.xlsm：D 欄左邊插入一欄，使用左邊的格式。

```
1  Public Sub ch21_21()
2     Dim rng As Range
3     Set rng = Range("D:D")
4     rng.EntireColumn.Insert
5  End Sub
```

執行結果

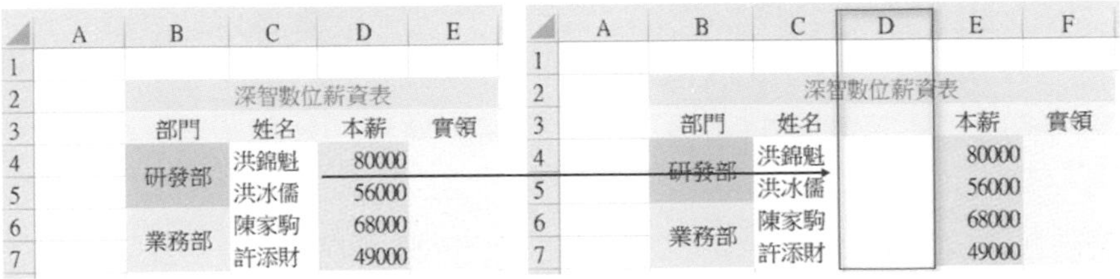

程式實例 ch21_22.xlsm：在 D 欄左邊插入一欄，使用右邊的格式，讀者可以觀察 D4:D7 的底色，插入時需要增加設定 CopyOrigin:=xlFormatFromRightOrBelow 參數。

```
1  Public Sub ch21_22()
2     Dim rng As Range
3     Set rng = Range("D:D")
4     rng.EntireColumn.Insert CopyOrigin:=xlFormatFromRightOrBelow
5  End Sub
```

執行結果

21-6-2　刪除欄

可以先使用 EntireColumn 屬性獲得 Range 物件，再使用 Delete 方法就可以刪除整欄。

程式實例 ch21_23.xlsm：刪除 D 欄。

```
1   Public Sub ch21_23()
2       Dim rng As Range
3       Set rng = Range("D:D")
4       rng.EntireColumn.Delete
5   End Sub
```

執行結果

	A	B	C	D	E	F
1						
2			深智數位薪資表			
3		部門	姓名		本薪	實領
4		研發部	洪錦魁		80000	
5			洪冰儒		56000	
6		業務部	陳家駒		68000	
7			許添財		49000	

	A	B	C	D	E
1					
2			深智數位薪資表		
3		部門	姓名	本薪	實領
4		研發部	洪錦魁	80000	
5			洪冰儒	56000	
6		業務部	陳家駒	68000	
7			許添財	49000	

21-7　其他刪除工作表儲存格的應用

21-7-1　刪除目前工作表所有儲存格

將 Range 物件設為 Cells，再使用 Delete 方法就可以刪除目前工作表內所有儲存格內容。

程式實例 ch21_24.xlsm：刪除目前工作表內所有儲存格內容。

```
1   Public Sub ch21_24()
2       Cells.Delete
3   End Sub
```

執行結果

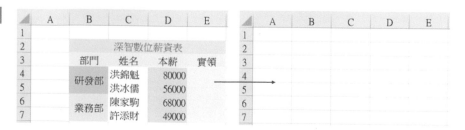

	A	B	C	D	E
1					
2			深智數位薪資表		
3		部門	姓名	本薪	實領
4		研發部	洪錦魁	80000	
5			洪冰儒	56000	
6		業務部	陳家駒	68000	
7			許添財	49000	

	A	B	C	D	E
1					
2					
3					
4					
5					
6					
7					

21-7-2 刪除空白的列

使用 Excel VBA 時可以使用某一個欄位當標準，然後刪除空白的列，空白的判斷可以使用 SpecialCells( ) 方法，當參數是 xlCellTypeBlanks 時，表示這是空白的儲存格。

程式實例 ch21_25.xlsm：刪除在 B 欄位內出現空白的列。

```
1   Public Sub ch21_25()
2       Dim rng As Range
3       Dim rngBlank As Range
4       Set rng = Range("B:B")
5       Set rngBlank = rng.SpecialCells(xlCellTypeBlanks)
6       rngBlank.EntireRow.Delete
7   End Sub
```

執行結果

上述程式的缺點是，一般建議在建立工作表的表單時，最好不要從第一列與第 A 欄開始，所以筆者故意從 B2 開始存放表單資料，上述第 4 列筆者使用 "B:B"，若是改成 "B2:B9"，則可以只刪除表單內空白的列。

程式實例 ch21_26.xlsm：只刪除表單內空白的列。

```
1   Public Sub ch21_26()
2       Dim rng As Range
3       Dim rngBlank As Range
4       Set rng = Range("B2:B9")
5       Set rngBlank = rng.SpecialCells(xlCellTypeBlanks)
6       rngBlank.EntireRow.Delete
7   End Sub
```

執行結果

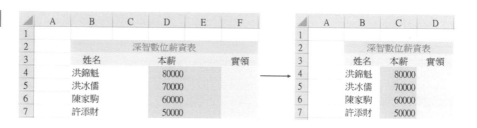

21-7-3　刪除空白的欄

使用 Excel VBA 時可以使用某一個欄位當標準，然後刪除空白的欄，空白的判斷可以使用 SpecialCells( ) 方法，當參數是 xlCellTypeBlanks 時，表示這是空白的儲存格。

程式實例 ch21_27.xlsm：刪除在第 3 列內出現空白的欄。

```
1   Public Sub ch21_27()
2       Dim rng As Range
3       Dim rngBlank As Range
4       Set rng = Range("B3:F3")
5       Set rngBlank = rng.SpecialCells(xlCellTypeBlanks)
6       rngBlank.EntireColumn.Delete
7   End Sub
```

執行結果

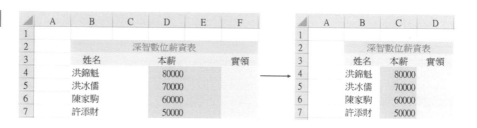

21-8　剪下儲存格

Range 物件的 Cut 方法可以剪下儲存格，語法如下：

expression.Cut(Destination)

上述 expression 是 Range 物件，Cut 可以將 Range 物件所剪下的物件移到指定位置或是貼到剪貼簿。在上述語法中 Destination 是選用，指的是目的地，如果省略則將物件貼到剪貼簿。

程式實例 ch21_28.xlsm：將 B6:D7 儲存格區間移至 F4。

```
1   Public Sub ch21_28()
2       Range("B6:D7").Cut Destination:=Range("F4")
3   End Sub
```

執行結果

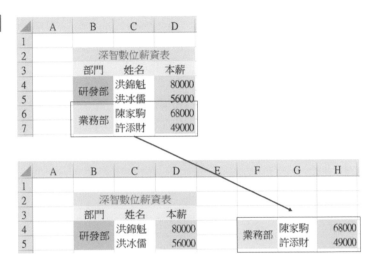

在移動儲存格時如果目的位址已經有資料，則目的位址的內容將被覆蓋。

程式實例 ch21_29.xlsm：將 B6:D7 儲存格內容移至 B4。

```
1   Public Sub ch21_29()
2       Range("B6:D7").Cut Destination:=Range("B4")
3   End Sub
```

執行結果

21-9　複製儲存格

21-9-1　基礎複製觀念

Range 物件的 Copy 方法可以複製儲存格完整內容，此完整內容包含數值、格式、公式、… 等，此 Copy 語法如下：

expression.Copy(Destination)

上述 expression 是 Range 物件，Copy 可以將 Range 物件所指的物件複製到指定位置或是複製到剪貼簿，原 Range 物件內容則會保留。在上述語法中 Destination 是選用，指的是目的地，如果省略則將物件複製到剪貼簿。

程式實例 ch21_30.xlsm：將 B6:D7 儲存格的內容複製到 F4。

```
1  Public Sub ch21_30()
2    Range("B6:D7").Copy Destination:=Range("F4")
3  End Sub
```

執行結果

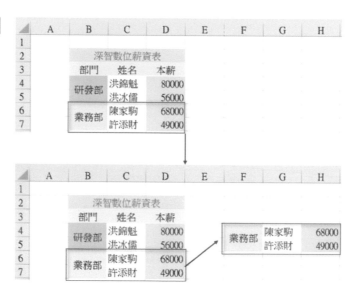

21-9-2 複製篩選客戶行政區的應用

程式實例 ch21_31.xlsm：篩選客戶的行政區，將士林區與中山區會員姓名分別複製到 G 和 H 欄位。

```
1   Public Sub ch21_31()
2       Dim district As Range
3       Dim area1 As String, area2 As String
4       Dim r1 As Integer, r2 As Integer
5       area1 = "士林"
6       area2 = "中山"
7       r1 = 0
8       r2 = 0
9       Set district = Range("D4", Range("D4").End(xlDown))
10      For Each d In district
11          Select Case d
12              Case area1                    ' 士林
13                  d.Offset(0, -2).Copy Destination:=Cells(r1 + 4, 7)
14                  r1 = r1 + 1
15              Case area2                    ' 中山
16                  d.Offset(0, -2).Copy Destination:=Cells(r2 + 4, 8)
17                  r2 = r2 + 1
18          End Select
19      Next d
20  End Sub
```

執行結果

▲	A	B	C	D	E	F	G	H
1								
2		天空Spa銷售資料						
3		姓名	性別	行政區	消費金額		士林區	中山區
4		王一中	男	中山	6000			
5		陳筱兒	女	士林	4800			
6		張美玲	女	士林	2200			
7		洪冰儒	男	士林	9200			
8		王中平	男	中山	7600			

▲	A	B	C	D	E	F	G	H
1								
2		天空Spa銷售資料						
3		姓名	性別	行政區	消費金額		士林區	中山區
4		王一中	男	中山	6000		陳筱兒	王一中
5		陳筱兒	女	士林	4800		張美玲	王中平
6		張美玲	女	士林	2200		洪冰儒	
7		洪冰儒	男	士林	9200			
8		王中平	男	中山	7600			

21-9-3　選擇性的複製

21-9-1 節的 Copy 複製是複製完整的儲存格內容，Range 物件的 PasteSpecial 方法則是可以選擇性的複製儲存格的內容，此 PasteSpecial 語法如下：

expression.PasteSpecial(Paste, Operation, SkipBlanks, Transpose)

上述 expression 是 range 物件，各參數說明如下：

● Paste：選用，可以設定要複製後貼上的範圍，可以參考下列 XlPasteType 列舉常數表。

常數名稱	值	說明
xlPasteAll	-4104	預設，貼上全部
xlPaserAllExceptBorders	7	貼上框線以外的所有
xlPasteAllMergingConditionalFormats	14	貼上所有切合併條件格式
xlPasteAllUsingSourceTheme	13	使用來源佈景主題貼上一切
xlPasteColumnWidths	8	貼上複製的欄寬
xlPasteComments	-4144	貼上註解
xlPasteFormats	-4122	貼上來源格式
xlPasteFormulas	-4123	貼上公式
xlPasteFormulasAndNumberFormats	11	貼上公式和數字格式
xlPasteValidation	6	貼上驗證
xlPasteValues	-4163	貼上值
xlPasteValuesandNumberFormats	12	貼上值和數字格式

● Operation：選用，貼上時是否執行運算，可參考下列 XlPasteSpecialOperation 列舉常數表。

常數名稱	值	說明
xlPasteSpecialOperationAdd	2	複製的資料會 " 加 " 目標儲存格的值
xlPasteSpecialOperationDivide	5	複製的資料會 " 除 " 目標儲存格的值
xlPasteSpecialOperationMultiply	4	複製的資料會 " 乘 " 目標儲存格的值
xlPasteSpecialOperationNone	-4142	預設，不進行計算
xlPasteSpecialOperationSubtract	3	複製的資料會 " 減 " 目標儲存格的值

- SkipBlanks：選用，預設是 False，如果是 True 則不會將空白儲存格貼到目的儲存格。
- Transpose：選用，預設是 False，如果是 True 表示貼上時會做轉置。

程式實例 ch21_32.xlsm：連鎖店業績加總計算，這個程式有 3 個工作表，分別是總公司、台北店和天母店，這個程式會將台北店和天母店的銷售業績加總至總公司。

```
1   Public Sub ch21_32()
2       Dim rng1 As Range, rng2 As Range, rng3 As Range
3       Set rng1 = Worksheets("總公司").Range("C3:C5")
4       Set rng2 = Worksheets("台北店").Range("C3:C5")
5       Set rng3 = Worksheets("天母店").Range("C3:C5")
6       rng2.Copy                    ' 複製台北店和加總到總公司
7       rng1.PasteSpecial Paste:=xlPasteValues, _
8                         Operation:=xlPasteSpecialOperationAdd
9       rng3.Copy                    ' 複製天母店和加總到總公司
10      rng1.PasteSpecial Paste:=xlPasteValues, _
11                        Operation:=xlPasteSpecialOperationAdd
12  End Sub
```

執行結果　下列是 3 個工作表的資料。

下列是執行結果。

21-10 搜尋儲存格 Find

搜尋儲存格的功能有很多,本節將舉簡單的應用。

21-10-1 搜尋儲存格使用 Find

Range 物件的 Find() 方法語法如下:

expression.Find (What, After, LookIn, LookAt, SearchOrder, SearchDirection, MatchCase, MatchByte, SearchFormat)

上述各參數功能如下:

- What:必要,要搜尋的資料。
- After:選用,在其後面開始搜尋的儲存格。
- LookIn:選用,可以參考下列 XlFindLocation 列舉常數。

常數名稱	值	說明
xlComments	-4144	註解
xlCommentsThreaded	-4184	執行緒的註解
xlFormulas	-4123	公式
xlValues	-4163	值

- LookAt:選用,可以參考下列 XlLookAt 列舉常數。

常數名稱	值	說明
xlPart	2	與部份搜尋文字相同
xlWhole	1	與全部搜尋文字相同

- SearchOrder:選用,可以參考下列 XlSearchOrder 列舉常數。

常數名稱	值	說明
xlByColumns	2	先往下搜尋,然後到下一欄
xlByRows	1	先往右搜尋,然後到下一列

- SerchDirection：選用，可以參考下列 XlSearchDirection 列舉常數。

常數名稱	值	說明
xlNext	1	搜尋範圍中下一個符合的值
xlPrevious	2	搜尋範圍中上一個符合的值

- MatchCase：選用，預設是 False，如果是 True 則會區分大小寫。

- MatchByte：選用，適用支援安裝雙位元組語言。

- SearchFormat：選用，搜尋格式。

程式實例 ch21_33.xlsm：搜尋台塑企業錄取名單，請輸入姓名這個程式會列出搜尋結果。

```
1  Public Sub ch21_33()
2      Dim nameList As Range
3      Dim nameCode As Range
4      Dim name As String
5      Set nameList = ActiveSheet.UsedRange
6      name = InputBox("請輸入查詢名字")
7      Set nameCode = nameList.Find(What:=name)
8      If nameCode Is Nothing Then
9          MsgBox name & " 請繼續努力"
10     Else
11         MsgBox "恭喜 " & name & " 錄取了"
12     End If
13 End Sub
```

執行結果

21-10-2　搜尋和插入空白欄的應用

程式實例 ch21_34.xlsm：這個程式可以搜尋總計字串，然後在此字串左邊插入空白欄。

```
1  Public Sub ch21_34()
2      Dim msgCode As Range
3      Set msgCode = ActiveSheet.UsedRange.Find("總計")
4      If Not msgCode Is Nothing Then
5          msgCode.EntireColumn.Insert
6      End If
7  End Sub
```

執行結果

	A	B	C	D	E	F	G
1							
2			深智數位業績表				
3		姓名	一月	二月	三月	總計	
4		洪錦魁	88000	95000	79000	262000	
5		李正強	92000	68000	82000	242000	

↓

	A	B	C	D	E	F	G
1							
2			深智數位業績表				
3		姓名	一月	二月	三月		總計
4		洪錦魁	88000	95000	79000		262000
5		李正強	92000	68000	82000		242000

21-10-3 搜尋註解

程式實例 ch21_35.xlsm：搜尋註解 " 東漢 "，只要有部分儲存格內容相符就顯示此註解。

```
1   Public Sub ch21_35()
2       Dim msgcode As Range
3       Set msgcode = ActiveSheet.UsedRange.Find( _
4                           What:="東漢", _
5                           LookIn:=xlComments, _
6                           LookAt:=xlPart)
7       If Not msgcode Is Nothing Then
8           msgcode.Comment.Visible = True
9       End If
10  End Sub
```

執行結果

21-10-4 搜尋日期

程式實例 ch21_36.xlsm：搜尋日期，如果找到列出中威力彩。

```
1   Public Sub ch21_36()
2       Dim msgCode As Range
3       Set msgCode = ActiveSheet.UsedRange.Find( _
4                   What:=DateValue("1979/10/20"), _
5                   LookIn:=xlFormulas)
6       If msgCode Is Nothing Then
7           MsgBox "搜尋失敗"
8       Else
9           MsgBox "恭喜 " & msgCode.Offset(0, -1) & " 中威力彩"
10      End If
11  End Sub
```

執行結果

21-11 字串取代 Replace

Range 物件的 Replace 方法可以執行字串的取代，如果取代成功會回傳 True，否則回傳 False，語法如下：

expression.Replace(What, Replacement, LookAt, SearchOrder, MatchCase, MatchByte, SearchFormat, ReplaceFormat)

上述 expression 是 Range 物件，各參數意義如下：

● What：必要，想要搜尋的字串。

● Replacement：必要，替換的字串。

● LookAt：選用，可以是下列其中一種。

常數名稱	值	說明
xlPart	2	與搜尋字串部分相同
xlWhole	1	與搜尋字串全部相同

- ● SearchOrder：選用，可以是下列其中一種。

常數名稱	值	說明
xlByColumns	2	先往下搜尋，然後到下一欄
xlByRows	1	先往右搜尋，然後到下一列

- ● MatchCase：選用，預設是 False，如果是 True 則會區分大小寫。
- ● MatchByte：選用，適用支援安裝雙位元組語言。
- ● SearchFormat：選用，搜尋格式。
- ● ReplaceFormat：選用，取代格式。

13-6-3 節筆者有說明使用 Trim( ) 函數可以刪除左邊與右邊的空格，這類問題若是使用 Replace 變得更容易，同時還可以輕鬆刪除文字間的空格。

程式實例 ch21_37.xlsm：刪除空格的應用。

```
1  Public Sub ch21_37()
2     Dim msg As String
3     msg = " United State of America "
4     MsgBox "*" & msg & "*" & vbCrLf & _
5            "*" & Replace(msg, " ", "") & "*"
6  End Sub
```

執行結果

21-12 為儲存格設置保護密碼

16-9 節筆者說明保護工作表的方法，這時工作表將在保護狀態，無法輸入資料。Office 365 是可以多人編輯一個工作表，所以會常碰到多人要編輯各自的儲存格區間，也就是我們需要對工作表分區保護，這時候將整個工作表保護可能不是很好的辦法，這一節將講解分區保護工作表的方法。

另外，過去所有程式筆者皆使用 Module1，在此模組內設計 VBA 程式，這一節筆者將新增一個 Module2，Model1 處理保護工作表事宜，Module2 處理取消保護工作表。建立第 2 個模組 Module2 的方法是，當有 Module1 後，在 VBE 環境再執行一次插入 / 模組即可。

21-12-1　AllowEditRanges.Add 方法

假設我們想將 B3:B5 儲存格區間保留給財務部門，C3:C5 儲存格區間保留給業務部門，我們可以先設定這兩區為可編輯區，這時所需使用的方法就是 Protection 物件的 AllowEditRangers.Add 方法，語法如下：

```
expression.AllowEditRangers.Add(Title, Range, [Password])
```

上述 expression 是 AllowEditRanges 物件，Add 方法內的參數說明如下：

● Title：必要，儲存格區間的標題。

● Range：必要，這是 Range 物件，允許編輯的區間。

● Password：選用，編輯區間的密碼。

這個方法主要是定義在保護狀態下，仍可以編輯的區間。

21-12-2　保護 / 取消保護 / 刪除保護

為了達到分區保護工作表的目的，在設計程式時，我們需要先設定保護各區間，然後再執行工作表保護，觀念如下：

1： 保護財務部儲存格區間，此例是 B3:B5。

2： 保護業務部儲存格區間，此例是 C3:C5。

3： 執行保護工作表，這時上述 2 個區間需要有各自的密碼才可以編輯。

這個程式所使用的工作表內容如下：

	A	B	C	D
1				
2		深智數位公司		
3		財務部	業務部	
4		76000	45000	
5		98000	32000	
6				

程式實例 ch21_38.xlsm：這個程式有 2 個巨集，分別如下：

　　ch21_38：目的是設定保護。

　　ch21_38_unprotect：目的是取消保護。

整個視窗畫面如下：

　　讀者可以由 VBE 視窗使用執行 / 執行 Sub 或 UserForm，然後選擇一個巨集執行，或是將想要執行的巨集放在上方再使用執行 / 執行 Sub 或 UserForm。

　　在這個程式中，筆者建立財務部儲存格區間的保護程式碼如下：

```
8   ' 財務部門保護
9       ws.Protection.AllowEditRanges.Add Title:="財務部", _
10              Range:=rng1, Password:="123"
```

　　筆者建立業務部儲存格區間的保護程式碼如下：

```
11  ' 業務部門保護
12      ws.Protection.AllowEditRanges.Add Title:="業務部", _
13              Range:=rng2, Password:="456"
```

　　當上述完成後，再對此工作表執行保護，相當於可以保護上述兩格儲存格區間。下列是 ch21_38 的巨集內容。

```
1   Public Sub ch21_38()
2       Dim ws As Worksheet
3       Dim rng1 As Range
4       Dim rng2 As Range
5       Set rng1 = Range("B3:B5")
6       Set rng2 = Range("C3:C5")
7       Set ws = ActiveSheet
8   ' 財務部門保護
9       ws.Protection.AllowEditRanges.Add Title:="財務部", _
10          Range:=rng1, Password:="123"
11  ' 業務部門保護
12      ws.Protection.AllowEditRanges.Add Title:="業務部", _
13          Range:=rng2, Password:="456"
14  ' 工作表保護
15      ws.Protect Password:="12345"
16
17  End Sub
```

　　上述工作表保護密碼是 12345，所以取消保護工作表也可以使用相同的密碼。若是想要取消儲存格區間的保護，可以直接刪除 AllowEditRangers 物件即可，讀者可以參考下列巨集第 5 和 6 列，下列是 ch21_38_unprotect 的巨集內容。

```
1   Public Sub ch21_38_unprotect()
2       Dim ws As Worksheet
3       Set ws = ActiveSheet
4       ws.Unprotect Password:="12345"
5       ws.Protection.AllowEditRanges("財務部").Delete
6       ws.Protection.AllowEditRanges("業務部").Delete
7   End Sub
```

執行結果 　這個程式執行時要先執行 ch21_38 巨集，然後如果要編輯 B3:B5 或是 C3:C5 皆會被要求輸入密碼才可以執行。

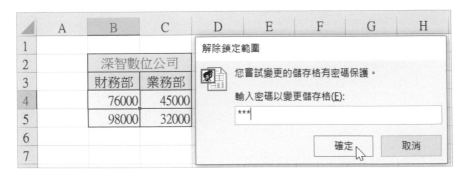

　　未來若是想要取消保護，則需執行 ch21_38_unprotect 巨集。

第二十二章

建立超連結 Hyperlinks

Hyperlinks 是一個物件，可以用於在儲存格內建立超連結資訊，本章將講解這方面的相關知識。

22-1 Add 方法建立超連結字串

Hyperlinks 物件的 Add 方法可以建立超連結資訊，基本語法如下：

expression.Hyperlinks.Add(Anchor, Address, SubAddress, TextToDisplay)

上述 expression 可以是工作表物件，其他參數意義如下：

- Anchor：存放超連結字串的儲存格位址。
- Address：超連結的位址。
- SubAddress：可以將目前工作儲存格跳至指定儲存格位址。
- TextToDisplay：Anchor 標註儲存格顯示的字串。

程式實例 ch22_1.xlsm：建立深智數位公司的超連結資訊。

```
1  Public Sub ch22_1()
2      ActiveSheet.Hyperlinks.Add _
3                 Anchor:=Range("B2"), _
4                 Address:="https://deepwisdom.com.tw", _
5                 TextToDisplay:="深智數位"
6  End Sub
```

執行結果

22-2 建立電子郵件超連結

　　想要建立電子郵件超連結，必須在 Address 屬性加上 <u>mailto:</u> 字串，後面接電子郵件地址。

程式實例 ch22_2.xlsm：建立電子郵件的超連結。

```
1  Public Sub ch22_2()
2      ActiveSheet.Hyperlinks.Add _
3                  Anchor:=Range("B2"), _
4                  Address:="mailto:service@deepwisdom.com.tw", _
5                  TextToDisplay:="客服信箱"
6  End Sub
```

執行結果

　　上述點選後就可以看到開啟新的郵件，同時顯示收件者信箱。

22-3 建立多個超連結與增加信件主題

一個工作表可以建立多個超連結,這時可以用 Hyperlinks(n) 索引方式引用超連結,參數 n 是指超連結的索引序號。

Hyperlinks 物件加上 EmailSubject 屬性可以建立信件主旨。

程式實例 ch22_3.xlsm:建立 2 個超連結,同時為第 2 個超連結建立 " 王者歸來 " 主題,讀者可以留意第 10 列,筆者引用第 2 個超連結所使用的索引方式。

```
1  Public Sub ch22_3()
2      ActiveSheet.Hyperlinks.Add _
3                 Anchor:=Range("B2"), _
4                 Address:="https://deepwisdom.com.tw", _
5                 TextToDisplay:="深智數位"
6      ActiveSheet.Hyperlinks.Add _
7                 Anchor:=Range("B3"), _
8                 Address:="mailto:service@deepwisdom.com.tw", _
9                 TextToDisplay:="客服信箱"
10     ActiveSheet.Hyperlinks(2).EmailSubject = "王者歸來"
11 End Sub
```

執行結果

上述點選後可以開啟新郵件,除了顯示收件者,也同時顯示信件主題。

信件主題 ⟶ 王者歸來

22-4 超連結跳至任一個儲存格或是儲存格區間

在 Add 參數內設定儲存格位址,可以點選超連結後跳到該位址,特別是可以跳至不同工作表的位址。

程式實例 ch22_4.xlsm:點選超連結後跳至 school 工作表的 B2:B3 位址。

```
1  Public Sub ch22_4()
2      ActiveSheet.Hyperlinks.Add _
3              Anchor:=Range("B2"), _
4              Address:="", _
5              SubAddress:="school!B2:B3", _
6              TextToDisplay:="著名大學"
7  End Sub
```

執行結果

上述是跳至 B2:B3,其實也具有選取 B2:B3 儲存格區間的效果,如果只有一個儲存格,例如:B2,也可以,相當於將目前工作的儲存格跳全 B2。上述是跳至相同活頁簿不同工作表,也可以跳到已經開啟的不同活頁簿。

程式實例 ch22_4_1.xlsm:請先開啟 [活頁簿 1],讀者可以先關閉 Excel 再開啟 ch22_4_1.xlsm,再執行開新檔案就可以開啟 [活頁簿 1],然後執行此程式後,可以將目前工作儲存格移至活頁簿 1 工作表 1 的 B2。

```
1  Public Sub ch22_4_1()
2      ActiveSheet.Hyperlinks.Add _
3              Anchor:=Range("B2"), _
4              Address:="", _
5              SubAddress:="[活頁簿1]工作表1!B2", _
6              TextToDisplay:="不同活頁簿"
7  End Sub
```

執行結果

下列是點選後的結果畫面。

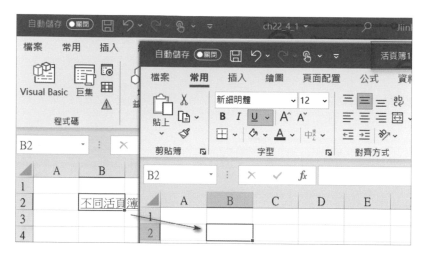

22-5 超連結一般檔案

22-5-1 連結一般圖片檔案

超連結也可以連結一般圖片，然後開啟此圖片。

程式實例 ch22_5.xlsm：本書所附 ch22 資料夾底下有 photo 資料夾，這個程式會開啟此資料夾底下的圖片。

```
1  Public Sub ch22_5()
2      ActiveSheet.Hyperlinks.Add _
3              Anchor:=Range("D4"), _
4              Address:="D:\ExcelVBA\ch22\photo\sea1.jpg", _
5              TextToDisplay:="我的南極旅遊經歷"
6      ActiveSheet.Hyperlinks.Add _
7              Anchor:=Range("D5"), _
8              Address:="D:\ExcelVBA\ch22\photo\sea3.jpg", _
9              TextToDisplay:="我的北極海旅遊經歷"
10 End Sub
```

執行結果

	A	B	C	D	E
1					
2		南極大陸與北極海			
3		圖片名稱	景點	圖片 連結	
4		sea1	南極	我的南極旅遊經歷	
5		sea3	北極海	我的北極海旅遊	
6					
7					

file:///D:\ExcelVBA\ch22\D\ExcelVBA\
ch22\photo\sea1.jpg -
按 一下以追蹤。
按住以選取此儲存格。

點選後可以顯示所點選的圖片。

22-5-2　超連結網路上的檔案

若是檔案在 Internet 上，如果我們知道位址與檔案名稱也可以連結與開啟。

程式實例 ch22_6.xlsm：連結 Internet 上的圖片。

```
1   Public Sub ch22_6()
2       ActiveSheet.Hyperlinks.Add _
3                   Anchor:=Range("C4"), _
4                   Address:="https://files.oaiusercontent.com/file-2SPB
5                   TextToDisplay:="北極海"
6       ActiveSheet.Hyperlinks.Add _
7                   Anchor:=Range("C5"), _
8                   Address:="https://files.oaiusercontent.com/file-IiK0
9                   TextToDisplay:="南極大陸"
10  End Sub
```

執行結果

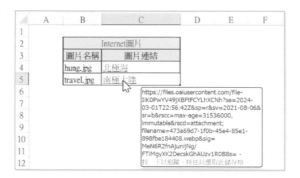

上述點選後，可以下載圖片，然後可以得到下列結果。

22-5-3　開啟 Excel 檔案

Excel VBA 允許開啟一般圖檔，也可以使用於開啟 Excel 檔案。

程式實例 ch22_7.xlsm：開啟 ch22_1.xlsm 檔案，這裡假設讀者是將 ch22_1.xlsm 檔案放在 D:\ExcelVBA\ch22 資料夾。

```
1   Public Sub ch22_7()
2       ActiveSheet.Hyperlinks.Add _
3               Anchor:=Range("B2"), _
4               Address:="D:\ExcelVBA\ch22\ch22_1.xlsm", _
5               TextToDisplay:="開啟Excel檔案"
6   End Sub
```

執行結果

22-6　建立自己的超連結提示

從本章內容開始所有的超連結提示皆是系統預設，Hyperlinks 物件加上 ScreenTip 屬性可以建立超連結的提示。

程式實例 ch22_8.xlsm：擴充設計 ch22_5.xlsm，改為自己的超連結提示文字。

```
1   Public Sub ch22_8()
2       ActiveSheet.Hyperlinks.Add _
3               Anchor:=Range("D4"), _
4               Address:="D:\ExcelVBA\ch22\photo\sea1.jpg", _
5               TextToDisplay:="我的南極旅遊經歷"
6       ActiveSheet.Hyperlinks.Add _
7               Anchor:=Range("D5"), _
8               Address:="D:\ExcelVBA\ch22\photo\sea3.jpg", _
9               TextToDisplay:="我的北極海旅遊經歷"
10      ActiveSheet.Hyperlinks(1).ScreenTip = "洪錦魁在南極"
11      ActiveSheet.Hyperlinks(2).ScreenTip = "洪錦魁在北極海"
12  End Sub
```

執行結果

		南極大陸與北極海	
圖片名稱	景點	圖片連結	
seal	南極	我的南極旅遊經歷	
sea3	北極海	我的北極海旅遊 洪錦魁在南極	

		南極大陸與北極海	
圖片名稱	景點	圖片連結	
seal	南極	我的南極旅遊經歷	
sea3	北極海	我的北極海旅遊經歷 洪錦魁在北極海	

22-7 執行超連結

　　22-5 節筆者介紹了建立超連結，Hyperlinks 的 Follow 方法可以直接執行超連結，也就是不用點選直接執行，在這個實例中，會主動下載圖片。

程式實例 ch22_9.xlsm：擴充設計 ch22_6.xlsm，這個程式會直接開啟超連結的圖片。

```
1   Public Sub ch22_9()
2       ActiveSheet.Hyperlinks.Add _
3               Anchor:=Range("C4"), _
4               Address:="https://files.oaiusercontent.com/file-RpS
5               TextToDisplay:="北極海"
6       ActiveSheet.Hyperlinks.Add _
7               Anchor:=Range("C5"), _
8               Address:="https://files.oaiusercontent.com/file-IiK
9               TextToDisplay:="南極大陸"
10      ActiveSheet.Hyperlinks(1).Follow
11      ActiveSheet.Hyperlinks(2).Follow
12  End Sub
```

執行結果

22-8 刪除超連結功能

刪除超連結可以使用 Range 物件，引用 Hyperlinks.Delete 方法，刪除後超連結字串變成普普通字串。

程式實例 ch22_10.xlsm：先建立超連結，出現對話方塊，按確定鈕後可以刪除字串的超連結功能。

```
1  Public Sub ch22_10()
2      ActiveSheet.Hyperlinks.Add _
3              Anchor:=Range("B2"), _
4              Address:="https://deepwisdom.com.tw", _
5              TextToDisplay:="深智數位"
6      MsgBox ("按確定鈕可以刪除超連結")
7      Range("B2").Hyperlinks.Delete
8  End Sub
```

執行結果

超連結格式是藍色含底線，從上述可以看到格式已經沒有了。

22-9 刪除超連結但是保留字串格式

Range 物件也可以用 ClearHyperlinks 方法，刪除超連結，但是刪除超連結功能後原超連結的字串格式會保留。

程式實例 ch22_11.xlsm：刪除超連結但是保留字串格式。

```
1  Public Sub ch22_11()
2      ActiveSheet.Hyperlinks.Add _
3              Anchor:=Range("B2"), _
4              Address:="https://deepwisdom.com.tw", _
5              TextToDisplay:="深智數位"
6      MsgBox ("按確定鈕可以刪除超連結" & vbCrLf & _
7              "但是保留字串格式")
8      Range("B2").ClearHyperlinks
9  End Sub
```

執行結果

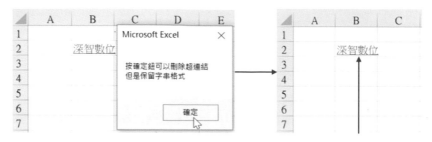

不再具有超連結功能

第二十三章

使用格式化建立
高效吸睛的報表

Excel 視窗的常用 / 樣式 / 條件式格式設定有許多實用的條件設定功能，使用這些功能可以建立豐富多采高效吸睛的表單，這一章將講解使用 Excel VBA 建立這類的表單。

23-1 設定格式化條件

23-1-1 Range 物件增加格式化條件

在操作工作表的儲存格時，可以針對選定的儲存格設定格式化條件，這些選定的儲存格就是 Range 物件，格式化條件的物件是 FormatConditions，如果再加上 Add 方法，例如：我們可以使用 FormatConditions.Add 方法，可以為所選定的 Range 物件增加設定格式化條件，語法如下：

expression.FormatConditions.Add(Type, Operator, Formula1, Formula2)

上述 expression 是 Range 物件，各參數意義如下：

- Type：必要，主要是指定格式化條件是根據儲存格的值或是根據運算式，可以參考下列 XlFormatConditionType 列舉常數表。

常數名稱	值	說明
xlAboveAverageCondition	12	高於平均條件
xlBlanksCondition	10	空白條件
xlCellValue	1	儲存格的值
xlColorScale	3	色階
xlDataBar	4	DataBar
xlErrorsCondition	16	錯誤條件
xlExpression	2	運算式
xlIconSet	6	圖示集
xlNoBlanksCondition	13	無空白條件
xlNoErrorsCondition	17	無錯誤條件
xlTextString	9	文字字串
xlTimePeriod	11	時間期間
xlTop	5	前 10 個值
xlUniqueValues	8	唯一的值

- Operator：選用，如果 Type 是 xlExpression 時可以忽略這個參數。這個 Operator 主要是指格式化條件的運算子，可以參考下列 XlFormatConditionOperator 列舉常數表。

常數名稱	值	說明
xlBetween	1	之間，只能在有 2 個公式時使用
xlEqual	3	相等
xlGreater	5	大於
xlGreaterEqual	7	大於或等於
xlLess	6	小於
xlLessEqual	8	小於或等於
xlNotBetween	2	不介於，只能在有 2 個公式時使用
xlNotEqual	4	不等於

- Formula1：選用，與條件格式化有關的值或是運算式。
- Formula2：選用，當 Operator 是 xlBetween 或是 xlNotBetween 時，這是第二個相關的值或是運算式。

坦白說上述 FormatConditions 物件的用法有許多，寫法也有許多，筆者盡量使用不同方式撰寫程式，期待讀者未來可以自行開發程式，同時也知道各種撰寫方式，未來在職場可以應付自如。

23-1-2　單個運算式 Formula 的實例

過去如果我們要列出業績前幾名的資料，可能要花許多列的程式碼，有了 FormatConditions 物件，整個簡單許多。

程式實例 ch23_1.xlsm：將業績低於 10000 元的儲存格以紅色顯示，這樣可以知道哪些業務員需要加油。

```
1  Public Sub ch23_1()
2      With Range("C3:C8").FormatConditions
3          .Add Type:=xlCellValue, _
4              Operator:=xlLess, _
5              Formula1:="10000"
6          .Item(1).Interior.Color = vbRed
7      End With
8  End Sub
```

執行結果

報表最大的優點是一眼就看出哪些業務的業績需要加油了。此外，上述程式第 6 列 Item(1) 的用法可以參考 15-5-5 節，也就是我們將格式化條件與方法寫在一個 With … End With 內，我們也可以將此列資料獨立出來。

程式實例 ch23_2.xlsm：獨立設定格式化條件的方法重新設計 ch23_1.xlsm。

```
1  Public Sub ch23_2()
2    With Range("C3:C8").FormatConditions
3      .Add Type:=xlCellValue, _
4          Operator:=xlLess, _
5          Formula1:="10000"
6    End With
7    Range("B3:C8").FormatConditions(1).Interior.Color = vbRed
8  End Sub
```

執行結果　與 ch23_1.xlsm 相同。

Excel VBA 是一個很活的程式語言，我們已知 FormatConditions 是一個物件，也可以先設為物件，再做格式化處理。

程式實例 ch23_3.xlsm：使用不同方式格式化物件，同時列出業績大於 10000 元的儲存格以綠色底顯示。

```
1  Public Sub ch23_3()
2    Dim rng As Range
3    Dim con As FormatCondition
4    Set rng = Range("C3:C8")
5    Set con = rng.FormatConditions.Add(xlCellValue, xlGreater, "=10000")
6    con.Interior.Color = vbGreen
7  End Sub
```

執行結果

上述請留意第 5 列的參數，筆者省略了 Type、Operator、formula1 具名的設定，這時就必要注意每個參數的位置，通常適合非常熟悉 Excel VBA 的程式設計師使用，初學者建議不要省略。筆者舉了好幾個格式化的方法，未來讀者可以依個人喜好自行運用。

23-1-3　刪除格式化條件

這一節筆者先教你刪除格式化條件，FormatConditions 物件有 Delete 方法，可以刪除格式化的條件。

程式實例 ch23_4.xlsm：擴充設計 ch23_3.xlsm，刪除格式化的條件。

```
1   Public Sub ch23_4()
2       Dim rng As Range
3       Dim con As FormatCondition
4       Set rng = Range("C3:C8")
5       Set con = rng.FormatConditions.Add(xlCellValue, xlGreater, "=10000")
6       con.Interior.Color = vbGreen
7       MsgBox "按確定鈕後可以刪除格式化"
8       rng.FormatConditions.Delete
9   End Sub
```

執行結果

23-1-4　兩個公式 Formula 的實例

當 Operator 為 xlBetween(介於之間) 或是 xlNotBetween(不介於之間) 時，這時需要 2 個公式 (Formula1 和 Formula2) 參數。

程式實例 ch23_5.xlsm：將介於 10000 和 20000 之間的業績以綠色顯示。

```
1  Public Sub ch23_5()
2      Dim rng As Range
3      Set rng = Range("C3:C8")
4      With rng.FormatConditions
5          .Add Type:=xlCellValue, _
6              Operator:=xlBetween, _
7              Formula1:=10000, _
8              Formula2:=20000
9      End With
10     rng.FormatConditions(1).Interior.Color = vbGreen
11 End Sub
```

執行結果

▲	A	B	C
1			
2		姓名	業績
3		陳加加	5000
4		許亮雯	12000
5		張進一	10000
6		林國棟	21000
7		陳星宇	32000
8		吳家樑	9800

→

▲	A	B	C
1			
2		姓名	業績
3		陳加加	5000
4		許亮雯	12000
5		張進一	10000
6		林國棟	21000
7		陳星宇	32000
8		吳家樑	9800

23-1-5　Type:=xlExperssion

當 FormatConditions.Add 的第一個參數 Type:=Expression 時，Formula1 將是一個公式。在大數據應用中，儲存格會有一堆資料，我們可以使用這個功能找出有錯誤的儲存格，這時可以使用 IsError( ) 函數，這個函數如有參數是錯誤會回傳 True，否則回傳 False。

程式實例 ch23_5_1.xlsm：將 A1:B10 內有錯誤的儲存格用紅色底標記出來。

```
1  Sub ex23_5_1()
2      Dim rng As Range
3      Set rng = Range("A1:B10")
4      rng.FormatConditions.Delete          ' 刪除殘留的條件
5  ' 儲存格錯誤條件
6      rng.FormatConditions.Add Type:=xlExpression, _
7                           Formula1:="=IsError(A1)=true"
8      rng.FormatConditions(1).Interior.Color = vbRed
9  End Sub
```

執行結果

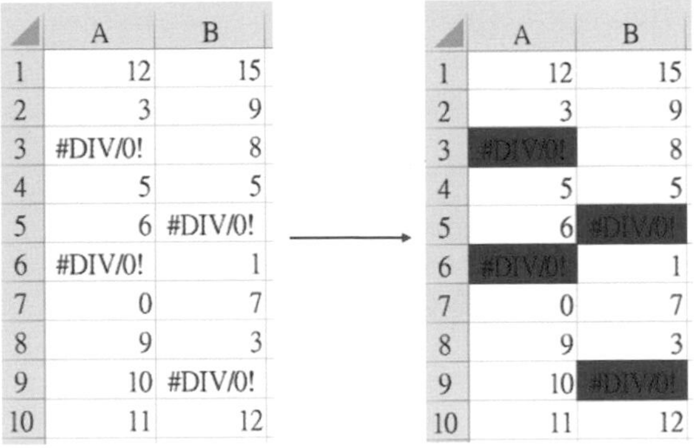

上述程式第 4 列筆者有一個指令如下：

rng.FormatConditions.Delete

這是刪除工作表內殘存的 Formatconditions，一般 Excel VBA 工程師會在設定條件前做這個動作，表示讓程式可以重新設定條件。在企業經營中會有很多應收帳款，我們也可以設定超過 30 天的應收帳款使用紅色底顯示。

程式實例 ch23_5_2.xlsm：將超過 30 天的應收帳款用紅色底標示。

```
1  Sub ch23_5_2()
2      Dim rng As Range
3      Set rng = Range("B3:B10")
4      rng.FormatConditions.Delete
5      rng.FormatConditions.Add Type:=xlExpression, _
6                              Formula1:="=Now()-B3 > 30"
7      rng.FormatConditions(1).Interior.Color = vbRed
8      MsgBox ("現在時間 " & Now())
9  End Sub
```

執行結果

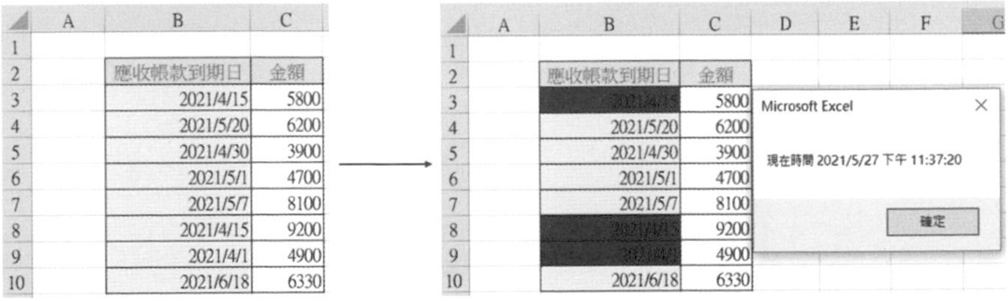

上述第 8 列筆者列出現在時間，主要是讀者購買這本書籍時時間已經改變，必須調整 B3:B10 的時間，所以列出現在時間供讀者參考。

23-1-6　大於平均的條件 xlAboveAverageCondition

程式實例 ch23_5_3.xlsm：將一月份大於平均的儲存格使用綠色底。

```
1  Public Sub ch23_5_3()
2      Dim rng As Range
3      Set rng = Range("C4:C10")
4      With rng.FormatConditions
5          .Add Type:=xlAboveAverageCondition
6      End With
7      rng.FormatConditions(1).Interior.Color = vbGreen
8  End Sub
```

執行結果

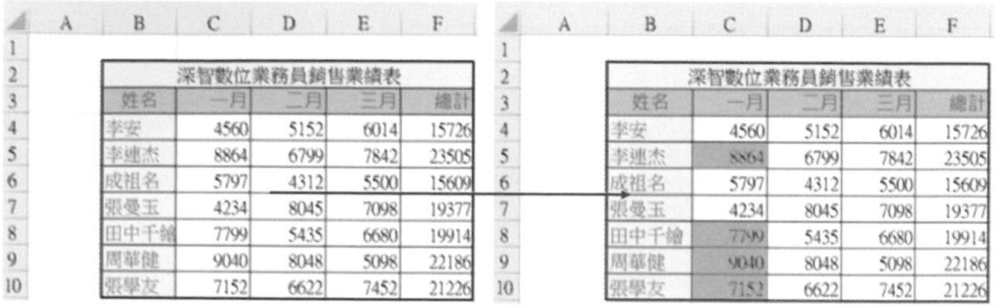

上述程式筆者設定 Type:=xlAboveAverageCondition，我們也可以直接使用下一小節的方法取代。

23-1-7　FormatCondition.AddAboveAverage

這是建立大於平均值的條件。

程式實例 ch23_5_4.xlsm：將二月份大於平均的儲存格使用黃色底。

```
1  Public Sub ch23_5_4()
2      Dim rng As Range
3      Set rng = Range("D4:D10")
4      rng.FormatConditions.AddAboveAverage
5      rng.FormatConditions(1).Interior.Color = vbYellow
6  End Sub
```

執行結果

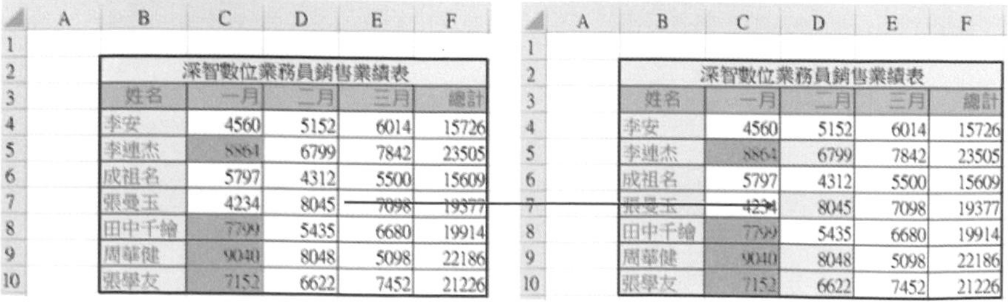

在使用 FormatConditions.AddAboveAverage 方法時可以有 AboveBelow 屬性，這個屬性值設定可以參考列 XlAboveBelow 列舉常數表：

常數名稱	值	說明
xlAboveAverage	0	大於平均值
xlAboveStdDev	4	大於標準差
xlBelowAverage	1	小於平均值
xlBelowStdDev	5	小於標準差
xlEqualAboveAverage	2	大於或等於平均值
xlEqualBelowAverage	3	小於或等於平均值

程式實例 ch23_5_5.xlsm：將低於平均業績底色用淡紫色顯示。

```
1   Public Sub ch23_5_5()
2       Dim rng As Range
3       Set rng = Range("E4:E10")
4       rng.FormatConditions.AddAboveAverage
5       rng.FormatConditions(1).AboveBelow = xlBelowAverage
6       rng.FormatConditions(1).Interior.Color = RGB(255, 0, 255)
7   End Sub
```

執行結果

23-2 格式化條件的屬性

在 23-1 節中有關 FormatCondition 物件筆者皆是使用 Interior 執行背景顏色的屬性設定，實務上可以使用下列 3 種設定方式。

Interior：背景，例如：Color、ColorIndex … 等。

Font：字型，例如：Bold、Color、ColorIndex、Italic、Underline … 等。

Borders：框線，例如：xlBottom、xlTop、xlLeft、xlRight，也可以增加框線樣式。

上述細節可以複習第 18 章。

程式實例 ch23_6.xlsm：將介於 10000 元和 20000 元業績的用藍色、粗體字顯示。

```
1   Public Sub ch23_6()
2       Dim rng As Range
3       Dim con As FormatCondition
4       Set rng = Range("C3:C8")
5       Set con = rng.FormatConditions.Add(xlCellValue, _
6                                          xlBetween, _
7                                          "=10000", "20000")
8       With con
9           .Font.Color = vbBlue
10          .Font.Bold = True
11      End With
12  End Sub
```

執行結果

	A	B	C
1			
2		姓名	業績
3		陳加加	5000
4		許亮雯	12000
5		張進一	10000
6		林國棟	21000
7		陳星宇	32000
8		吳家樑	9800

	A	B	C
1			
2		姓名	業績
3		陳加加	5000
4		許亮雯	12000
5		張進一	10000
6		林國棟	21000
7		陳星宇	32000
8		吳家樑	9800

程式實例 ch23_7.xlsm：將大於 20000 元業績用藍色粗體字，小於 10000 元業績用紅色粗體字。

```
1   Public Sub ch23_7()
2       Dim rng As Range
3       Dim con1 As FormatCondition, con2 As FormatCondition
4       Set rng = Range("C3:C8")
5       Set con1 = rng.FormatConditions.Add(xlCellValue, _
6                                           xlGreater, _
7                                           "=20000")
8       Set con2 = rng.FormatConditions.Add(xlCellValue, _
9                                           xlLess, _
10                                          "=10000")
11      With con1
12          .Font.Color = vbBlue
13          .Font.Bold = True
14      End With
15      With con2
16          .Font.Color = vbRed
17          .Font.Bold = True
18      End With
19  End Sub
```

執行結果

▲	A	B	C
1			
2		姓名	業績
3		陳加加	5000
4		許亮雯	12000
5		張進一	10000
6		林國棟	21000
7		陳星宇	32000
8		吳家樑	9800

→

▲	A	B	C
1			
2		姓名	業績
3		陳加加	5000
4		許亮雯	12000
5		張進一	10000
6		林國棟	21000
7		陳星宇	32000
8		吳家樑	9800

23-3　FormatConditions 的數量與進一步的刪除

23-3-1　FormatConditions 的數量統計

　　若是以 ch23_7.xlsm 做實例，這個程式有 2 個 FormatConditions，一個是 con1，另一個是 con2，我們可以使用 FormatConditions.Count 獲得這個數量，也可以說是格式化條件的數量。

程式實例 ch23_8.xlsm：擴充設計 ch23_7.xlsm，列出 FormatConditions 的數量。

```
1  Public Sub ch23_8()
2      Dim rng As Range
3      Dim con1 As FormatCondition, con2 As FormatCondition
4      Set rng = Range("C3:C8")
5      Set con1 = rng.FormatConditions.Add(xlCellValue, _
6                                          xlGreater, _
7                                          "=20000")
8      Set con2 = rng.FormatConditions.Add(xlCellValue, _
9                                          xlLess, _
10                                         "=10000")
11     With con1
12         .Font.Color = vbBlue
13         .Font.Bold = True
14     End With
15     With con2
16         .Font.Color = vbRed
17         .Font.Bold = True
18     End With
19     MsgBox "FormatConditions的數量是 : " & rng.FormatConditions.Count
20  End Sub
```

執行結果

	A	B	C	D	E	F
1						
2		姓名	業績			
3		陳加加	5000			
4		許亮雯	12000			
5		張進一	10000			
6		林國棟	21000			
7		陳星宇	32000			
8		吳家樑	9800			

Microsoft Excel ×

FormatConditions的數量是：2

確定

23-3-2　在多個 FormatConditions 下執行刪除

在 23-1-3 節筆者有說明使用 Delete 方法刪除 FormatConditions，若是沒有特別指名，這個方法會刪除所有的 FormatConditions，如果要刪除特定的 FormatConditions，必須使用索引觀念，如下所示：

```
FormatConditions(1).Delete          ' 刪除第1個FormatConditions
```

程式實例 ch23_9.xlsm：擴充程式實例 ch23_8.xlsm，這個程式會依指定刪除 FormatConditions，如果輸入 1 刪除第 1 個，如果輸入 2 刪除第 2 個，如果輸入 0 刪除全部，如果輸入其他值表示輸入錯誤。

```
1   Public Sub ch23_9()
2       Dim index As Integer
3       Dim rng As Range
4       Dim con1 As FormatCondition, con2 As FormatCondition
5       Set rng = Range("C3:C8")
6       Set con1 = rng.FormatConditions.Add(xlCellValue, _
7                                           xlGreater, _
8                                           "=20000")
9       Set con2 = rng.FormatConditions.Add(xlCellValue, _
10                                          xlLess, _
11                                          "=10000")
12      With con1
13          .Font.Color = vbBlue
14          .Font.Bold = True
15      End With
16      With con2
17          .Font.Color = vbRed
18          .Font.Bold = True
19      End With
20  '設計刪除FormatConditions
21      index = InputBox("請輸入要刪除的FormatConditions" & vbCrLf & _
```

```
22                         "請輸入 1 或 2，如果輸入 0 表示刪除全部")
23      Select Case index
24          Case 1
25              rng.FormatConditions(1).Delete
26              MsgBox ("刪除FormationConditions : " & index)
27          Case 2
28              rng.FormatConditions(2).Delete
29              MsgBox ("刪除FormationConditions : " & index)
30          Case 0
31              rng.FormatConditions.Delete
32              MsgBox ("刪除全部FormationConditions")
33          Case Else
34              MsgBox ("輸入錯誤")
35      End Select
36  End Sub
```

執行結果

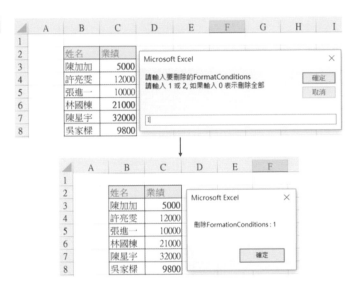

　　建議讀者測試時，每刪除完 1 或 2，執行一次全部刪除，因為原先建立的條件式格式會存留在工作表內。

23-4 資料橫條

　　Excel 在資料處理過程常常會使用資料橫條代表數據量，這一節將講解 Excel VBA 在這方面的應用。

23-4-1　建立資料橫條方法 1

當使用 FormatCondition.Add 方法時，如果將 Type 設為 xlDataBar 就可以在儲存格內產生資料橫條，資料橫條的長短是和數值大小成正比。

程式實例 ch23_10.xlsm：建立資料橫條。

```
1  Public Sub ch23_10()
2      Dim rng As Range
3      Set rng = Range("B2:B11")
4      rng.FormatConditions.Add Type:=xlDatabar
5  End Sub
```

執行結果

23-4-2　建立資料橫條方法 2

VBA 也可以使用 FormatCondition.AddDatabar 方法建立資料橫條。

程式實例 ch23_11.xlsm：使用 FormatCondition.AddDatabar 方法建立資料橫條。

```
1  Public Sub ch23_11()
2      Dim rng As Range
3      Set rng = Range("B2:B11")
4      rng.FormatConditions.AddDatabar
5  End Sub
```

執行結果　與 ch23_10.xlsm 相同。

23-4-3　設定資料橫條的顏色

使用 AddDatabar 物件建立資料橫條後，可以使用 BarColor.Color 屬性更改資料橫條的顏色。

程式實例 **ch23_12.xlsm**：將資料橫條顏色改為綠色。

```
1  Public Sub ch23_12()
2     Dim rng As Range
3     Set rng = Range("B2:B11")
4     With rng
5        .Range("B2:B11").Delete
6        .FormatConditions.AddDatabar
7        .FormatConditions(1).BarColor.Color = RGB(0, 255, 0)
8     End With
9  End Sub
```

執行結果

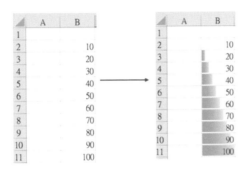

23-4-4 資料橫條色彩深淺設定

使用 AddDatabar 物件建立資料橫條後，可以使用 BarColor.TintAndShade 屬性更改資料橫條的顏色淡化現象與暗色的變化。

程式實例 **ch23_13.xlsm**：將資料橫條顏色改為綠色，同時可以輸入 0.0 ～ 1.0 之間的值更改色彩的淡化現象，以及輸入 -1.0 ～ 1.0 之間以體會淡化和多了暗色的效果。

```
1  Public Sub ch23_13()
2     Dim rng As Range
3     Dim n
4     Set rng = Range("B2:B11")
5     With rng
6        .Range("B2:B11").Delete
7        .FormatConditions.AddDatabar
8        .FormatConditions(1).BarColor.Color = RGB(0, 255, 0)
9     End With
10    n = InputBox("請輸入 0.0 - 1.0 之間的數字，可以看到深淺變化")
11    rng.FormatConditions(1).BarColor.TintAndShade = CDbl(n)
12 End Sub
```

執行結果

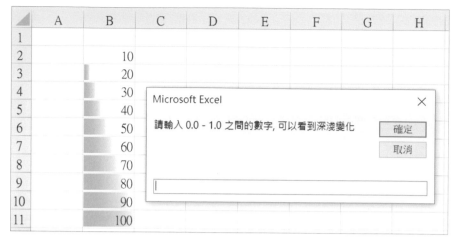

下列是分別輸入 0.1、0.5、0.9 的色彩變化。

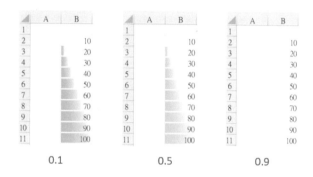

下列是分別輸入 -0.1、-0.5、-0.9 的色彩變化。

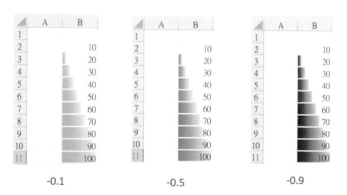

23-4-5　單色實心的資料橫條

如果設定 BarFillType=xlDataBarFillSolid，則可以將資料橫條設為實心。

程式實例 ch23_14.xlsm：這個實例筆者也使用先前的觀念建立了 10 ~ 100 的資料，最後建立綠色實心的資料橫條。

```
1   Public Sub ch23_14()
2       Dim rng As Range
3       Set rng = Range("B2:B11")
4       With ActiveSheet
5           .Range("B2") = 10
6           .Range("B3") = 20
7           .Range("B2:B3").AutoFill Destination:=rng
8       End With
9       With rng.FormatConditions
10          .AddDatabar
11          .Item(1).BarFillType = xlDataBarFillSolid
12          .Item(1).BarColor.Color = vbGreen
13      End With
14  End Sub
```

執行結果

	A	B
1		
2		10
3		20
4		30
5		40
6		50
7		60
8		70
9		80
10		90
11		100

23-4-6　隱藏與顯示資料橫條的數字

當有資料橫條 DataBar 後，FormatCondition.ShowValue 屬性可以設定是否顯示資料橫條的數字，預設是 True 表示顯示，如果設為 False 則不顯示。

程式實例 **ch23_15.xlsm**：先顯示資料橫條的數字，然後隱藏。

```
1   Public Sub ch23_15()
2       Dim rng As Range
3       Set rng = Range("B2:B11")
4       rng.FormatConditions.Delete
5       With ActiveSheet
6           .Range("B2") = 10
7           .Range("B3") = 20
8           .Range("B2:B3").AutoFill Destination:=rng
9       End With
10      rng.FormatConditions.AddDatabar
11      MsgBox "按確定鈕可以隱藏資料橫條的數據"
12      rng.FormatConditions(1).ShowValue = False
13  End Sub
```

執行結果

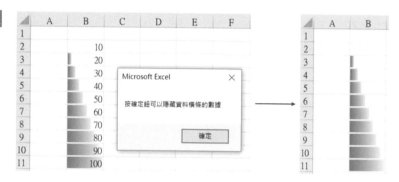

23-4-7　設定資料橫條的長度

這一節至今所敘述的資料橫條長度皆是預設值，可以使用下列方式分別設定最短和最長資料橫條的長度。

```
FormatConditions.MaxPoint.Modify newtype newvalue
FormatConditions.MinPoint.Modify newtype newvalue
```

上述 MaxPoint 表示設定最大值，MinPoint 表示設定最小值，newtype 可以參考下列 XlConditionValue 列舉常數表。

常數名稱	值	說明
xlConditionValueAutomaticMax	7	範圍最大值為比率
xlConditionValueAutomaticMin	6	範圍最小值為比率
xlConditionValueFormula	4	用公式決定
xlConditionValueHighestValue	2	設定範圍的最大值
xlConditionValueLowestValue	1	設定範圍的最小值
xlConditionValueNone	-1	沒有條件
xlConditionValueNumber	0	使用數值決定
xlConditionValuePercent	3	使用百分比
xlConditionValuePercentile	5	使用百分位數

程式實例 ch23_16.xlsm：先前的資料橫條最小值長度是 0，所以資料 10 的資料橫條長度是 0，現在更改最小值 0 的資料橫條才是 0。

```
1   Public Sub ch23_16()
2       Dim rng As Range
3       Set rng = Range("B2:B11")
4       rng.FormatConditions.Delete            ' 刪除先前設定
5       With ActiveSheet
6           .Range("B2") = 10
7           .Range("B3") = 20
8           .Range("B2:B3").AutoFill Destination:=rng
9       End With
10      rng.FormatConditions.AddDatabar
11      MsgBox ("按確定鈕後可以調整最小值")
12      With rng.FormatConditions.Item(1)
13          .MaxPoint.Modify newtype:=xlConditionValueNumber, _
14                          newvalue:=Range("B11")
15          .MinPoint.Modify newtype:=xlConditionValueNumber, _
16                          newvalue:=0
17      End With
18  End Sub
```

執行結果

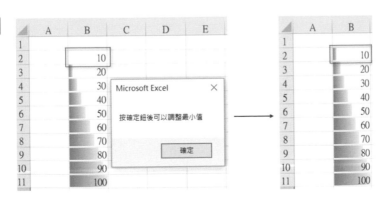

23-4-8　設定資料橫條的方向

當有資料橫條 DataBar 後 FormationConditions.Direction 可以設定資料橫條的方向，Direction 是屬性可以參考下列 XlReadingOrder 列舉常數表。

常數名稱	值	說明
xlContext	-5002	根據工作表設定
xlLTR	-5003	這是預設，從左到右
xlRTL	-5004	從右到左

程式實例 ch23_17.xlsm：建立從右到左的資料橫條。

```
1   Public Sub ch23_17()
2       Dim rng As Range
3       Set rng = Range("B2:B11")
4       rng.FormatConditions.Delete          ' 刪除先前設定
5       With ActiveSheet
6           .Range("B2") = 10
7           .Range("B3") = 20
8           .Range("B2:B3").AutoFill Destination:=rng
9       End With
10      rng.FormatConditions.AddDatabar
11      rng.FormatConditions.Item(1).Direction = xlRTL
12  End Sub
```

執行結果

	A	B
1		
2		10
3		20
4		30
5		40
6		50
7		60
8		70
9		80
10		90
11		100

23-4-9　設定資料橫條的外框

建立資料橫條後，可以使用 BarBorder 建立資料橫條的框線，BarBoder 的參數設定如下：

Type：常數 xlDataBarBorderSolid 表示顯示框線，xlDataBarBorderNone 表示不顯示框線。

Color：這是 FormatConditions 物件，使用 color 屬性可以設定外框的顏色。

程式實例 ch23_18.xlsm：建立含藍色外框的資料橫條，為了容易區隔資料橫條是黃色。

```
1   Public Sub ch23_18()
2       Dim rng As Range
3       Set rng = Range("B2:B11")
4       With ActiveSheet
5           .Range("B2") = 10
6           .Range("B3") = 20
7           .Range("B2:B3").AutoFill Destination:=rng
8       End With
9   ' 建立黃色的 DataBar
10      With rng
11          .FormatConditions.Delete          ' 刪除先前設定
12          .FormatConditions.AddDatabar
13          .FormatConditions(1).BarColor.Color = vbYellow
14      End With
15  ' 建立 DataBar 的藍色外框
16      With rng.FormatConditions(1).BarBorder
17          .Type = xlDataBarBorderSolid
18          .Color.Color = vbBlue
19      End With
20  End Sub
```

執行結果

	A	B
1		
2		10
3		20
4		30
5		40
6		50
7		60
8		70
9		80
10		90
11		100

上述第 18 列左邊的 Color 是 FormatConditions 物件，右邊是顏色屬性。

23-4-10　設定負數的橫條

建立了資料橫條後，當數據有負值時預設是使用相同顏色，但是我們可以使用 FormatConditions 物件下面的 NegativeBarFormat 物件設定複數以不同顏色顯示。 NegativeBarFormat.ColorType 可以設定顏色顯示，可參考下列 XlDataBarNegativeColor 列舉常數表：

常數名稱	說明
xlDataBarColor	可以設定負值的顏色
xlDataBarSameAsPositive	這是預設，與正值相同

下列是設定負值使用不同顏色的實例。

　　.NegativeBarFormat.ColorType = xlDataBarColor

當 ColorType 是設為 xlDataBarColor 時，可以使用 .NegativeBarFormat.Color 物件 的 Color 屬性設定負值的顏色，下列是將負值設為紅色的實例。

　　.NegativeBarFormat.Color.Color = vbRed

設定好了負值所使用的顏色後，可以使用 .AxisPosition 屬性設定如何區隔正數與 負數，可以參考下列 XlDataBarAxisPosition 列舉常數表。

常數名稱	說明
xlDataBarAxisAutomatic	依數值比例 Excel 自行調整
xlDataBarMidpoint	中心點是軸心 0 的位置
xlDataBarAxisNone	沒有軸心，所有資料橫條從左開始

程式實例 ch23_19.xlsm：負數使用紅色，使用中心點區隔正負數。

```
1   Public Sub ch23_19()
2      Dim rng As Range
3      Set rng = Range("B2:B11")
4      With ActiveSheet
5          .Range("B2") = -50
6          .Range("B3") = -40
7          .Range("B2:B3").AutoFill Destination:=rng
8      End With
9   ' 建立 DataBar
```

```
10      With rng
11          .FormatConditions.Delete              ' 刪除先前設定
12          .FormatConditions.AddDatabar
13      End With
14  ' 負數使用紅色，使用中心點區隔正負數
15      With rng.FormatConditions.Item(1)
16          .NegativeBarFormat.ColorType = xlDataBarColor
17          .NegativeBarFormat.Color.Color = vbRed
18          .AxisPosition = xlDataBarAxisMidpoint
19      End With
20  End Sub
```

執行結果　可以參考下方左圖。

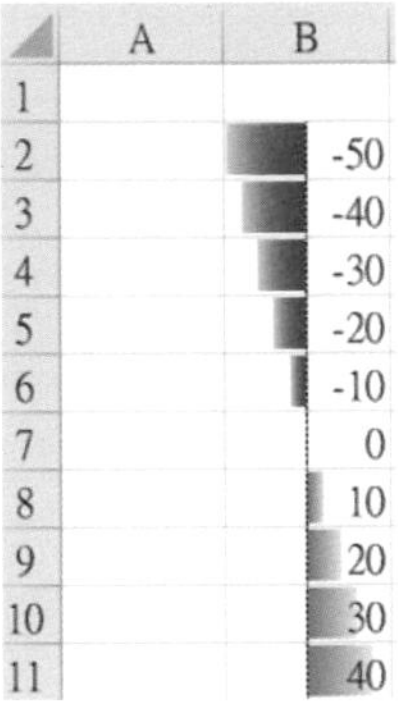

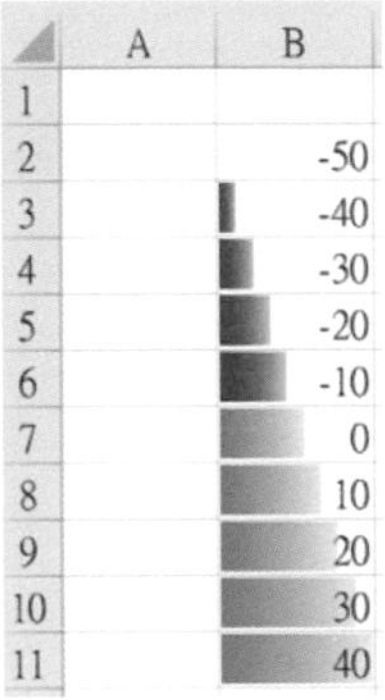

程式實例 ch23_20.xlsm：重新設計 ch23_19.xlsm，讓資料橫條從左邊開始，下列只列出修改的第 18 列。

```
18          .AxisPosition = xlDataBarAxisNone
```

執行結果　可以參考上方右圖。

23-5　格式化色階的處理

　　FormatConditions 物件的 AddColorScale 方法可以依據儲存格的顏色進行色階的格式化處理，語法如下：

　　FormatCondition.AddColorScale(ColorScaleType)

　　參數 ColorScaleType 是必要的，是指顏色的階數。

當設好顏色的階數後，接下來是要設定色階的型式，可以參考下面解說。

.ColorScaleCriteria.Type(i)：i 這是索引值，當索引 i = 1 時代表最小值。如果是 2 階則 i = 2 是代表最大值。如果是 3 階顏色，當索引 i = 2 時是中間值，i = 3 時是最大值。

當定義好色階的索引型式後，接著設定 .ColorScaleCriteria.Type(i) 顏色的 Type，可以參考下列 XlConditionValueTypes 列舉常數表。

常數名稱	值	說明
xlConditionValueAutomaticMax	7	最長資料列會依範圍最大值的比例顯示
xlConditionValueAutomaticMin	6	最短資料列會一範圍最小值的比例顯示
xlConditionValueFormula	4	使用公式
xlConditionValueHighestValue	2	儲存格區間的最大值
xlConditionValueLowestValue	1	儲存格區間的最小值
xlConditionValueNone	-1	沒有條件值
xlConditionValueNumber	0	使用數字
xlConditionValuePercent	3	使用百分比
xlConditionValuePercentile	5	使用百分位數

程式實例 ch23_21.xlsm：建立 2 個色階的格式化，低值使用黃色，高值使用綠色。

```
1   Public Sub ch23_21()
2       Dim rng As Range
3       Set rng = Range("B2:B11")
4       With ActiveSheet
5           .Range("B2") = 10
6           .Range("B3") = 20
7           .Range("B2:B3").AutoFill Destination:=rng
8       End With
9   ' 設定 2 種色階
10      rng.FormatConditions.AddColorScale ColorScaleType:=2
11  ' 設定低值顏色 -- 黃色
12      rng.FormatConditions(1).ColorScaleCriteria(1).Type = _
13          xlConditionValueLowestValue
14      With rng.FormatConditions(1).ColorScaleCriteria(1).FormatColor
15          .Color = RGB(255, 255, 0)
16      End With
17  ' 設定高值顏色 -- 綠色
18      rng.FormatConditions(1).ColorScaleCriteria(2).Type = _
19          xlConditionValueHighestValue
20      With rng.FormatConditions(1).ColorScaleCriteria(2).FormatColor
21          .Color = RGB(0, 255, 0)
22      End With
23  End Sub
```

執行結果 可以參考下方左圖。

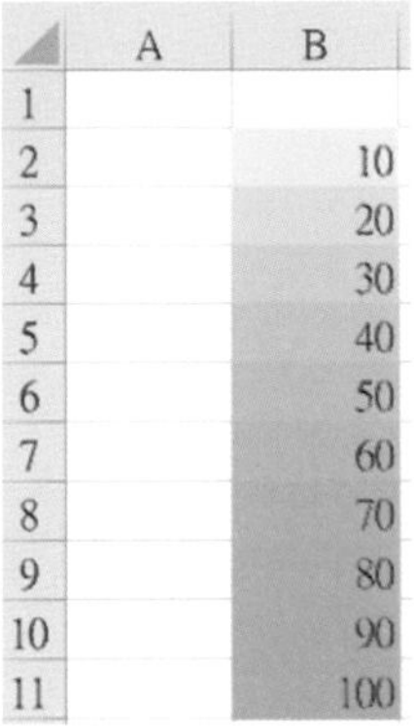

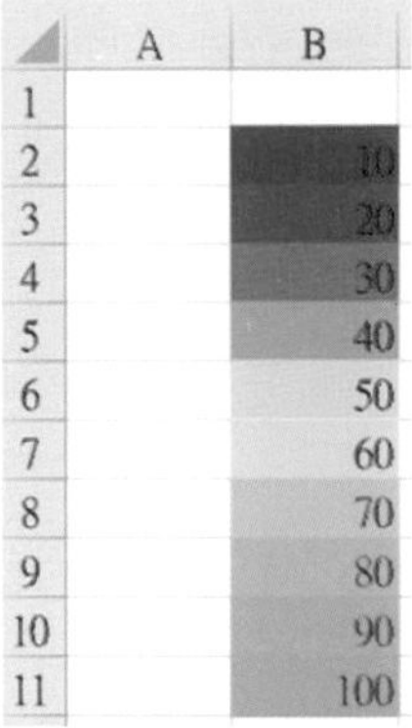

程式實例 ch23_22.xlsm：建立 3 個色階的格式化，低值使用紅色，中值使用黃色，高值使用綠色。

```
1   Public Sub ch23_22()
2       Dim rng As Range
3       Set rng = Range("B2:B11")
4       With ActiveSheet
5           .Range("B2") = 10
6           .Range("B3") = 20
7           .Range("B2:B3").AutoFill Destination:=rng
8       End With
9       rng.FormatConditions.Delete          ' 刪除原先設定
10      rng.FormatConditions.AddColorScale ColorScaleType:=3
11  ' 設定低值顏色
12      rng.FormatConditions(1).ColorScaleCriteria(1).Type = _
13          xlConditionValueLowestValue
14      With rng.FormatConditions(1).ColorScaleCriteria(1).FormatColor
15          .Color = RGB(255, 0, 0)
16      End With
17  ' 設定中值顏色
18      rng.FormatConditions(1).ColorScaleCriteria(2).Type = _
19          xlConditionValuePercentile
20      With rng.FormatConditions(1).ColorScaleCriteria(2).FormatColor
21          .Color = RGB(255, 255, 0)
22      End With
23  ' 設定高值顏色
24      rng.FormatConditions(1).ColorScaleCriteria(3).Type = _
25          xlConditionValueHighestValue
26      With rng.FormatConditions(1).ColorScaleCriteria(3).FormatColor
27          .Color = RGB(0, 255, 0)
28      End With
29  End Sub
```

執行結果 可以參考上方右圖。

程式實例 ch23_23.xlsm：將上述 3 階色彩觀念應用在原先 ch23_5_5.xlsm 的 F4:F10 的業績總計。

```
1  Public Sub ch23_23()
2      Dim rng As Range
3      Set rng = Range("F4:F10")
4      rng.FormatConditions.AddColorScale ColorScaleType:=3
5  ' 設定低值顏色
6      rng.FormatConditions(1).ColorScaleCriteria(1).Type = _
7          xlConditionValueLowestValue
8      With rng.FormatConditions(1).ColorScaleCriteria(1).FormatColor
9          .Color = RGB(255, 0, 0)
10     End With
11 ' 設定中值顏色
12     rng.FormatConditions(1).ColorScaleCriteria(2).Type = _
13         xlConditionValuePercentile
14     With rng.FormatConditions(1).ColorScaleCriteria(2).FormatColor
15         .Color = RGB(255, 255, 0)
16     End With
17 ' 設定高值顏色
18     rng.FormatConditions(1).ColorScaleCriteria(3).Type = _
19         xlConditionValueHighestValue
20     With rng.FormatConditions(1).ColorScaleCriteria(3).FormatColor
21         .Color = RGB(0, 255, 0)
22     End With
23 End Sub
```

執行結果

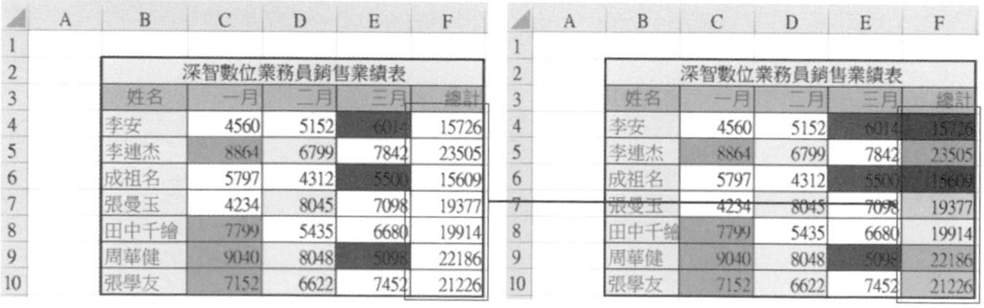

讀者可以看到較低的業績使用紅色表示，中等業績是黃色，較高業績是綠色。

23-6 建立圖示集

在 Excel 視窗若是執行常用 / 樣式 / 條件式格式設定 / 圖示集，可以看到所有 Excel 的圖示集。

這一節將講解使用 Excel VBA 建立上述圖示集的方法。

23-6-1　使用預設的圖示集

讀者可以參考 23-1-1 節當執行 Formation.Add 時，將 Type 參數設為 IconSets，就可以建立依照儲存格的數值建立預設的圖示集。

程式實例 ch23_24.xlsm：建立預設的圖示集。

```
1   Public Sub ch23_24()
2       Dim rng As Range
3       Set rng = Range("B2:B11")
4       With ActiveSheet
5           .Range("B2") = 10
6           .Range("B3") = 20
7           .Range("B2:B3").AutoFill Destination:=rng
8       End With
9       rng.FormatConditions.Delete          ' 刪除原先設定
10      rng.FormatConditions.Add Type:=xlIconSets
11  End Sub
```

執行結果

◢	A	B
1		
2	●	10
3	●	20
4	●	30
5	◐	40
6	◐	50
7	◐	60
8	◐	70
9	●	80
10	●	90
11	●	100

23-6-2　AddIconSetCondition

FormatConditions 物件也可以使用 AddIconSetCondition 方法取代 Add 方法，這樣就可以建立圖示集。

程式實例 ch23_25.xlsm：使用 AddIconSetCondition 方法建立圖示集。

```
1  Public Sub ch23_25()
2     Dim rng As Range
3     Set rng = Range("B2:B11")
4     With ActiveSheet
5        .Range("B2") = 10
6        .Range("B3") = 20
7        .Range("B2:B3").AutoFill Destination:=rng
8     End With
9     rng.FormatConditions.Delete            ' 刪除原先設定
10    rng.FormatConditions.AddIconSetCondition
11 End Sub
```

執行結果 與 ch23_24.xlsm 相同。

23-6-3　認識 Excel VBA 的圖示集

程式實例 ch23_24.xlsm 讀者所看到的圖示是預設，如果要應用其他圖是可以應用 Workbook 物件的 IconSets 屬性取得，IconSets 屬性內含的圖示常數可以參考下列 XlIconSet 列舉常數表。

常數名稱	值	說明
xl3Arrows	1	三箭號
xl3ArrowsGray	2	三箭號灰色
xl3Flags	3	三旗幟
xl3Sings	6	三記號
xl3Symbols	7	三符號
xl3TrafficLights1	4	三交通號誌 1
xl3TrafficLights2	5	三交通號誌 2
xl4Arrows	8	四箭號
xl4ArrowsGray	9	四箭號灰色
xl4CRV	11	四 CRV
xl4RedToBlack	10	四紅色到黑色
xl4TrafficLights	12	四交通號誌
xl5Arrows	13	五箭號
xl5ArrowsGray	14	五箭號灰色
xl5CRV	15	五 CRV
xl5Quarters	16	五刻鐘

程式實例 ch23_26.xlsm：將預設的圖示改為三箭號。

```
1   Public Sub ch23_26()
2       Dim rng As Range
3       Set rng = Range("B2:B11")
4       With ActiveSheet
5           .Range("B2") = 10
6           .Range("B3") = 20
7           .Range("B2:B3").AutoFill Destination:=rng
8       End With
9       rng.FormatConditions.Delete              ' 刪除原先設定
10      rng.FormatConditions.AddIconSetCondition ' 預設圖示
11      With rng.FormatConditions(1)             ' 改為三箭號
12          .IconSet = ActiveWorkbook.IconSets(xl3Arrows)
13      End With
14  End Sub
```

執行結果 可以參考下方左圖。

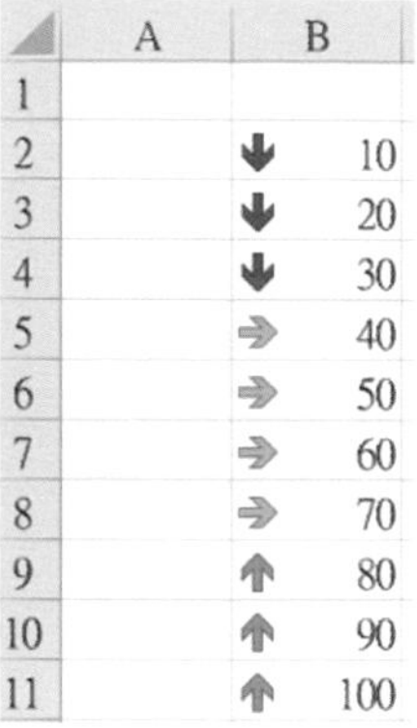

◢	A	B
1		
2	⬇	10
3	⬇	20
4	⬇	30
5	➡	40
6	➡	50
7	➡	60
8	➡	70
9	⬆	80
10	⬆	90
11	⬆	100

ch23_26.xlsm

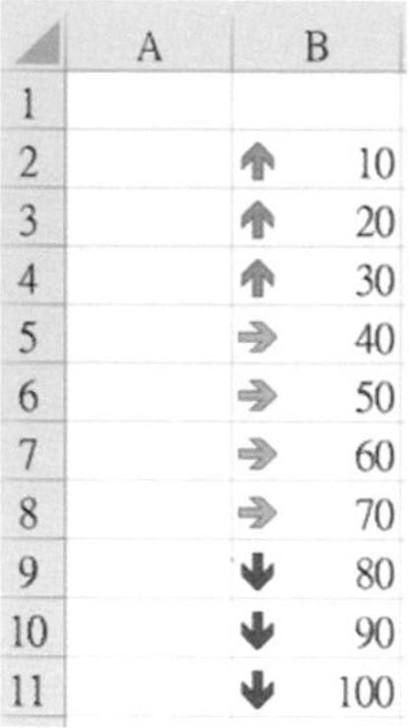

◢	A	B
1		
2	⬆	10
3	⬆	20
4	⬆	30
5	➡	40
6	➡	50
7	➡	60
8	➡	70
9	⬇	80
10	⬇	90
11	⬇	100

ch23_27.xlsm

23-6-4　顛倒圖示方向

讀者參考 ch23_26.xlsm 可以看到三箭號的預設對於較大的數值以向上箭號⬆圖示顯示，對於較低的數值以向下箭號⬇圖示顯示。FormatConditions 的 ReverseOrder 屬性如果設為 True，可以顛倒圖示方向。

程式實例 ch23_27.xlsm：顛倒圖示方向。

```
1  Public Sub ch23_27()
2      Dim rng As Range
3      Set rng = Range("B2:B11")
4      With ActiveSheet
5          .Range("B2") = 10
6          .Range("B3") = 20
7          .Range("B2:B3").AutoFill Destination:=rng
8      End With
9      rng.FormatConditions.Delete                    ' 刪除原先設定
10     rng.FormatConditions.AddIconSetCondition       ' 預設圖示
11     With rng.FormatConditions(1)                   ' 改為三箭號
12         .IconSet = ActiveWorkbook.IconSets(xl3Arrows)
13         .ReverseOrder = True
14     End With
15 End Sub
```

執行結果 可以參考上方右圖。

23-6-5　隱藏資料只顯示圖示

在先前的實例可以看到所有的圖示和儲存格的數據值，FormatConditions 的 ShowIconOnly 屬性如果設為 True，可以只顯示圖示，隱藏資料。

程式實例 ch23_28.xlsm：隱藏資料只顯示圖示。

```
1   Public Sub ch23_28()
2       Dim rng As Range
3       Set rng = Range("B2:B11")
4       With ActiveSheet
5           .Range("B2") = 10
6           .Range("B3") = 20
7           .Range("B2:B3").AutoFill Destination:=rng
8       End With
9       rng.FormatConditions.Delete                ' 刪除原先設定
10      rng.FormatConditions.AddIconSetCondition   ' 預設圖示
11      With rng.FormatConditions(1)               ' 改為三箭號
12          .IconSet = ActiveWorkbook.IconSets(xl3Arrows)
13          .ReverseOrder = True
14          .ShowIconOnly = True                   ' 只顯示圖示
15      End With
16  End Sub
```

執行結果

	A	B
1		
2		↑
3		↑
4		↑
5		➡
6		➡
7		➡
8		➡
9		↓
10		↓
11		↓

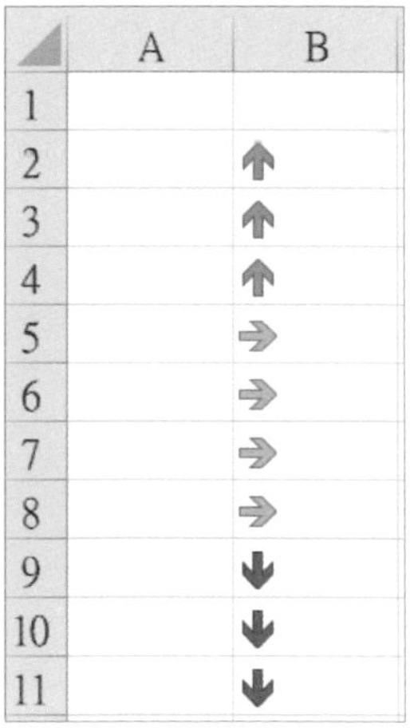

23-6-6　列舉所有圖示

從 23-6-3 節的 IconSets 屬性可以看到常數名稱的值是 1 ~ 16，每個值代表一個圖示，下列將使用 For … Next 迴圈列出所有圖示。

程式實例 ch23_29.xlsm：列出所有圖示。

```
1  Public Sub ch23_29()
2      Dim rng As Range
3      Set rng = Range("B2:B11")
4      With ActiveSheet
5          .Range("B2") = 10
6          .Range("B3") = 20
7          .Range("B2:B3").AutoFill Destination:=rng
8      End With
9      rng.FormatConditions.Delete              ' 刪除原先設定
10     rng.FormatConditions.AddIconSetCondition  ' 預設圖示
11     For i = 1 To 16
12         With rng.FormatConditions(1)          ' 迴圈更改圖示
13             .IconSet = ActiveWorkbook.IconSets(i)
14             MsgBox "IconSet(" & i & ")" & vbCrLf & _
15             "按確定顯示下一個圖示"
16         End With
17     Next i
18 End Sub
```

執行結果

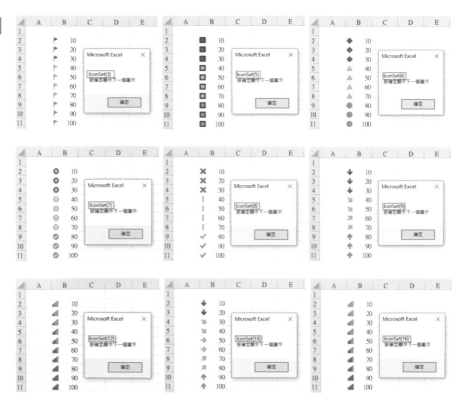

程式實例 ch23_30.xlsm：將圖示應用在業績實務，C4:C10、D4:D10、E4:E10 分別用不同的圖示顯示。

```
1   Public Sub ch23_30()
2       Dim rng1 As Range, rng2 As Range, rng3 As Range
3       Set rng1 = Range("C4:C10")
4       Set rng2 = Range("D4:D10")
5       Set rng3 = Range("E4:E10")
6   ' C4:C10 使用三旗幟
7       rng1.FormatConditions.Delete                   ' 刪除原先設定
8       rng1.FormatConditions.AddIconSetCondition
9       With rng1.FormatConditions(1)
10          .IconSet = ActiveWorkbook.IconSets(xl3Flags)
11      End With
12  ' D4:D10 使用三符號
13      rng2.FormatConditions.Delete                   ' 刪除原先設定
14      rng2.FormatConditions.AddIconSetCondition
15      With rng2.FormatConditions(1)
16          .IconSet = ActiveWorkbook.IconSets(xl3Symbols)
17      End With
18  ' E4:E10 使用四CRV
19      rng3.FormatConditions.Delete                   ' 刪除原先設定
20      rng3.FormatConditions.AddIconSetCondition
21      With rng3.FormatConditions(1)
22          .IconSet = ActiveWorkbook.IconSets(xl4CRV)
23      End With
24  End Sub
```

執行結果

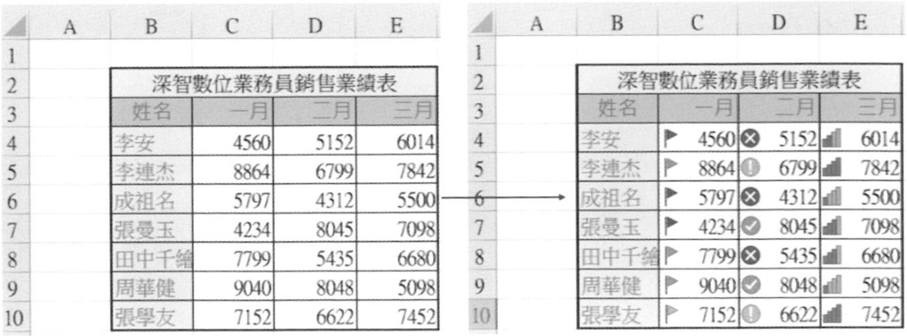

第二十四章

資料驗證

有時候為了方便他人在使用 Excel 時，可很清楚知道各欄位應該輸入資料的類型及內容，我們可以在建立資料時，事先限定儲存格的內容限制。例如：公司為限制業務單位乘坐計程車車資報帳，不可浮報，可以限制車資報帳金額需在 500 元以下，目前計程車起跳價是 75 元，所以我們可以設定此欄位內容是在 75 元和 500 元間。

24-1　設定資料驗證 Add 和 Delete

24-1-1　增加設定資料驗證 Add

對 Range 物件而言 Validation 是一個 Range 的屬性，不過就像先前筆者所說當某屬性獨立存在是也是一個物件，此 Validation 物件的 Add 方法可以為所選定的儲存格建立資料驗證，語法如下：

expression.Validation.Add(Type, AlertStyle, Operator, Formula1, Formula2)

上述 expression 是 Range 表達式，其他參數意義如下：

- Type：必要，主要是驗證類型，可以參考下列 XIDVType 列舉常數表。

常數名稱	值	說明
xlValidateInputOnly	0	當使用者變更值時驗證
xlValidateWholeNumber	1	整數值
xlValidateDecimal	2	數值
xlValidateList	3	在指定清單選擇輸入
xlValidateDate	4	日期值
xlVallidateTime	5	時間值
xlValidateTextLength	6	文字長度
xlValidateCustom	7	會使用任意公式驗證

- AlertStyle：選用，警告樣式，可以參考 24-6 節。
- Operator：選用，主要是驗證運算子，可以參考下列 XIFormatCondtionOperator 列舉常數表。

常數名稱	值	說明
xlBetween	1	當有 2 個公式時使用，表示之間。
xlNotBetween	2	不介於
xlEqual	3	相等的
xlNotEqual	4	不等於
xlGreater	5	大於
xlLess	6	小於
xlGreaterEqual	7	大於或等於
xlLessEqual	8	小於或等於

- Formula1：選用，第一個運算式。
- Formula2：選用，第二個運算式，當 Operator 為 xlBetween 或 xlNotBetween 時使用。

24-1-2 刪除資料驗證 Delete

一個儲存格區間只能有一個資料驗證，所以建議在使用 Add 增加資料驗證前，先執行 Delete 刪除資料驗證，這樣可以確保所增加的資料驗證是唯一的，細節可以參考 ch24_1.xlsm 的第 3 列。

程式實例 ch24_1.xlsm：D3:D4 儲存格區間，限制輸入 75 元至 500 元之間的計程車資。

```
1   Public Sub ch24_1()
2       With Range("D3:D4").Validation
3           .Delete
4           .Add Type:=xlValidateWholeNumber, _
5               Operator:=xlBetween, _
6               Formula1:="75", _
7               Formula2:="500"
8       End With
9   End Sub
```

執行結果

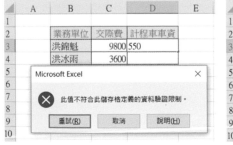 

24-2 資料驗證區間建立輸入提醒

既然儲存格要建立資料驗證，建議可以為要驗證的儲存格區間建立輸入提醒，可以使用 Validation 物件的下列屬性：

InputTitle 屬性可以為驗證區塊建立輸入提醒的標題。

InputMessage 屬性可以為驗證區塊建立輸入提醒的內容。

程式實例 ch24_2.xlsm：擴充設計 ch24_1.xlsm，建立輸入提醒的標題。

```
1   Public Sub ch24_2()
2      With Range("D3:D4").Validation
3         .Delete
4         .Add Type:=xlValidateWholeNumber, _
5             Operator:=xlBetween, _
6             Formula1:="75", _
7             Formula2:="500"
8         .InputTitle = "請輸入計程車資"
9         .InputMessage = vbCrLf & "請輸入75 - 500之間"
10     End With
11  End Sub
```

執行結果

	A	B	C	D	E
1					
2		業務單位	交際費	計程車車資	
3		洪錦魁	9800		
4		洪冰雨	3600		
5				請輸入計程車資	
6				請輸入75 - 500之間	

24-3 驗證日期的資料輸入

如果想要驗證所輸入的日期，可以在 Add 方法內將 Type 設為 xlValidateDate。

程式實例 ch24_3.xlsm：輸入員工到職日期，這類問題可以設為「不可以輸入未來日期當作驗證」。

```
1   Public Sub ch24_3()
2      With Range("C4").Validation
3         .Delete
```

```
 4              .Add Type:=xlValidateDate, _
 5                  Operator:=xlLess, _
 6                  Formula1:=Now()
 7              .InputTitle = "輸入日期"
 8              .InputMessage = vbCrLf & "輸入到職日期 "
 9          End With
10      End Sub
```

執行結果 筆者寫這個程式時是 2021 年 5 月 29 日,下列是輸入了未來日期 2022 年 1月 1 日所以產生錯誤。

24-4 錯誤輸入的提醒

現在讀者所看到輸入錯誤的提醒皆是系統預設的提醒,Validation 物件有下列 2 個屬性可以設定輸入錯誤的提醒。

ErrorTitle 屬性:可以設定錯誤提醒的標題。

ErrorMessage 屬性:可以設定錯誤提醒的內容。

程式實例 ch24_4.xlsm:擴充設計 ch24_3.xlsm,當輸入錯誤時標題是「請輸入日期」,內文是「不可以輸入未來日期」。

```
 1  Public Sub ch24_4()
 2      With Range("C4").Validation
 3          .Delete
 4          .Add Type:=xlValidateDate, _
 5              Operator:=xlLess, _
 6              Formula1:=Now()
 7          .InputTitle = "輸入日期"
 8          .InputMessage = vbCrLf & "輸入到職日期 "
 9          .ErrorTitle = "請輸入日期"
10          .ErrorMessage = "不可以輸入未來日期"
11      End With
12  End Sub
```

執行結果

24-5 設定輸入清單

在 Validation.Add 方法內,如果將 Type 設為 xlValidateList,然後在 Formula1 內
設定系列資料,每個資料間以逗號隔開,則可以建立輸入清單。

程式實例 ch24_5.xlsm:建立部門和性別的輸入清單。

```
1   Sub ch24_5()
2       With Range("C4:C5").Validation
3           .Delete
4           .Add Type:=xlValidateList, _
5               Formula1:="財務, 研發, 業務"
6       End With
7       With Range("D4:D5").Validation
8           .Delete
9           .Add Type:=xlValidateList, _
10              Formula1:="男, 女"
11      End With
12  End Sub
```

執行結果

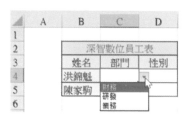 

24-6 選定輸入錯誤時的提醒樣式

在 Validation.Add 方法內,AlertStyle 屬性有 3 種常數可以選擇,可以參考下列
XlDVAlertStyle 列舉常數表,在下表中 xlValidAlertStop 是預設。

常數名稱	值	說明
xlValidAlertStop	1	這是預設，停止圖示
xlValidAlertWarning	2	警告圖示
xlValidAlertInformation	3	資訊圖示

程式實例 ch24_6.xlsm：擴充設計 ch24_3.xlsm，將輸入錯誤的提醒圖示改為警告圖示，參數是 xlValidAlertWarning。

```
1   Public Sub ch24_6()
2       With Range("C4").Validation
3           .Delete
4           .Add Type:=xlValidateDate, _
5               AlertStyle:=xlValidAlertWarning, _
6               Operator:=xlLess, _
7               Formula1:=Now()
8           .InputTitle = "輸入日期"
9           .InputMessage = vbCrLf & "輸入到職日期 "
10      End With
11  End Sub
```

 執行結果

程式實例 ch24_7.xslm：將提醒樣式改為 xlValidAlertInformation，重新設計前一個程式。

```
5               AlertStyle:=xlValidAlertInformation, _
```

執行結果

24-7 將需要驗證的儲存格用黃色底顯示

程式實例 ch24_8.xlsm：將需要驗證的儲存格用黃色底顯示。

```
1   Sub ch24_8()
2       Dim used As Range
3       On Error Resume Next          ' 迴圈錯誤發生時跳到下一筆
4       With Range("C4:C5").Validation
5           .Delete
6           .Add Type:=xlValidateList, _
7               Formula1:="財務, 研發, 業務"
8       End With
9       With Range("D4:D5").Validation
10          .Delete
11          .Add Type:=xlValidateList, _
12              Formula1:="男, 女"
13      End With
14      ActiveSheet.UsedRange.Select     ' 選取使用區間
15      For Each used In Selection
16          Err.Clear                    ' 清除Err物件的屬性
17          If used.Validation.Type >= 0 Then
18              If Err.Number = 0 Then   ' 處理零錯誤物件
19                  used.Interior.Color = vbYellow
20              End If
21          End If
22      Next
23  End Sub
```

執行結果

	A	B	C	D
1				
2		深智數位員工表		
3		姓名	部門	性別
4		洪錦魁		
5		陳家駒		

	A	B	C	D
1				
2		深智數位員工表		
3		姓名	部門	性別
4		洪錦魁		
5		陳家駒		

　　上述設計觀念是將每個目前使用的儲存格做檢查，如果符合下列兩個條件，就將此儲存格的底色設為黃色。

第 17 列：used.Validation.Type 值大於或等於 0，這符合資料驗證規則。

第 18 列：Err.Number 值等於 0，表示沒有錯誤。

第二十五章

數據排序與篩選

Excel 視窗的自動篩選環境特色是欄位名稱有向下箭號按鈕 ▼ ，如下所示。

飛馬傳播公司員工表						
員工代號 ▼	姓名 ▼	出生日期 ▼	到職日期 ▼	部門 ▼	職位 ▼	月薪 ▼
1001	陳二郎	1950/5/2	1991/1/1	行政	總經理	$86,000

在 Excel 視窗當點選 ▼ 按鈕後，可以自行選擇篩選方法，這一節將講解使用 Excel VBA 篩選資料的方法，本章所使用的工作表內容如下：

	A	B	C	D	E	F	G	H
1								
2		飛馬傳播公司員工表						
3		員工代號	姓名	出生日期	到職日期	部門	職位	月薪
4		1001	陳二郎	1950/5/2	1991/1/1	行政	總經理	$86,000
5		1002	周海媚	1966/7/1	1991/1/1	表演組	演員	$65,000
6		1010	劉德華	1964/8/20	1991/3/1	表演組	歌星	$77,000
7		1018	張學友	1965/10/13	1991/6/1	行政	專員	$55,000
8		1025	林憶蓮	1972/3/12	1991/8/15	表演組	歌星	$48,000
9		1043	張清芳	1970/4/3	1992/3/7	宣傳組	專員	$55,000
10		1056	蘇有朋	1974/7/9	1992/5/10	表演組	演員	$72,000
11		1079	吳奇隆	1974/1/20	1993/2/1	宣傳組	助理專員	$42,000
12		1091	林慧萍	1969/3/25	1993/7/10	表演組	歌星	$66,000
13		1096	張曼玉	1976/7/22	1994/9/18	表演組	演員	$83,000
14		1103	陳亞倫	1973/12/8	1994/12/20	表演組	歌星	$63,000

25-1　進入自動篩選和離開自動篩選

25-1-1　基礎語法

Range 物件的 AutoFilter 方法可以進入與離開自動篩選環境，語法如下：

Experssion.AutoFilter(Field, Criteria1, Operator, Criteria2, SubField, VidibleDropDown)

上述 Expression 是 Range 物件，各參數的意義如下：

● Field：選用，想要篩選的欄位編號，從表單左邊第 1 個欄位當作 1 開始計算，第 2 個欄位當作 2，依此類推。

● Criteria1：選用，篩選標準，使用 "=" 找尋空白欄，使用 "<>" 找尋非空白欄，使用 "><" 找尋無資料欄，如果省略則是 All。

● Operator：選用，指定篩選的類型，可以參考下列 XlAutoFilterOperator 列舉常數表。

常數名稱	值	說明
xlAnd	1	Criteria1 和 Criteria2 的邏輯 AND
xlBottom10Items	4	顯示最低值的項目，Criteria1 定義項目數
xlBottom10Percent	6	顯示最低值的項目，Criteria1 定義百分比
xlFilterCellColor	8	儲存格的色彩
xlFilterDynamic	11	動態篩選條件
xlFilterFontColor	9	字型色彩
xlFilterIcon	10	篩選條件圖示
xlFilterValues	7	篩選條件值
xlOr	2	Criteria1 和 Criteria2 的邏輯 OR
xlTop10Items	3	顯示最高值的項目，Criteria1 定義項目數
xlTop10Percent	5	顯示最高值的項目，Criteria1 定義百分比

● Criteria2：選用，第 2 個篩選標準，和 Criteria1 和 Operator 搭配使用。

● SubField：選用，套用篩選標準的欄位。

● VisibleDropDown：選用，若是 Ture 顯示 ▼ ，若是 False 則隱藏 ▼ 。

25-1-2 進入與離開篩選環境

當我們忽略 AutoFilter 所有參數時，可以自動切換進入與離開篩選環境。

程式實例 ch25_1.xlsm：自動進入與離開篩選環境。

```
1  Public Sub ch25_1()
2      Range("A1").AutoFilter
3  End Sub
```

執行結果

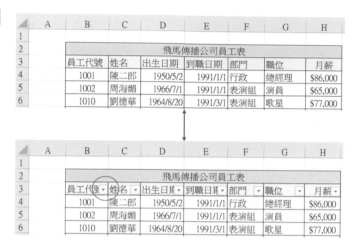

上述第 2 列的 Range("A1") 物件，參數 A1 若是改為 B2 也可以，Excel VBA 會自動偵測表格。執行上述程式時如果目前不在篩選環境執行 ch25_1.xlsm 後可以進入篩選環境，如果目前在篩選環境執行 ch25_1.xlsm 後可以離開篩選環境。此外第 2 列，指令如下：

Range("A1").AutoFilter

上述是省略了工作表物件，若是更完整可以使用下列方式表達。

ActiveSheet.Range("A1").AutoFilter

讀者可以參考本書所附的實例 ch25_1_1.xlsm。

25-2 隱藏篩選向下箭頭

當進入篩選環境後預設情況可以看到向下箭頭，這一節將講解隱藏向下箭頭的方法。

在使用 AutoFilter 方法時，可以使用 Field 參數設定要隱藏的欄位，然後將 VisibleDropDown 屬性設為 False，這樣就可以隱藏設定欄位的箭頭。

程式實例 ch25_2.xlsm：設定隱藏第 6 欄，也就是職位欄的向下箭頭。

```
1  Public Sub ch25_2()
2      Range("A1").AutoFilter Field:=6, _
3                  VisibleDropDown:=False
4  End Sub
```

執行結果

▲	A	B	C	D	E	F	G	H
1								
2				飛馬傳播公司員工表				
3		員工代號▼	姓名▼	出生日期▼	到職日期▼	部門▼	職位	月薪▼

上述觀念可以擴充到隱藏所有的欄位。

25-3 判斷目前是不是在篩選環境

工作表物件的 AutoFilterMode 屬性可以判斷目前是不是在篩選環境，如果是回傳 True，如果不是回傳 False。

程式實例 ch25_3.xlsm：在執行進入篩選環境前與後分別測試目前是不是在篩選環境。

```
1  Public Sub ch25_3()
2      If ActiveSheet.AutoFilterMode Then
3          MsgBox ("目前在篩選環境")
4      Else
5          MsgBox ("目前不在篩選環境")
6      End If
7      Range("A1").AutoFilter        ' 進入篩選環境
8      If ActiveSheet.AutoFilterMode Then
9          MsgBox ("目前在篩選環境")
10     Else
11         MsgBox ("目前不在篩選環境")
12     End If
13 End Sub
```

執行結果

因為這個程式在第 7 列進入篩選環境，所以會先列出不在篩選環境，然後才列出是在篩選環境。

25-4 取得篩選表單的範圍

　　工作表物件的 AutoFilter.Range.Address 可以取得篩選表單的範圍，這個範圍包含欄位標題，但是會排除整體表單的標題。

程式實例 ch25_4.xlsm：取得篩選表單的範圍。

```
1   Public Sub ch25_4()
2       Range("A1").AutoFilter          ' 進入篩選環境
3       If ActiveSheet.AutoFilterMode Then
4           MsgBox ActiveSheet.AutoFilter.Range.Address
5       End If
6   End Sub
```

執行結果

25-5 正式篩選資料

程式實例 ch25_5.xlsm：篩選職位是歌星資料，因為職位從左算起是第 6 欄所以 Field=6，要篩選的是歌星所以 Criteria1=" 歌星 "。

```
1   Public Sub ch25_5()
2       Range("A1").AutoFilter Field:=6, _
3                              Criteria1:="歌星"
4   End Sub
```

執行結果

	A	B	C	D	E	F	G	H
1								
2				飛馬傳播公司員工表				
3		員工代號 ▾	姓名 ▾	出生日期 ▾	到職日期 ▾	部門 ▾	職位 ▾	月薪 ▾
6		1010	劉德華	1964/8/20	1991/3/1	表演組	歌星	$77,000
8		1025	林憶蓮	1972/3/12	1991/8/15	表演組	歌星	$48,000
12		1091	林慧萍	1969/3/25	1993/7/10	表演組	歌星	$66,000
14		1103	陳亞倫	1973/12/8	1994/12/20	表演組	歌星	$63,000

25-6 複製篩選結果

25-6-1 將篩選結果複製到其他工作表

程式實例 ch25_6.xlsm：將篩選結果複製到工作表 2。

```
1   Public Sub ch25_6()
2       Range("A1").AutoFilter Field:=6, _
3                       Criteria1:="歌星"
4       Range("A1").CurrentRegion.Copy Sheets("工作表2").Range("A1")
5   End Sub
```

執行結果

	A	B	C	D	E	F	G	H
1								
2				飛馬傳播公司員工表				
3		員工代號	姓名	出生日期	到職日期	部門	職位	月薪
4		1010	劉德華	1964/8/20	1991/3/1	表演組	歌星	$77,000
5		1025	林憶蓮	1972/3/12	1991/8/15	表演組	歌星	$48,000
6		1091	林慧萍	1969/3/25	1993/7/10	表演組	歌星	$66,000
7		1103	陳亞倫	1973/12/8	########	表演組	歌星	$63,000

工作表1　工作表2　⊕

上述我們成功地執行了拷貝工作表，但是缺點是工作表 2 的欄位寬度是預設，因此有欄位寬度不足的結果，請參考上述框起來的部分。

程式實例 ch25_7.xlsm：擴充 ch25_6.xlsm，將篩選資料拷貝後，同時將工作表 2 的欄寬改為最適欄寬。

```
1   Public Sub ch25_7()
2       Dim ws As Worksheet
3       Dim rng As Range
4
5       Range("A1").AutoFilter Field:=6, _
6                           Criteria1:="歌星"
7       Range("A1").CurrentRegion.Copy Sheets("工作表2").Range("A1")
8       Set ws = Sheets("工作表2")              ' 設定工作表2物件
9       Set rng = ws.Range("A1").CurrentRegion  ' 取得目前工作表使用區間
10      With rng
11          .EntireColumn.AutoFit               ' 調整最適欄寬
12      End With
13  End Sub
```

執行結果

	A	B	C	D	E	F	G	H
1								
2		飛馬傳播公司員工表						
3		員工代號	姓名	出生日期	到職日期	部門	職位	月薪
4		1010	劉德華	1964/8/20	1991/3/1	表演組	歌星	$ 77,000
5		1025	林憶蓮	1972/3/12	1991/8/15	表演組	歌星	$ 48,000
6		1091	林慧萍	1969/3/25	1993/7/10	表演組	歌星	$ 66,000
7		1103	陳亞倫	1973/12/8	1994/12/20	表演組	歌星	$ 63,000

工作表1　工作表2

　　上述筆者宣告 ws 為工作表物件，也可以使用 Activate 屬性切換目前工作表，可以參考下列實例。

程式實例 ch25_8.xlsm：使用 Activate 屬性切換至工作表 2 方式重新設計 ch25_7. xlsm。

```
1   Public Sub ch25_8()
2       Dim rng As Range
3
4       Range("A1").AutoFilter Field:=6, _
5                           Criteria1:="歌星"
6       Range("A1").CurrentRegion.Copy Sheets("工作表2").Range("A1")
7       Sheets("工作表2").Activate              ' 設定工作表2為目前工作表
8       Set rng = Range("A1").CurrentRegion    ' 取得目前工作表使用區間
9       With rng
10          .EntireColumn.AutoFit               ' 調整最適欄寬
11      End With
12  End Sub
```

執行結果　與 ch25_7.xlsm 相同。

25-6-2 取得不含標題列的篩選結果

有時候我們獲得篩選結果後，可能只想要結果，標題列不需要，這時可以刪除標題列。

程式實例 ch25_9.xlsm：擴充設計 ch25_7.xlsm，取得不含標題列的篩選結果。

```
1  Public Sub ch25_9()
2      Dim ws As Worksheet
3      Dim rng As Range
4
5      Range("A1").AutoFilter Field:=6, _
6                          Criteria1:="歌星"
7      Range("A1").CurrentRegion.Copy Sheets("工作表2").Range("A1")
8      Set ws = Sheets("工作表2")              ' 設定工作表2物件
9      Set rng = ws.Range("A1").CurrentRegion  ' 取得目前工作表使用區間
10     With rng
11         .EntireColumn.AutoFit               ' 調整最適欄寬
12     End With
13     ws.Range("B2:B3").EntireRow.Delete       ' 刪除標題列
14  End Sub
```

執行結果

	A	B	C	D	E	F	G	H
1								
2		1010	劉德華	1964/8/20	1991/3/1	表演組	歌星	$ 77,000
3		1025	林憶蓮	1972/3/12	1991/8/15	表演組	歌星	$ 48,000
4		1091	林慧萍	1969/3/25	1993/7/10	表演組	歌星	$ 66,000
5		1103	陳亞倫	1973/12/8	1994/12/20	表演組	歌星	$ 63,000
6								

工作表1　工作表2　⊕

25-7 計算篩選資料的筆數和加總篩選薪資總和

25-7-1 計算篩選筆數

Excel 的函數 Subtotal(小記方法 , 範圍)，當小記方法是 3 時可以計算空格以外的資料個數，我們若是將範圍設為整個欄時，就可以用此計算篩選結果的資料筆數，以我們的實例再扣除公司標題和欄位標題就可以得到篩選的資料筆數。

程式實例 ch25_10.xlsm：計算篩選的筆數。

```
1  Public Sub ch25_10()
2      Dim counter As Integer
3      Range("A1").AutoFilter Field:=6, _
4                             Criteria1:="歌星"
5      counter = WorksheetFunction.Subtotal(3, Range("B:B")) - 2
6      MsgBox "總共有 " & counter & " 筆結果"
7  End Sub
```

執行結果

25-7-2　統計目前使用的列數

　　工作表物件的 AutoFilter.Filters.Count 也可以回傳篩選後所使用的列數，不過這個列數會包含空白列或是標題列，讀者可以從下列程式了解此功能。

程式實例 ch25_11.xlsm：統計目前篩選後的列數，此外，因為我們已知有一個空白列、一個標題列和一個欄位標題，將結果減 3 也可以得到所篩選的筆數。

```
1  Public Sub ch25_11()
2      Dim counter As Integer
3      Range("A1").AutoFilter Field:=6, _
4                             Criteria1:="歌星"
5      counter = ActiveSheet.AutoFilter.Filters.Count
6      MsgBox "目前總列數 " & counter
7      MsgBox "總共有 " & (counter - 3) & " 筆結果"
8  End Sub
```

執行結果

25-7-3　加總篩選薪資總和

Excel 的函數 Subtotal(小記方法 , 範圍)，當小記方法是 9 時可以計算指定範圍數值的總和。

程式實例 ch25_12.xlsm：計算所篩選歌星的薪資總和。

```
1   Public Sub ch25_12()
2       Dim salary As Long
3       Range("A1").AutoFilter Field:=6, _
4                             Criteria1:="歌星"
5       salary = WorksheetFunction.Subtotal(9, Range("H:H"))
6       MsgBox "總薪資 " & salary
7   End Sub
```

執行結果　

讀者須留意第 5 列 Subtotal( ) 函數的第一個參數是 9，這是計算總和功能。第 2 個參數是 "H:H"，這是指範圍是 H 欄，所以整個功能是計算 H 欄的薪資總和。

25-8　判斷是否篩選資料

工作表物件的 AutoFilter.FilterMode 可以判斷目前的工作表是否已經篩選了，須留意的是即使進入了篩選環境也不算已經篩選。

程式實例 ch25_13.xlsm：這個程式第 2 列會先進入篩選環境，第 3 ~ 7 列會測試資料是否已經篩選。注意：第 9 列是進入篩選同時因為有篩選參數，所以不是離開篩選環境而是執行篩選，然後第 12 ~ 16 列會測試資料是否已經篩選。所以可以得到第 1 個是資料尚未篩選的對話方塊，第 2 個是資料已經篩選的對話方塊。

```
1  Public Sub ch25_13()
2      Range("A1").AutoFilter                    ' 進入篩選環境
3      If ActiveSheet.AutoFilter.FilterMode Then
4          MsgBox "資料已經篩選"
5      Else
6          MsgBox "資料尚未篩選"
7      End If
8  ' 執行篩選
9      Range("A1").AutoFilter Field:=6, _
10             Criteria1:="歌星"
11 ' 判斷是否篩選資料了
12     If ActiveSheet.AutoFilter.FilterMode Then
13         MsgBox "資料已經篩選"
14     Else
15         MsgBox "資料尚未篩選"
16     End If
17 End Sub
```

執行結果

25-9 獲得篩選的條件

　　工作表的 AutoFilter.Filters.On 屬性如果是 True，表示這是獲得篩選的欄位，這時可以使用 AutoFilter.Filters.Criteria1 獲得篩選的內容。

程式實例 ch25_14.xlsm：列出目前的篩選欄位和條件。

```
1  Public Sub ch25_14()
2      Dim txt As String
3      Range("A1").AutoFilter Field:=6, Criteria1:="歌星"
4      With ActiveSheet.AutoFilter
5          For i = 1 To .Filters.Count
6              If .Filters(i).On Then
7                  txt = "第" & txt & i & "欄"
8                  txt = txt & .Filters(i).Criteria1
9              End If
10         Next i
11     End With
12     MsgBox "篩選欄位" & vbCrLf & txt
13 End Sub
```

執行結果

	A	B	C	D	E		F	G	H
1									
2						工表			
3		員工代號▾	姓名 ▾	出			部門 ▾	職位 ▾	月薪▾
6		1010	劉德華				表演組	歌星	$77,000
8		1025	林憶蓮				表演組	歌星	$48,000
12		1091	林慧萍				表演組	歌星	$66,000
14		1103	陳亞倫				表演組	歌星	$63,000
15									

Microsoft Excel ×

篩選欄位
第6欄=歌星

確定

25-10　更完整的篩選實例

25-10-1　多欄位的篩選

若是想要篩選兩個欄位，可以分別執行，即可以達到效果。

程式實例 ch25_15.xlsm：分別執行部門是表演組，職位是歌星的篩選。

```
1   Public Sub ch25_15()
2       Range("A1").AutoFilter Field:=5, Criteria1:="表演組"
3       MsgBox "觀察篩選表演組的結果"
4       Range("A1").AutoFilter Field:=6, Criteria1:="歌星"
5   End Sub
```

執行結果　首先看到下列畫面。

	A	B	C	D	E	F	G	H
1								
2			飛馬傳播公司員工表					
3		員工代號▾	姓名 ▾	出生日期▾	到職日期▾	部門 ▾	職位 ▾	月薪▾
5		1002			1991/1/1	表演組	演員	$65,000
6		1010			1991/3/1	表演組	歌星	$77,000
8		1025			1991/8/15	表演組	歌星	$48,000
10		1056			1992/5/10	表演組	演員	$72,000
12		1091			1993/7/10	表演組	歌星	$66,000
13		1096			1994/9/18	表演組	演員	$83,000
14		1103	陳亞倫	1975/12/8	1994/12/20	表演組	歌星	$63,000

Microsoft Excel ×

觀察篩選表演組的結果

確定

上述按確定鈕後，可以得到下列結果。

	A	B	C	D	E	F	G	H
1								
2				飛馬傳播公司員工表				
3		員工代號 ▾	姓名 ▾	出生日期 ▾	到職日期 ▾	部門 ▾	職位 ▾	月薪 ▾
6		1010	劉德華	1964/8/20	1991/3/1	表演組	歌星	$77,000
8		1025	林憶蓮	1972/3/12	1991/8/15	表演組	歌星	$48,000
12		1091	林慧萍	1969/3/25	1993/7/10	表演組	歌星	$66,000
14		1103	陳亞倫	1973/12/8	1994/12/20	表演組	歌星	$63,000

25-10-2　數值刪選的實例

以數值篩選，假設數值是 83000，可以有下列篩選公式。

公式	說明
Criteria1:=">83000"	大於 83000
Criteria1:=">=83000"	大於或等於 83000
Criteria1:="=83000"	等於 83000
Criteria1:="<=83000"	小於或等於 83000
Criteria1:="<83000"	小於 83000

程式實例 ch25_16.xlsm：篩選月薪大於或等於 83000 的資料。

```
1  Public Sub ch25_16()
2      Range("A1").AutoFilter Field:=7, _
3                          Criteria1:=">=83000"
4  End Sub
```

執行結果

	A	B	C	D	E	F	G	H
1								
2				飛馬傳播公司員工表				
3		員工代號 ▾	姓名 ▾	出生日期 ▾	到職日期 ▾	部門 ▾	職位 ▾	月薪 ▾
4		1001	陳二郎	1950/5/2	1991/1/1	行政	總經理	$86,000
13		1096	張曼玉	1976/7/22	1994/9/18	表演組	演員	$83,000

25-10-3　一個欄位多條件的篩選

如果要執行一個欄位有多條件篩選，這時 AutoFilter 需要增加 2 個參數如下：

Operator：註明條件方式，讀者可以參考 25-1-1 的表。

Criteria2：第 2 個條件。

程式實例 ch25_17.xlsm：篩選月薪大於或等於 83000，或是小於 5000。

```
1  Public Sub ch25_17()
2      Range("A1").AutoFilter Field:=7, _
3          Operator:=xlOr, _
4          Criteria1:=">=83000", _
5          Criteria2:="<50000"
6  End Sub
```

執行結果

	A	B	C	D	E	F	G	H
1								
2				飛馬傳播公司員工表				
3		員工代號	姓名	出生日期	到職日期	部門	職位	月薪
4		1001	陳二郎	1950/5/2	1991/1/1	行政	總經理	$86,000
8		1025	林憶蓮	1972/3/12	1991/8/15	表演組	歌星	$48,000
11		1079	吳奇隆	1974/1/20	1993/2/1	宣傳組	助理專員	$42,000
13		1096	張曼玉	1976/7/22	1994/9/18	表演組	演員	$83,000

上述因為是符合 2 個條件中任一個即可，所以設定 "Operator:=xlOr"。

25-10-4　使用部分字串篩選

使用部分字串做篩選其實就是正則表達式 (Regular Expression) 的觀念，"?" 代表任何一個字元，"*" 代表任意數量的字元，假設部分字串是 O。常常可以看到下列應用。

公式	說明
O *	以 O 為字首的字串
* O	以 O 為字尾的字串
* O *	包含 O 的字串
O ??	以 O 為字首，後面接 2 個文字或字元的字串
? O	以 O 為字尾，前面有 1 個文字或字元的字串

程式實例 ch25_18.xlsm：篩選姓張的員工。

```
1  Public Sub ch25_18()
2      Range("A1").AutoFilter Field:=2, _
3                             Criteria1:="張*"
4  End Sub
```

執行結果

	A	B	C	D	E	F	G	H
1								
2				飛馬傳播公司員工表				
3		員工代號▾	姓名 ▼	出生日期▾	到職日期▾	部門 ▾	職位 ▾	月薪▾
7		1018	張學友	1965/10/13	1991/6/1	行政	專員	$55,000
9		1043	張清芳	1970/4/3	1992/3/7	宣傳組	專員	$55,000
13		1096	張曼玉	1976/7/22	1994/9/18	表演組	演員	$83,000

25-10-5　篩選不含特定內容的資料

在 AutoFilter 方法可以使用 "<>" 找尋不含特定內容的資料。

程式實例 ch15_19.xlsm：找尋姓氏是 " 張 " 以外的資料。

```
1  Public Sub ch25_19()
2      Range("A1").AutoFilter Field:=2, _
3                             Criteria1:="<>張*"
4  End Sub
```

執行結果

	A	B	C	D	E	F	G	H
1								
2				飛馬傳播公司員工表				
3		員工代號▾	姓名 ▼	出生日期▾	到職日期▾	部門 ▾	職位 ▾	月薪▾
4		1001	陳二郎	1950/5/2	1991/1/1	行政	總經理	$86,000
5		1002	周海媚	1966/7/1	1991/1/1	表演組	演員	$65,000
6		1010	劉德華	1964/8/20	1991/3/1	表演組	歌星	$77,000
8		1025	林憶蓮	1972/3/12	1991/8/15	表演組	歌星	$48,000
10		1056	蘇有朋	1974/7/9	1992/5/10	表演組	演員	$72,000
11		1079	吳奇隆	1974/1/20	1993/2/1	宣傳組	助理專員	$42,000
12		1091	林慧萍	1969/3/25	1993/7/10	表演組	歌星	$66,000
14		1103	陳亞倫	1973/12/8	1994/12/20	表演組	歌星	$63,000

25-10-6 篩選空白與非空白欄

篩選空白欄的設定是 Criteria1:="="，篩選非空白欄的設定是 Criteria1:="<>"，這一小節的實例筆者簡化了表單如下：

	A	B	C	D	E	F	G	H
1								
2				飛馬傳播公司員工表				
3		員工代號	姓名	出生日期	到職日期	部門	職位	月薪
4		1001	陳二郎	1950/5/2	1991/1/1	行政	總經理	$86,000
5		1002	周海媚		1991/1/1	表演組	演員	$65,000
6		1010	劉德華	1964/8/20	1991/3/1	表演組	歌星	$77,000
7		1018	張學友		1991/6/1	行政	專員	$55,000
8		1025	林憶蓮	1972/3/12	1991/8/15	表演組	歌星	$48,000

程式實例 ch25_20.xlsm：篩選出生日期空白的員工。

```
1  Public Sub ch25_20()
2      Range("A1").AutoFilter Field:=3, _
3                             Criteria1:="="
4  End Sub
```

執行結果

	A	B	C	D	E	F	G	H
1								
2				飛馬傳播公司員工表				
3		員工代號	姓名	出生日期	到職日期	部門	職位	月薪
5		1002	周海媚		1991/1/1	表演組	演員	$65,000
7		1018	張學友		1991/6/1	行政	專員	$55,000

程式實例 ch25_21.xlsm：篩選出生日期非空白的員工。

```
1  Public Sub ch25_21()
2      Range("A1").AutoFilter Field:=3, _
3                             Criteria1:="<>"
4  End Sub
```

執行結果

	A	B	C	D	E	F	G	H
1								
2				飛馬傳播公司員工表				
3		員工代號	姓名	出生日期	到職日期	部門	職位	月薪
4		1001	陳二郎	1950/5/2	1991/1/1	行政	總經理	$86,000
6		1010	劉德華	1964/8/20	1991/3/1	表演組	歌星	$77,000
8		1025	林憶蓮	1972/3/12	1991/8/15	表演組	歌星	$48,000

25-11 前幾名或後幾名篩選

25-11-1 前幾名

如果要挑選月薪前幾名的資料可以使用 Operator:=xlTop10Items，然後在 Criteria1 設定前幾名的人數。

程式實例 ch25_22.xlsm：挑選月薪前 3 名的資料。

```
1  Public Sub ch25_22()
2      Range("A1").AutoFilter Field:=7, _
3                             Operator:=xlTop10Items, _
4                             Criteria1:=3
5  End Sub
```

執行結果

	A	B	C	D	E	F	G	H
1								
2		飛馬傳播公司員工表						
3		員工代號	姓名	出生日期	到職日期	部門	職位	月薪
4		1001	陳二郎	1950/5/2	1991/1/1	行政	總經理	$86,000
6		1010	劉德華	1964/8/20	1991/3/1	表演組	歌星	$77,000
13		1096	張曼玉	1976/7/22	1994/9/18	表演組	演員	$83,000

25-11-2 後幾名

如果要挑選月薪後幾名的資料可以使用 Operator:=xlBottom10Items，然後在 Criteria1 設定後幾名的人數。

程式實例 ch25_23.xlsm：挑選月薪後 2 名的資料。

```
1  Public Sub ch25_23()
2      Range("A1").AutoFilter Field:=7, _
3                             Operator:=xlBottom10Items, _
4                             Criteria1:=2
5  End Sub
```

執行結果

	A	B	C	D	E	F	G	H
1								
2		飛馬傳播公司員工表						
3		員工代號	姓名	出生日期	到職日期	部門	職位	月薪
8		1025	林憶蓮	1972/3/12	1991/8/15	表演組	歌星	$48,000
11		1079	吳奇隆	1974/1/20	1993/2/1	宣傳組	助理專員	$42,000

25-12 日期篩選

25-12-1　基本日期比較

　　將日期當作篩選標準，可以直接做比較，比較的方式是採用日期的序列值，觀念是今天日期比昨天日期大。

程式實例 ch25_24.xlsm：列出出生日期在 1970/1/1 以前的員工。

```
1   Public Sub ch25_24()
2       Range("A1").AutoFilter Field:=3, _
3                       Criteria1:="<1970/1/1"
4   End Sub
```

執行結果

	A	B	C	D	E	F	G	H
1								
2		飛馬傳播公司員工表						
3		員工代號	姓名	出生日期	到職日期	部門	職位	月薪
4		1001	陳二郎	1950/5/2	1991/1/1	行政	總經理	$86,000
5		1002	周海媚	1966/7/1	1991/1/1	表演組	演員	$65,000
6		1010	劉德華	1964/8/20	1991/3/1	表演組	歌星	$77,000
7		1018	張學友	1965/10/13	1991/6/1	行政	專員	$55,000
12		1091	林慧萍	1969/3/25	1993/7/10	表演組	歌星	$66,000

25-12-2　使用 Criteria2 配合 Array( ) 清單篩選

　　若是篩選特定年或是特定月份的資料，可以設定 Operator:=xlFilterValues，然後在 Criteria2 設定 Array( )，語法如下：

　　　Criteria2:=Array(value1, date1, value2, date2, …)

　　上述語法 value 和 date 是配對存在，觀念如下：

value	date 說明
0	date 取年份
1	date 取月份
2	date 取日期
3	date 取小時
4	date 取分鐘
5	date 取秒鐘

程式實例 ch25_25.xlsm：列出 1993 年到職的資料。

```
1  Public Sub ch25_25()
2      Range("A1").AutoFilter Field:=4, _
3          Operator:=xlFilterValues, _
4          Criteria2:=Array(0, "1993/5/5")
5  End Sub
```

執行結果

	A	B	C	D	E	F	G	H
1								
2			飛馬傳播公司員工表					
3		員工代號	姓名	出生日期	到職日期	部門	職位	月薪
11		1079	吳奇隆	1974/1/20	1993/2/1	宣傳組	助理專員	$42,000
12		1091	林慧萍	1969/3/25	1993/7/10	表演組	歌星	$66,000

程式實例 ch25_26.xlsm：擴充 ch25_25.xlsm，同時增加 1991 年 8 月到職的資料。

```
1  Public Sub ch25_26()
2      Range("A1").AutoFilter Field:=4, _
3          Operator:=xlFilterValues, _
4          Criteria2:=Array(0, "1993/5/5", 1, "1991/8/1")
5  End Sub
```

執行結果

	A	B	C	D	E	F	G	H
1								
2			飛馬傳播公司員工表					
3		員工代號	姓名	出生日期	到職日期	部門	職位	月薪
8		1025	林憶蓮	1972/3/12	1991/8/15	表演組	歌星	$48,000
11		1079	吳奇隆	1974/1/20	1993/2/1	宣傳組	助理專員	$42,000
12		1091	林慧萍	1969/3/25	1993/7/10	表演組	歌星	$66,000

25-12-3　當 Operator=xlFilterDynamic 的 Criteria1 常數

當 Operator=xlFilterDynamic 時，Excel VBA 有提供另一類的日期篩選格式，可以設定 Criteria1 為下列 XlDynamivFilterCriteria 列舉常數，作為日期篩選標準。

常數名稱	值	說明
xlFilterToday	1	今天
xlFilterYesterday	2	昨天
xlFilterTomorrow	3	明天

常數名稱	值	說明
xlFilterThisWeek	4	本星期
xlFilterLastWeek	5	上星期
xlFilterNextWeek	6	下星期
xlFilterThisMonth	7	這個月
xlFilterLastMonth	8	上個月
xlFilterNextMonth	9	下個月
xlFilterThisQurater	10	這一季
xlFilterLastQuarter	11	上一季
xlFilterNextQuarter	12	下一季
xlFilterThisYear	13	今年
xlFilterLastYear	14	去年
xlFilterNextYear	15	明年
xlFilterYearToDate	16	今年到現在
xlFilterAllDatesInPeriodQuater1	17	第一季度
xlFilterAllDatesInPeriodQuater2	18	第二季度
xlFilterAllDatesInPeriodQuater3	19	第三季度
xlFilterAllDatesInPeriodQuater4	20	第四季度
xlFilterAllDatesInPeriodJanuary	21	1 月
xlFilterAllDatesInPeriodFebruray	22	2 月
xlFilterAllDatesInPeriodMarch	23	3 月
xlFilterAllDatesInPeriodApril	24	4 月
xlFilterAllDatesInPeriodMay	25	5 月
xlFilterAllDatesInPeriodJune	26	6 月
xlFilterAllDatesInPeriodJuly	27	7 月
xlFilterAllDatesInPeriodAugust	28	8 月
xlFilterAllDatesInPeriodSeptember	29	9 月
xlFilterAllDatesInPeriodOctober	30	10 月
xlFilterAllDatesInPeriodNovember	31	11 月
xlFilterAllDatesInPeriodDecember	32	12 月

在講解實例前筆者修改表單如下：

	A	B	C	D	E	F	G	H
1								
2				飛馬傳播公司員工表				
3		員工代號	姓名	出生日期	到職日期	部門	職位	月薪
4		1001	陳二郎	1950/5/2	2020/1/1	行政	總經理	$86,000
5		1002	周海媚	1966/7/1	2020/5/20	表演組	演員	$65,000
6		1010	劉德華	1964/8/20	2020/10/5	表演組	歌星	$77,000
7		1018	張學友	1965/10/13	2021/1/10	行政	專員	$55,000
8		1025	林憶蓮	1972/3/12	2021/5/20	表演組	歌星	$48,000

筆者寫這個程式時是 2021 年 5 月 30 日，因為時間不同所以讀者執行這個程式時，可能會有不一樣的結果。

程式實例 ch25_27.xlsm：列出去年到職的員工。

```
1  Public Sub ch25_27()
2      Range("A1").AutoFilter Field:=4, _
3          Operator:=xlFilterDynamic, _
4          Criteria1:=xlFilterLastYear
5  End Sub
```

執行結果

	A	B	C	D	E	F	G	H
1								
2				飛馬傳播公司員工表				
3		員工代號▼	姓名▼	出生日其▼	到職日其▼	部門▼	職位▼	月薪▼
4		1001	陳二郎	1950/5/2	2020/1/1	行政	總經理	$86,000
5		1002	周海媚	1966/7/1	2020/5/20	表演組	演員	$65,000
6		1010	劉德華	1964/8/20	2020/10/5	表演組	歌星	$77,000

程式實例 xh25_28.xlsm：列出這一季到職的員工。

```
1  Public Sub ch25_28()
2      Range("A1").AutoFilter Field:=4, _
3          Operator:=xlFilterDynamic, _
4          Criteria1:=xlFilterThisQuarter
5  End Sub
```

執行結果

	A	B	C	D	E	F	G	H
1								
2				飛馬傳播公司員工表				
3		員工代號▼	姓名▼	出生日其▼	到職日其▼	部門▼	職位▼	月薪▼
8		1025	林憶蓮	1972/3/12	2021/5/20	表演組	歌星	$48,000

25-13 數據排序

Range 物件的 Sort 方法可以執行排序,這個方法的語法如下:

expression.Sort(Key1, Order1, Key2, Type, Order2, Key3, Order3, Header, OrderCustom, MatchCase, Orientation, SortMethod, DataOption1, DataOption2, DataOption3)

上述 expression 是 Range 物件,相關參數說明如下:

- Key1:選用,第 1 個排序的欄位。
- Order1:選用,這是 Key1 值的排序順序,可以參考下列 XlSortOrder 列舉常數。

常數名稱	值	說明
xlAscending	1	這是預設,遞增排序
xlDescending	2	遞減排序
xlManual	-4135	手動,可以拖曳重新排列項目

- Key2:選用,第 2 個排序的欄位,這個不能應用在樞紐分析表。
- Type:選用,指定參與排序的元素。
- Order2:選用,這是 Key2 值的排序順序,可以參考 XlSortOrder 列舉常數。
- Key3:選用,第 3 個排序的欄位,這個不能應用在樞紐分析表。
- Order3:選用,這是 Key3 值的排序順序,可以參考 XlSortOrder 列舉常數。
- MatchCase:選用,如果是 True,排序時會區分大小寫。如果是 False,排序時不會區分大小寫。
- Orientation:選用,指定以列排序或是欄排序,預設是以列排序。這是 XlSortOrientation 列舉常數,可以參考下表。

常數名稱	值	說明
xlSortColumns	1	循欄排序
xlSortRows	2	循列排序,這是預設

- Header:選用,第一頁是否包含標題資訊,可以參考下列 xlYesNoGuess 列舉參數。

常數名稱	值	說明
xlGuess	0	Excel 會自行決定
xlYes	1	不排序整個範圍
xlNo	2	預設，排序整個範圍

- OrderCustom：選用，指定排序清單中起始的整數位移。

- DataOption1：選用，指出 Key1 是如何排序，這個功能不適用在樞紐分析表。

- DataOption2：選用，指出 Key2 是如何排序，這個功能不適用在樞紐分析表。

- DataOption3：選用，指出 Key3 是如何排序，這個功能不適用在樞紐分析表。

- DataOption1、DataOption2 和 DataOption3 可以參考下列 XlSortDataOption 列舉常數。

常數名稱	值	說明
xlSortNormal	0	中文注音字元的排序
xlSortTextAsNumber	1	一個字元的次數排序

程式實例 ch25_29.xlsm：總計欄位使用預設排序，預設是遞增排序。

```
1  Public Sub ch25_29()
2      Dim rng As Range
3      Set rng = Range("B3:F8")
4      rng.Sort key1:="總計", Header:=xlYes
5  End Sub
```

執行結果

	A	B	C	D	E	F
1						
2		8-12超商業績表				
3		分店	飲料	文具	零食	總計
4		忠孝店	25000	22000	23000	70000
5		天母店	21000	11000	26000	58000
6		信義店	31000	10500	19000	60500
7		大安店	28000	17000	31000	76000
8		內湖店	19000	15000	17000	51000

	A	B	C	D	E	F
1						
2		8-12超商業績表				
3		分店	飲料	文具	零食	總計
4		內湖店	19000	15000	17000	51000
5		天母店	21000	11000	26000	58000
6		信義店	31000	10500	19000	60500
7		忠孝店	25000	22000	23000	70000
8		大安店	28000	17000	31000	76000

一般業績排序使用遞減排序比較恰當，可以參考下列實例。

程式實例 ch25_30.xlsm：總計欄位使用遞減排序。

```
1  Public Sub ch25_30()
2      Dim rng As Range
3      Set rng = Range("B3:F8")
4      rng.Sort key1:="總計", order1:=xlDescending, Header:=xlYes
5  End Sub
```

執行結果

	A	B	C	D	E	F
1						
2				8-12超商業績表		
3		分店	飲料	文具	零食	總計
4		大安店	28000	17000	31000	76000
5		忠孝店	25000	22000	23000	70000
6		信義店	31000	10500	19000	60500
7		天母店	21000	11000	26000	58000
8		內湖店	19000	15000	17000	51000

　　有時候會發生業績相同，這時可以使用第 2 個鍵值排序，甚至第 3 個鍵值排序，通常可以使用毛利高的先當作第 2 個鍵值。

程式實例 ch25_31.xlsm：當發生業績總計相同時，採用毛利較高的文具當作第 2 個鍵值。

```
1  Public Sub ch25_31()
2      Dim rng As Range
3      Set rng = Range("B3:F8")
4      rng.Sort Key1:="總計", Order1:=xlDescending, Header:=xlYes, _
5               Key2:="文具", Order2:=xlDescending
6  End Sub
```

執行結果

	A	B	C	D	E	F
1						
2				8-12超商業績表		
3		分店	飲料	文具	零食	總計
4		忠孝店	25000	22000	23000	70000
5		天母店	21000	11000	26000	58000
6		信義店	31000	10500	19000	60500
7		大安店	28000	17000	31000	76000
8		內湖店	19000	22000	17000	58000

	A	B	C	D	E	F
1						
2				8-12超商業績表		
3		分店	飲料	文具	零食	總計
4		大安店	28000	17000	31000	76000
5		忠孝店	25000	22000	23000	70000
6		信義店	31000	10500	19000	60500
7		內湖店	19000	22000	17000	58000
8		天母店	21000	11000	26000	58000

　　上述內湖店與大安店業績相同，但是內湖店的文具業績比較好，所以內湖店排名比較好。

註　筆者將在 33-1-4 節將上述排序觀念融入工作表事件，繼續擴充排序功能的解說。

第二十六章

樞紐分析表

26-1 建立樞紐分析表

26-1-1 步驟說明

如果讀者使用本書第 1 章介紹的方式錄製建立樞紐分析表，最後獲得的是一個難懂 VBA 程式碼。這一章筆者將用一個簡單易懂的方式，講解建立樞紐分析表的方法。建立樞紐分析表的步驟觀念如下：

1： 確認資料來源 (SourceType)。

2： 確認資料目的 (Destionation)。

3： 使用活頁簿物件建立樞紐快取物件 (PivotCache)。

4： 使用樞紐快取物件建立樞紐分析表。

5： 分別建立列標題、欄標題和填入數據。

步驟 1

確認來源方式可以使用下列程式碼：

```
Dim rng as Range
Set rng = Range("B2:G12")
```

上述所設定的儲存格區間是這本書程式實例的資料來源，將在 26-1-2 節正式使用實例解說。

步驟 2

若是我們使用 Excel 視窗的插入 / 表格 / 樞紐分析表建立樞紐分析表，所建的樞紐分析表是使用新的儲存格存放。所以在這個步驟，需要建立一個新的工作表，程式碼如下：

```
Sheets.Add
```

或是也可以在步驟 4 時一併建立。

步驟 3

使用活頁簿建立樞紐快取物件 (PivotCache)，這時需要使用 PivotCaches.Add 或是 PivotCaches.Create 方法 (Microsoft公司目前鼓勵使用這個方法) 這個方法所建立的樞

紐分析表欄位名稱會是淺藍色底,這個方法的語法如下:

expression.PiovtCaches.Create(SourceType, SourceData, Version)

上述 expression 是一個 Workbook 物件,常用方式是 ActiveWorkbook,也就是目前活頁簿,幾個參數意義如下:

- SourceType:必要,這是資料來源,可以參考下列 XlPivotTableSourcetype 列舉常數表。

常數名稱	值	說明
xlDatabase	1	Microsoft Excel 的表單或是資料庫
xlExternal	2	使用其他應用程式的資料
xlConsolidation	3	多重匯總的資料範圍
xlScenario	4	資料來自分析藍本管理員建立的分析藍本
xlPivotTable	-4148	與另一個樞紐分析表相同的來源

- SourceData:選用,步驟 1 的資料來源。
- Version:選用,樞紐分析表的版本。

步驟 4

使用樞紐快取物件 PivotCache 建立,引用 CreatePivotTable 方法樞紐分析表物件,整個語法如下:

expression.CreatePivotTable(TableDestionation, TableName, ReadData, DefaultVerison)

上述 expression 是樞紐快取物件 (PivotCache),CreatePivotTable 各參數意義如下:

- TableDestionation:必要,樞紐分析表目標範圍的左上角儲存格。
- TableName:選用,新的樞紐分析表名稱。
- ReadData:選用,預設是 True,表示立即讀取所有數據到樞紐分析表快取記憶體中。若是 False,只有在需要時讀取數據。
- DefaultVersion:選用,樞紐分析表的版本。

步驟 5

使用 PivotField.Orientation 屬性設定資料欄位，可以設定資料欄位的內容，設定方式如下：

PivotField("欄位名稱").Orientation = 相關屬性

欄位名稱是要建立樞紐分析表的資料欄的欄位名稱，相關屬性可以參考下列 XlPivotfieldOrientation 列舉常數：

常數名稱	值	說明
xlHIdden	0	隱藏
xlRowField	1	Row 欄位
xlColumnField	2	Column 欄位
xlPageField	3	頁面篩選
xlDataField	4	資料

26-1-2　建立樞紐分析表實戰

本章所使用建立樞紐分析表的工作表如下：

	A	B	C	D	E	F	G	H
1								
2		業務員	年度	產品	單價	數量	營業額	
3		白冰冰	2021	白松沙士	10	200	2000	
4		白冰冰	2021	白松綠茶	8	220	1760	
5		白冰冰	2022	白松沙士	10	250	2500	
6		白冰冰	2022	白松綠茶	8	300	2400	
7		周慧敏	2021	白松沙士	10	400	4000	
8		周慧敏	2022	白松沙士	10	420	4200	
9		豬哥亮	2021	白松沙士	10	390	3900	
10		豬哥亮	2021	白松綠茶	8	420	3360	
11		豬哥亮	2022	白松沙士	10	450	4500	
12		豬哥亮	2022	白松綠茶	8	480	3840	

程式實例 ch26_1.xlsm：建立列標籤是業務員、欄標籤是產品，資料欄是營業額的樞紐分析表。

```
1   Sub ch26_1()
2       Dim rng As Range
3       Dim pc As PivotCache, pt As PivotTable
4       Set rng = ActiveSheet.Range("B2:G12")              ' 資料來源
5   ' pc是PivotCache快取物件
6       Set pc = ActiveWorkbook.PivotCaches.Create(xlDatabase, rng)
7   ' 建立PivotTable樞紐分析表物件，A3是樞紐分析表的位置
8       Set pt = pc.CreatePivotTable(Worksheets.Add().Range("A3"))
9       With ActiveSheet.PivotTables(1)
10          .PivotFields("業務員").Orientation = xlRowField
11          .PivotFields("產品").Orientation = xlColumnField
12          .PivotFields("營業額").Orientation = xlDataField
13      End With
14  End Sub
```

執行結果

	A	B	C	D
1				
2				
3	加總 - 營業額	欄標籤 ▼		
4	列標籤 ▼	白松沙士	白松綠茶	總計
5	白冰冰	4500	4160	8660
6	周慧敏	8200		8200
7	豬哥亮	8400	7200	15600
8	總計	21100	11360	32460

　　每一個程式設計皆有許多方法，接下來筆者使用步驟相同但是建立不同的樞紐分析表。

程式實例 ch26_2.xlsm：建立列標籤是「年度」、欄標籤是「產品」，資料欄是「營業額」的樞紐分析表，程式設計有一點不一樣，讀者可以自行體會。另外，這個實例筆者使用 PivotCaches.Add 建立 PivotCache 快取物件。

```
1   Sub ch26_2()
2       Dim rng As Range
3       Set rng = Range("B2:G12")                       ' 資料來源
4       Sheets.Add
5       ActiveWorkbook.PivotCaches.Add(xlDatabase, rng).CreatePivotTable _
6           TableDestination:=Range("A3")               ' 資料目的
7       With ActiveSheet.PivotTables(1)
8           .PivotFields("年度").Orientation = xlRowField
9           .PivotFields("產品").Orientation = xlColumnField
10          .PivotFields("營業額").Orientation = xlDataField
11      End With
12  End Sub
```

執行結果

	A	B	C	D
1				
2				
3	加總 - 營業額	產品　▼		
4	年度　▼	白松沙士	白松綠茶	總計
5	2021	9900	5120	15020
6	2022	11200	6240	17440
7	總計	21100	11360	32460

26-2 計算樞紐分析表的數量

PivotTables.Count 可以計算樞紐分析表的數量。

程式實例 ch26_3.xlsm：計算樞紐分析表的數量，這個程式基本上是 ch26_1.xlsm 的擴充。

```
1   Sub ch26_3()
2       Dim rng As Range
3       Dim pc As PivotCache, pt As PivotTable
4       Set rng = ActiveSheet.Range("B2:G12")                   ' 資料來源
5   ' pc是PivotCache快取物件
6       Set pc = ActiveWorkbook.PivotCaches.Create(xlDatabase, rng)
7   ' 建立PivotTable樞紐分析表物件，A3是樞紐分析表的位置
8       Set pt = pc.CreatePivotTable(Worksheets.Add().Range("A3"))
9       With ActiveSheet.PivotTables(1)
10          .PivotFields("業務員").Orientation = xlRowField
11          .PivotFields("產品").Orientation = xlColumnField
12          .PivotFields("營業額").Orientation = xlDataField
13      End With
14      MsgBox "樞紐分析表數量 : " & ActiveSheet.PivotTables.Count
15  End Sub
```

執行結果

	A	B	C	D	E	F
1						
2						
3	加總 - 營業額	欄標籤　▼				
4	列標籤　▼	白松沙士	白松綠茶	總計		
5	白冰冰	4500	4160	8660		
6	周慧敏	8200		8200		
7	豬哥亮	8400	7200	15600		
8	總計	21100	11360	32460		

Microsoft Excel ✕

樞紐分析表數量:1

確定

26-3 列出樞紐分析表的名稱

PivotTables.Name 可以回傳樞紐分析表的名稱，在程式設計時與先前物件一樣，我們必須加上樞紐分析表的索引 PivotTables(1).Name。

程式實例 ch26_4.xlsm：列出樞紐分析表的名稱。

```
1   Sub ch26_4()
2       Dim rng As Range
3       Dim pc As PivotCache, pt As PivotTable
4       Set rng = ActiveSheet.Range("B2:G12")              ' 資料來源
5   ' pc是PivotCache快取物件
6       Set pc = ActiveWorkbook.PivotCaches.Create(xlDatabase, rng)
7   ' 建立PivotTable樞紐分析表物件，A3是樞紐分析表的位置
8       Set pt = pc.CreatePivotTable(Worksheets.Add().Range("A3"))
9       With ActiveSheet.PivotTables(1)
10          .PivotFields("業務員").Orientation = xlRowField
11          .PivotFields("產品").Orientation = xlColumnField
12          .PivotFields("營業額").Orientation = xlDataField
13      End With
14      If ActiveSheet.PivotTables.Count > 0 Then
15          MsgBox "樞紐分析表名稱 : " & ActiveSheet.PivotTables(1).Name
16      Else
17          MsgBox "樞紐分析表不存在"
18      End If
19  End Sub
```

執行結果

	A	B	C	D	E	F	G
1							
2							
3	加總 - 營業額	欄標籤 ▼					
4	列標籤 ▼	白松沙士	白松綠茶	總計			
5	白冰冰	4500	4160	8660			
6	周慧敏	8200		8200			
7	豬哥亮	8400	7200	15600			
8	總計	21100	11360	32460			

Microsoft Excel ×

樞紐分析表名稱:樞紐分析表1

確定

樞紐分析表名稱規則是前面一定是 " 樞紐分析表 "+ 編號，如果你將 Excel 關閉，再重新開啟這個程式所得到的編號就是 1，如果再執行一次編號會遞增。

26-4 取得欄位的資料數量

PivotTables.PivotFields.PivotItems.Count 可以回傳指定欄位的資料數量，欄位名稱須是 PivotFields(" 欄位名稱 ") 的參數，相當於欄位名稱是索引。

程式實例 ch26_5.xlsm：輸出業務員、產品和營業額的資料數量。

```vba
1  Sub ch26_5()
2      Dim n As Integer
3      Dim fd As Variant
4      Dim rng As Range
5      Dim pc As PivotCache, pt As PivotTable
6      Set rng = ActiveSheet.Range("B2:G12")           ' 資料來源
7  ' pc是PivotCache快取物件
8      Set pc = ActiveWorkbook.PivotCaches.Create(xlDatabase, rng)
9  ' 建立PivotTable樞紐分析表物件，A3是樞紐分析表的位置
10     Set pt = pc.CreatePivotTable(Worksheets.Add().Range("A3"))
11     With ActiveSheet.PivotTables(1)
12         .PivotFields("業務員").Orientation = xlRowField
13         .PivotFields("產品").Orientation = xlColumnField
14         .PivotFields("營業額").Orientation = xlDataField
15     End With
16     fd = Array("業務員", "產品", "營業額")
17     For i = LBound(fd) To UBound(fd)
18         n = ActiveSheet.PivotTables(1).PivotFields(fd(i)).PivotItems.Count
19         msg = msg & fd(i) & " 欄位資料筆數 : " & n & vbCrLf
20     Next i
21     MsgBox msg
22  End Sub
```

執行結果

26-5 取得欄位的項目名稱

PivotTables.PivotFields.PivotItems 則是欄位的項目名稱，一樣在存取時可以顯示項目名稱，如下所示：

PivotTables.PivotFields("業務員").PivotItems(i)

業務員是欄位名稱，i 是業務員欄位的索引編號。

程式實例 ch26_6.xlsm：列出所有業務員的名字。

```
1  Sub ch26_6()
2      Dim i As Integer, n As Integer
3      Dim msg As String
4      Dim fd As Variant
5      Dim rng As Range
6      Dim pc As PivotCache, pt As PivotTable
7      Set rng = ActiveSheet.Range("B2:G12")          ' 資料來源
8  ' pc是PivotCache快取物件
9      Set pc = ActiveWorkbook.PivotCaches.Create(xlDatabase, rng)
10 ' 建立PivotTable樞紐分析表物件，A3是樞紐分析表的位置
11     Set pt = pc.CreatePivotTable(Worksheets.Add().Range("A3"))
12     With ActiveSheet.PivotTables(1)
13         .PivotFields("業務員").Orientation = xlRowField
14         .PivotFields("產品").Orientation = xlColumnField
15         .PivotFields("營業額").Orientation = xlDataField
16     End With
17     fd = "業務員"
18     n = ActiveSheet.PivotTables(1).PivotFields(fd).PivotItems.Count
19     For i = 1 To n
20         msg = msg & ActiveSheet.PivotTables(1).PivotFields(fd) _
21                     .PivotItems(i) & vbCrLf
22     Next i
23     MsgBox msg
24 End Sub
```

執行結果

	A	B	C	D	E	F
1						
2						
3	加總 - 營業額	欄標籤 ▼				
4	列標籤 ▼	白松沙士	白松綠茶	總計		
5	白冰冰	4500	4160	8660		
6	周慧敏	8200		8200		
7	豬哥亮	8400	7200	15600		
8	總計	21100	11360	32460		

Microsoft Excel

白冰冰
周慧敏
豬哥亮

確定

26-6 複製樞紐分析表的資料

樞紐分析表建立後，可以用 PivotTables.RowFields.PivotItems.DataRange 取得各列的資料，假設筆者想要取得白冰冰的資料，可以使用下列方式。

PivotTables(1).RowFields("業務員").PivotItems("白冰冰").DataRange

後面再加上 Copy 即可執行複製，其他細節可以參考下列實例。

程式實例 ch26_7.xlsm：複製白冰冰的銷售資料，複製目的位址是 F5 儲存格。

```
1  Sub ch26_7()
2      Dim fd As String, id As String
3      Dim rng As Range
4      Dim pc As PivotCache, pt As PivotTable
5      Set rng = ActiveSheet.Range("B2:G12")          ' 資料來源
6  ' pc是PivotCache快取物件
7      Set pc = ActiveWorkbook.PivotCaches.Create(xlDatabase, rng)
8  ' 建立PivotTable樞紐分析表物件，A3是樞紐分析表的位置
9      Set pt = pc.CreatePivotTable(Worksheets.Add().Range("A3"))
10     With ActiveSheet.PivotTables(1)
11         .PivotFields("業務員").Orientation = xlRowField
12         .PivotFields("產品").Orientation = xlColumnField
13         .PivotFields("營業額").Orientation = xlDataField
14     End With
15     fd = "業務員"
16     id = "白冰冰"
17     ActiveSheet.PivotTables(1).RowFields(fd).PivotItems(id) _
18                             .DataRange.Copy [F5]
19 End Sub
```

執行結果

	A	B	C	D	E	F	G
1							
2							
3	加總 - 營業額	欄標籤 ▼					
4	列標籤 ▼	白松沙士	白松綠茶	總計			
5	白冰冰	4500	4160	8660	→	4500	4160
6	周慧敏	8200		8200			
7	豬哥亮	8400	7200	15600			
8	總計	21100	11360	32460			

上述第 18 列 [F5]，其實就是 Range("F5")，筆者在 17-9-4 節有介紹過這個用法，上述只是讓讀者回憶。

擷取樞紐分析表特定欄位的內容

PivotTables.GetData 可以擷取樞紐分析表的欄位內容，如果想樣擷取白冰冰銷售總計可以使用下列方式：

PivotTables(1).GetData("業務員[白冰冰] 總計")

如果想要擷取周慧敏的白松沙士營業額可以使用下列方式：

PivotTables(1).GetData("業務員[周慧敏] 產品[白松沙士]")

如果想要擷取豬哥亮的白松綠茶營業額可以使用下列方式：

PivotTables(1).GetData("業務員[豬哥亮] 產品[白松綠茶]")

程式實例 ch26_8.xlsm：這個程式會依照上述說明，列出結果。

```
1   Sub ch26_8()
2       Dim msg As String
3       Dim rng As Range
4       Dim pc As PivotCache, pt As PivotTable
5       Set rng = ActiveSheet.Range("B2:G12")          ' 資料來源
6   ' pc是PivotCache快取物件
7       Set pc = ActiveWorkbook.PivotCaches.Create(xlDatabase, rng)
8   ' 建立PivotTable樞紐分析表物件，A3是樞紐分析表的位置
9       Set pt = pc.CreatePivotTable(Worksheets.Add().Range("A3"))
10      With ActiveSheet.PivotTables(1)
11          .PivotFields("業務員").Orientation = xlRowField
12          .PivotFields("產品").Orientation = xlColumnField
13          .PivotFields("營業額").Orientation = xlDataField
14      End With
15      With ActiveSheet.PivotTables(1)
16          msg = "白冰冰的銷售總計 ： "
17          msg = msg & .GetData("業務員[白冰冰] 總計") & vbCrLf
18          msg = msg & "周慧敏白松沙士銷售金額 ： "
19          msg = msg & .GetData("業務員[周慧敏] 產品[白松沙士]") & vbCrLf
20          msg = msg & "周慧敏白松沙士銷售金額 ： "
21          msg = msg & .GetData("業務員[豬哥亮] 產品[白松綠茶]")
22      End With
23      MsgBox msg
24  End Sub
```

執行結果

	A	B	C	D	E	F	G
1							
2							
3	加總 - 營業額	欄標籤 ▾					
4	列標籤 ▾	白松沙士	白松綠茶	總計			
5	白冰冰	4500	4160	8660			
6	周慧敏	8200		8200			
7	豬哥亮	8400	7200	15600			
8	總計	21100	11360	32460			

Microsoft Excel ✕

白冰冰的銷售總計：8660
周慧敏白松沙士銷售金額：8200
周慧敏白松沙士銷售金額：7200

確定

26-8 列欄位含 2 組資料的樞紐分析表

程式實例 ch26_9.xlsm：列欄位 xlRowField 是年度和業務員，欄標籤 xlColumn 是產品，資料欄是營業額的樞紐分析表。

```
1   Sub ch26_9()
2       Dim rng As Range
3       Dim pc As PivotCache, pt As PivotTable
4       Set rng = ActiveSheet.Range("B2:G12")          ' 資料來源
5   ' pc是PivotCache快取物件
6       Set pc = ActiveWorkbook.PivotCaches.Create(xlDatabase, rng)
7   ' 建立PivotTable樞紐分析表物件，A3是樞紐分析表的位置
8       Set pt = pc.CreatePivotTable(Worksheets.Add().Range("A3"))
9       With ActiveSheet.PivotTables(1)
10          .PivotFields("年度").Orientation = xlRowField
11          .PivotFields("業務員").Orientation = xlRowField
12          .PivotFields("產品").Orientation = xlColumnField
13          .PivotFields("營業額").Orientation = xlDataField
14      End With
15  End Sub
```

執行結果 下列是筆者將第 1 和第 2 列往上拖曳不顯示。

	A	B	C	D
3	加總 - 營業額	欄標籤 ▾		
4	列標籤 ▾	白松沙士	白松綠茶	總計
5	⊟2021	9900	5120	15020
6	白冰冰	2000	1760	3760
7	周慧敏	4000		4000
8	豬哥亮	3900	3360	7260
9	⊟2022	11200	6240	17440
10	白冰冰	2500	2400	4900
11	周慧敏	4200		4200
12	豬哥亮	4500	3840	8340
13	總計	21100	11360	32460

26-9 建立含分頁的樞紐分析表

　　樞紐分析表也可以提供功能建立分頁資訊，有了分頁資訊，我們可以了解各項目的內容。要建立分頁資訊主要是將分頁的項目建立在分頁篩選區，這時設定 PivotFields.Orientation 時需要使用 xlPageField 常數，細節可以參考下列實例。

程式實例 ch26_10.xlsm：建立業務員的頁面篩選。

```
1  Sub ch26_10()
2      Dim rng As Range
3      Dim pc As PivotCache, pt As PivotTable
4      Set rng = ActiveSheet.Range("B2:G12")          ' 資料來源
5  ' pc是PivotCache快取物件
6      Set pc = ActiveWorkbook.PivotCaches.Create(xlDatabase, rng)
7  ' 建立PivotTable樞紐分析表物件，A3是樞紐分析表的位置
8      Set pt = pc.CreatePivotTable(Worksheets.Add().Range("A3"))
9      With ActiveSheet.PivotTables(1)
10         .PivotFields("年度").Orientation = xlRowField
11         .PivotFields("業務員").Orientation = xlPageField
12         .PivotFields("產品").Orientation = xlColumnField
13         .PivotFields("營業額").Orientation = xlDataField
14     End With
15 End Sub
```

執行結果

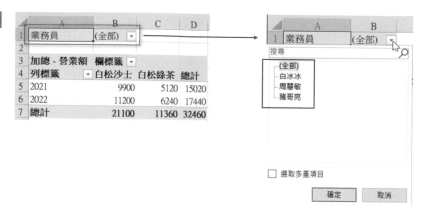

第二十七章

走勢圖

Excel 有走勢圖功能，且此走勢圖可以建立在單一儲存格內，有了這個功能，您可以很方便分析所建資料的走勢，可增加商業決策的效率。

27-1 建立走勢圖

27-1-1　基礎語法

Range 物件內有 SparklineGroup 物件，此物件可以建立走勢圖，同時有屬性可以設定色彩與座標軸，SparklineGroups.Add 方法可以建立走勢圖，語法如下：

expression.SparklineGroups.Add(Type, SourceData)

上述 expression 是 Range 物件，這個物件同時也是未來要放置走勢圖的位置，上述會回傳 SparklineGroup 物件，有了這個物件使用者可以更進一步執行更多設定。

● Type：必要，建立走勢圖的類型，可以參考下列 XlSparkType 列舉常數表。

名稱	值	說明
xlSparkLine	1	直線走勢圖
xlSparkColumn	2	直條走勢圖
xlSparkColumnStacked100	3	輸贏分析走勢圖

● SourceData：必要，走勢圖的資料來源。

27-1-2　建立直線走勢圖

本章所使用的資料來源如下表：

	A	B	C	D	E	F
1						
2			深智數位2022年銷售報表			
3			一月	二月	三月	四月
4		Joe	3900	4500	7820	9910
5		Alicia	4120	7730	13200	11000
6		Rebeca	2839	2900	4100	7784
7		Nelson	4148	5600	7400	9200
8		Frank	8600	8000	5600	4000
9		Frankie	7800	8400	9200	6200

程式實例 ch27_1.xlsm：為 C4:F9 的資料在 G4:G9 儲存格區間建立直線走勢圖，這個程式需要使用的 Type 參數是 xlSparkLine。

```
1  Public Sub ch27_1()
2      Range("G4:G9").SparklineGroups.Add _
3          Type:=xlSparkLine, _
4          SourceData:="C4:F9"
5  End Sub
```

執行結果

27-1-3　建立直條走勢圖

程式實例 ch27_2.xlsm：為 C4:F9 的資料在 G4:G9 儲存格區間建立直條走勢圖，這個程式需要使用的 Type 參數是 xlSparkColumn。

```
1  Public Sub ch27_2()
2      Range("G4:G9").SparklineGroups.Add _
3          Type:=xlSparkColumn, _
4          SourceData:="C4:F9"
5  End Sub
```

執行結果

27-2 觀察含負值的走勢圖

當資料是負值時，數據方向是往下。

程式實例 ch27_3.xlsm：觀察含負值的走勢圖。

```
1  Public Sub ch27_3()
2     Range("G4:G5").SparklineGroups.Add _
3        Type:=xlSparkColumn, _
4        SourceData:="C4:F5"
5  End Sub
```

執行結果

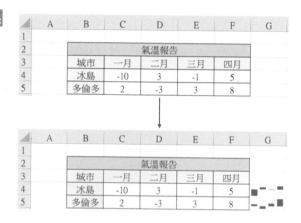

27-3 刪除走勢圖

走勢圖建立好了以後是無法使用一般按鍵盤 Del 鍵方式刪除的，不過可以使用常用 / 儲存格 / 刪除 / 刪除儲存格指令刪除，這一節將講解使用 Excel VBA 刪除走勢圖的方式。要刪除單一儲存格可以使用下列語法：

expression.SparklineGroups.Clear

上述 expression 是 Range 物件，也就是指要刪除的儲存格。

程式實例 ch27_4.xlsm：先建立直線走勢圖，然後出現對話方塊，按確定鈕後就刪除 G5 儲存格的直線走勢圖。

```
1  Public Sub ch27_4()
2      Range("G4:G9").SparklineGroups.Add _
3          Type:=xlSparkLine, _
4          SourceData:="C4:F9"
5      MsgBox "按確定紐後會刪除 G5 儲存格的走勢圖"
6      Range("G5").SparklineGroups.Clear
7  End Sub
```

執行結果

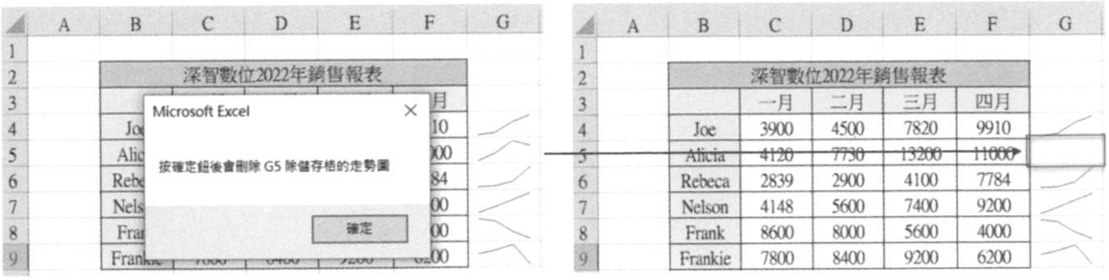

要刪除整個儲存格區間的走勢圖可以使用下列語法：

expression.SparklineGroups.ClearGroup

上述 expression 是 Range 物件，也就是指要刪除的儲存格區間。

程式實例 ch27_5.xlsm：假設工作表 1 已經是一個有含走勢圖的工作表，本程式會刪除 G4:G9 儲存格區間的走勢圖，這個程式重點是只要選取一個儲存格，整個群組的走勢圖會被刪除。

```
1  Public Sub ch27_5()
2      Range("G5").SparklineGroups.ClearGroups
3  End Sub
```

執行結果

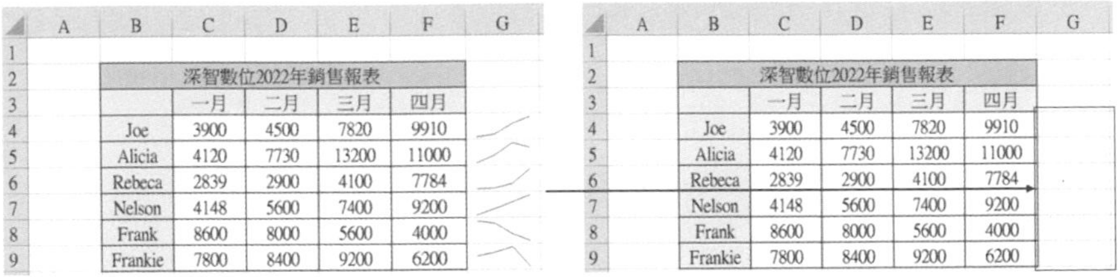

27-4 建立不同色彩的走勢圖

走勢圖預設是藍色，但是可以使用下列屬性更改顏色。

expression.SeriesColor.Color

上述 expression 是 SparkLineGroup 物件。

程式實例 ch27_6.xlsm：建立紅色的走勢圖。

```
1   Public Sub ch27_6()
2       Dim sg As SparklineGroup
3       Set sg = Range("G4:G5").SparklineGroups.Add(Type:=xlSparkColumn, _
4           SourceData:="C4:F5")
5       sg.SeriesColor.Color = RGB(255, 0, 0)
6   End Sub
```

執行結果

	A	B	C	D	E	F	G
1							
2			氣溫報告				
3		城市	一月	二月	三月	四月	
4		冰島	-10	3	-1	5	
5		多倫多	2	-3	3	8	

上述將第 3 列的 xlSparkColumn 改為 xlSparkLine 也可以應用在直線圖。

程式實例 ch27_6_1.xlsm：將直線圖的顏色改為紅色。

```
1   Public Sub ch27_6_1()
2       Dim sg As SparklineGroup
3       Set sg = Range("G4:G5").SparklineGroups.Add(Type:=xlSparkLine, _
4           SourceData:="C4:F5")
5       sg.SeriesColor.Color = RGB(255, 0, 0)
6   End Sub
```

執行結果

	A	B	C	D	E	F	G
1							
2			氣溫報告				
3		城市	一月	二月	三月	四月	
4		冰島	-10	3	-1	5	
5		多倫多	2	-3	3	8	

27-5　建立直線走勢圖的高點顏色和低點顏色

建立高點或是低點顏色時首先要設定高點與低點的 Visible=True，語法如下：

expression.Points.Highpoint.Visible = True	'高點顯示
expression.Points.Lowpoint.Visible = True	'低點顯示

上述 expression 是 SparklineGroup 物件，如果要建立顏色須使用下列語法，下列是設定高點為藍色，低點是紅色的語法。

expression.Points.Highpoint.Color.Color = RGB(0, 0, 255)	'藍色
expression.Points.Lowpoint.Color.Color = RGB(255, 0, 0)	'紅色

程式實例 ch27_7.xlsm：建立綠色走勢圖，同時將高點設為藍色，低點設為紅色。

```
1  Public Sub ch27_7()
2      Dim sg As SparklineGroup
3      Set sg = Range("G4:G5").SparklineGroups.Add(Type:=xlSparkLine, _
4          SourceData:="C4:F5")
5      sg.SeriesColor.Color = RGB(0, 255, 0)
6      With sg.Points
7          .Highpoint.Visible = True
8          .Highpoint.Color.Color = RGB(0, 0, 255)
9          .Lowpoint.Visible = True
10         .Lowpoint.Color.Color = RGB(255, 0, 0)
11     End With
12 End Sub
```

執行結果

	A	B	C	D	E	F	G
1							
2		氣溫報告					
3		城市	一月	二月	三月	四月	
4		冰島	-10	3	-1	5	
5		多倫多	2	-3	3	8	

27-6　建立負值使用不同顏色的走勢圖

建立負值顏色時首先要設定負值的 Visible=True，語法如下：

expression.Points.Negative.Visible = True　　　　　　　'負值顯示

上述 expression 是 SparklineGroup 物件，如果要建立顏色須使用下列語法，下列是設定負值是紅色的語法。

expression.Points.Negative.Color.Color = RGB(255, 0, 0)　　　' 紅色

程式實例 ch27_8.xlsm：建立負值是紅色的直線走勢圖。

```
1  Public Sub ch27_8()
2      Dim sg As SparklineGroup
3      Set sg = Range("G4:G5").SparklineGroups.Add(Type:=xlSparkLine, _
4          SourceData:="C4:F5")
5      With sg.Points
6          .Negative.Visible = True
7          .Negative.Color.Color = RGB(255, 0, 0)
8      End With
9  End Sub
```

執行結果

	A	B	C	D	E	F	G
1							
2			氣溫報告				
3		城市	一月	二月	三月	四月	
4		冰島	-10	3	-1	5	
5		多倫多	2	-3	3	8	

負值的走勢圖應用在直線走勢圖可以讓整個走勢圖的效果更明顯易突顯效果。

程式實例 ch27_9.xlsm：建立負值使用紅色的直條圖走勢圖。

```
1  Public Sub ch27_9()
2      Dim sg As SparklineGroup
3      Set sg = Range("G4:G5").SparklineGroups.Add(Type:=xlSparkColumn, _
4          SourceData:="C4:F5")
5      With sg.Points
6          .Negative.Visible = True
7          .Negative.Color.Color = RGB(255, 0, 0)
8      End With
9  End Sub
```

執行結果

	A	B	C	D	E	F	G
1							
2			氣溫報告				
3		城市	一月	二月	三月	四月	
4		冰島	-10	3	-1	5	
5		多倫多	2	-3	3	8	

27-7 空白走勢圖的補點處理

在數據處理過程，可能會碰上有些數據是缺失，或是說是空白，現在筆者舉一個實例讓讀者參考。

程式實例 ch27_10.xlsm：含空白資料的走勢圖，讀者可以看到資料空白部分走勢圖也是空白。

```
1  Public Sub ch27_10()
2      Range("H4:H6").SparklineGroups.Add _
3          Type:=xlSparkLine, _
4          SourceData:="C4:G6"
5  End Sub
```

執行結果

	A	B	C	D	E	F	G	H
1								
2		深智數位2022年銷售報表						
3			一月	二月	三月	四月	五月	
4		Joe	3900	4500		9910	6340	
5		Alicia	4120	7730		11000	9800	
6		Rebeca	2839	2900		7784	9330	

下列語法可以將空白部分填補。

> expression.SparklineGroups.DisplayBlanksAs

上述 expression 是 Range 物件，DisplayBlanksAs 是 XlDisplayBlanksAs 列舉常數，下列是列舉常數的內容。

xlInterpolated：線性方式補點。

xlNotPlotted：不補點。

xlZero：用 0 補點

程式實例 ch27_11.xlsm：擴充 ch27_10.xlsm，在資料空白部分使用線性方式補點。

```
1  Public Sub ch27_11()
2      Dim sp As SparklineGroup
3      Set sp = Range("H4:H6").SparklineGroups.Add(Type:=xlSparkLine, _
4          SourceData:="C4:G6")
5      sp.DisplayBlanksAs = xlInterpolated
6  End Sub
```

執行結果

	A	B	C	D	E	F	G	H
1								
2		深智數位2022年銷售報表						
3			一月	二月	三月	四月	五月	
4		Joe	3900	4500		9910	6340	
5		Alicia	4120	7730		11000	9800	
6		Rebeca	2839	2900		7784	9330	

從上述執行結果可以看到直線走勢圖已經連接了。

27-8 替隱藏欄位補資料

在預設環境繪製走勢圖時，如果欄位隱藏，在建立走勢圖時就會忽略隱藏的欄位資料。

程式實例 ch27_12.xlsm：建立走勢圖時就會忽略隱藏的欄位資料。

```
1  Public Sub ch27_12()
2      Range("H4:H6").SparklineGroups.Add Type:=xlSparkColumn, _
3          SourceData:="C4:H6"
4  End Sub
```

執行結果

	A	B	C	F	G	H
1						
2		深智數位2022年銷售報表				
3			一月	四月	五月	
4		Joe	3900	9910	6340	
5		Alicia	4120	11000	9800	
6		Rebeca	2839	7784	9330	

D和E欄隱藏

expression.Hidden 屬性若是設為 True，則可以為隱藏的欄位補走勢圖的數據，expression 是 SparklineGroup 物件。

程式實例 ch27_13.xlsm：ch27_12.xlsm 的擴充，替隱藏的資料補數據。

```
1  Public Sub ch27_13()
2      Dim sp As SparklineGroup
3      Set sp = Range("H4:H6").SparklineGroups.Add(Type:=xlSparkColumn, _
4          SourceData:="C4:G6")
5      sp.DisplayHidden = True
6  End Sub
```

執行結果

	A	B	C	D	G	H
1						
2		深智數位2022年銷售報表				
3			一月	二月	五月	
4		Joe	3900	4500	6340	▁▁■■▌
5		Alicia	4120	7730	9800	▁▁■▌█
6		Rebeca	2839	2900	9330	▁▁▁■▌

27-9 繪製數據水平線條

預設是不顯示水平線，expression.Axes.Horizontal.Axis.Visible 屬性若是設為 True，則可以顯示水平線條，expression 是 SparklineGroup 物件，在此補充水平線條是資料為 0 的水平線。

此外，也可以使用下列方式設定水平線條的顏色，下列是設定為紅色的實例。

expression.Axes.Horizontal.Axis.Color.Color = RGB(255, 0, 0)

程式實例 ch27_14.xlsm：重新設計 ch27_3.xlsm，增加水平線條。

```
1  Public Sub ch27_14()
2      Dim sp As SparklineGroup
3      Set sp = Range("G4:G5").SparklineGroups.Add(Type:=xlSparkColumn, _
4          SourceData:="C4:F5")
5      sp.Axes.Horizontal.Axis.Visible = True          ' 顯示水平線條
6      sp.Axes.Horizontal.Axis.Color.Color = RGB(255, 0, 0)    ' 設定紅色
7  End Sub
```

執行結果

	A	B	C	D	E	F	G
1							
2		氣溫報告					
3		城市	一月	二月	三月	四月	
4		冰島	-10	3	-1	5	▌▁▁▁
5		多倫多	2	-3	3	8	▁▁▁█

27-10 建立輸贏分析走勢圖

在 27-1-1 節的表格筆者有說明，在使用 SparklineGroups.Add(Type, SourceData) 建立 SparklineGroup 物件時，如果設定 Type:= xlSparkColumnStacked100，可以建立輸贏分析走勢圖，下列將以實例解說。

程式實例 ch27_15.xlsm：建立正值是綠色，負值是紅色，水平線條是藍色的輸贏分析走勢圖。

```
1  Public Sub ch27_15()
2      Dim sp As SparklineGroup
3      Set sp = Range("B1").SparklineGroups _
4          .Add(Type:=xlSparkColumnStacked100, SourceData:="D4:D6")
5      sp.SeriesColor.Color = RGB(0, 255, 0)    ' 設定正值是綠色
6      With sp.Points.Negative                  ' 設定負值是紅色
7          .Visible = True
8          .Color.Color = RGB(255, 0, 0)
9      End With
10     With sp.Axes.Horizontal.Axis             ' 設定水平線是藍色
11         .Visible = True
12         .Color.Color = RGB(0, 0, 255)
13     End With
14 End Sub
```

執行結果

	A	B	C	D
1	贏 / 輸			
2				
3	月份	預估業績	實季業績	差異
4	一月	80000	89000	9000
5	二月	100000	78000	-22000
6	三月	120000	160000	40000

第二十八章

建立圖表

將工作表的資料以專業圖表方式表示，相當於讓資料以視覺化方式表達，讓無法很快瞭解的資料，可以瞬間變的清楚、易懂。同時也可方便供其他人比較及了解各工作表資料間的差異。所以建立圖表或是說建立專業圖表已經是職場上的必備技能。

28-1　建立圖表使用 Shapes.AddChart

在 Excel VBA 中 Shape 物件代表圖表、圖形、繪圖圖層、 … 等。Shapes 則是 Shape 的集合，建立圖表須使用 Shapes 物件的 AddChart 方法。

註 Excel VBA 目前有比較新的物件 ChartObjects.Add 方法，因為這個方法也常被使用，同時過去許多 VBA 程式也有人使用 Shapes.AddChart 方法，所以筆者也做簡單的說明。

28-1-1　建立圖表

Shapes.AddChart 可以在指定位置建立圖表，這個方法的語法如下：

expression.AddChart(Style, Type, Left, Top, Width, Height, NewLayout)

上述 expression 是 Shapes 物件，上述方法可以在指定的工作表內依據工作表的表單內容建立圖表，這個方法會回傳 Shape 物件，供未來可以進一步使用，至於方法各參數說明如下：

- Style：選用，指定圖表的色彩樣式。
- Type：選用，要新增圖表的類型，這是 XlChartType 列舉常數，細節可以參考 28-1-2 節。
- Left：選用，圖表左邊位置，以點為單位。
- Top：選用，圖表上邊位置，以點為單位。
- Width：選用，圖表寬度，以點為單位。
- Height：選用，圖表高度，以點為單位。
- NewLayout：選用，這是布林值。

28-1-2　圖表的 **XlChartType** 列舉常數

　　不論是這一節所提的 Shapes.AddChart，或是未來要使用的 ChartObjects.Add 方法，皆會使用這個圖表的列舉常數，所以筆者單獨列出此常數。

常數名稱	值	說明
xl3DArea	-4098	立體區域圖
xl3DareaStacked	78	立體堆疊區域圖
xl3DareaStacked100	79	百分比堆疊區域圖
xl3DBarClustered	60	立體群組橫條圖
xl3DBarStacked	61	立體堆疊橫條圖
xl3DBarStacked100	62	立體百分比堆疊橫條圖
xl3DColumn	-4100	立體直條圖
xl3DColumnClustered	54	立體群組直條圖
xl3DColumnStacked	55	立體堆疊直條圖
xl3DcolumnStacked100	56	立體百分比堆疊直條圖
xl3DLine	-4101	立體折線圖
xl3DPie	-4102	立體圓形圖
xl3DPieExploded	70	分裂式立體圓形圖
xlArea	1	範圍
xlAreaStacked	76	堆疊區域圖
xlAreaStacked100	77	百分比堆疊區域圖
xlBarClustered	57	群組橫條圖
xlBarOfPie	71	圓形圖帶有子橫條圖
xlBarStacked	58	堆疊橫條圖
xlBarStacked100	59	百分比堆疊橫條圖
xlBubble	15	泡泡圖
xlBubble3DEffect	87	立體泡泡圖
xlColumnClustered	51	群組直條圖
xlColumnStackd	52	堆疊直條圖
xlColumnStacked100	53	百分比堆疊直條圖
xlConeBarClustered	102	群組圓錐圖
xlConeBarStacked	103	堆疊圓錐柱圖

常數名稱	值	說明
xlConeBarStacked100	104	百分比堆疊圓錐柱圖
xlConeCol	105	立體圓錐條圖
xlConeColClustered	99	群組圓錐條圖
xlConeCoStacked	100	堆疊圓錐條圖
xlConeColStacked100	101	百分比堆疊圓錐條圖
xlCylinderBarClustered	95	群組圓柱圖
xlCylinderBarStacked	96	堆疊圓柱圖
xlCylinderBarStacked100	97	百分比堆疊圓柱圖
xlCylinderCol	98	立體圓條圖
xlCylinderColClustered	92	群組圓錐條圖
xlCylinderColStacked	93	堆疊圓錐條圖
xlCylinderColStacked100	94	百分比堆疊圓條圖
xlDoughnut	-4120	環圈圖
xlDoughnutExploded	80	分裂式環圈圖
xlLine	4	折線
xlLineMarkers	65	含有資料標記的折線圖
xlLIneMarkersStacked	66	含有資料標記的堆疊折線圖
xlLineMarkersStacked100	67	含有資料標記的百分比堆疊折線圖
xlLineStacked	63	堆疊折線圖
xlLineStacked100	64	百分比堆疊折線圖
xlPie	5	圓形圖
xlPieExploded	69	分裂式圓形圖
xlPieOfPie	68	子母圓形圖
xlPyramidBarClustered	109	群組金字塔柱圖
xlPyramidBarStacked	110	堆疊金字塔柱圖
xlPyramidBarStacked100	111	百分比堆疊金字塔柱圖
xlPyramidCol	112	立體金字塔條圖
xlPyramidColClustered	106	群組金字塔條圖
xlPyramidColStacked	107	堆疊金字塔條圖
xlPyramidColStacked100	108	百分比堆疊金字塔條圖
xlRadar	-4151	雷達圖
xlRadarFilled	82	填滿式雷達圖

常數名稱	值	說明
xlRadarMarkers	81	含有資料標記的雷達圖
xlRegionMap	140	地圖圖表
xlStockHLC	88	最高、最低、收盤
xlStockOHLC	89	開啟、高、低、收盤
xlStockVHLC	90	磁碟區、高、低、收盤
xlStockVOHLC	91	磁碟區、開啟、高、低、收盤
xlSurface	83	立體曲面圖
xlSurfaceTopView	85	曲面圖（俯視）
xlSurfaceTopViewWireframe	86	曲面圖（俯視、只顯示線條）
xlSurfaceWireframe	84	立體曲面圖（俯視、只顯示線條）
xlXYScatter	-4169	散佈圖
xlXYScatterLines	74	含折線的散佈圖
xlXYScatterLinesNoMarkers	75	含折線但沒有資料標記的散佈圖
xlXYScatterSmooth	72	帶有平滑線的散佈圖
xlXYScatterSmoothNoMarkers	73	平滑線但沒有資料標記的散佈圖

28-1-3 建立圖表

使用 Excel VBA 建立圖表步驟如下：

1： 建立 Shape 物件。

2： 應用 Shape 物件，建立 Chart 物件。

3： 應用 Chart 物件，使用 SetSourceData 方法定義資料來源。

有關 SetsourData 方法的語法如下：

    expression.SetSourceData(Source, PlotBy)

上述 expression 是 Chart 物件，參數意義如下：

- Source：必要，資料來源。
- PlotBy：選用，指定繪圖方式，這是 XlRowCol 列舉常數，可以是下列其中一種。

常數名稱	值	說明
xlColumns	2	資料數列在列中
xlRows	1	資料數列在欄中

本節所使用的表單如下：

	A	B	C	D	E
1					
2		阿拉伯石油公司外銷統計表			
3			2020年	2021年	2022年
4		亞洲	$ 3,350	$ 3,460	$ 3,780
5		歐洲	$ 4,120	$ 4,480	$ 5,200
6		美洲	$ 2,500	$ 2,800	$ 3,500
7		總計	$ 9,970	$10,740	$12,480

程式實例 ch28_1.xlsm：使用 B3:E7 建立預設圖表。

```
1  Public Sub ch28_1()
2      Dim ct As Chart      ' 定義 Chart 物件
3      Dim sp As Shape      ' 定義 Shape 物件
4
5      Set sp = ActiveSheet.Shapes.AddChart
6      Set ct = sp.Chart
7      ct.SetSourceData Range("B3:E7")
8  End Sub
```

執行結果

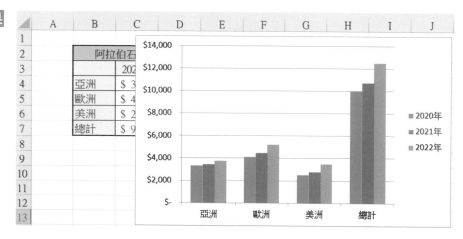

程式實例 ch28_2.xlsm：建立折線圖，這時建立 Shape 物件時需增加代表折線圖的常數 xlLIne。

```
1  Public Sub ch28_2()
2      Dim ct As Chart      ' 定義 Chart 物件
3      Dim sp As Shape      ' 定義 Shape 物件
4
5      Set sp = ActiveSheet.Shapes.AddChart(xlLine)
6      Set ct = sp.Chart
7      ct.SetSourceData Range("B3:E6")
8  End Sub
```

執行結果

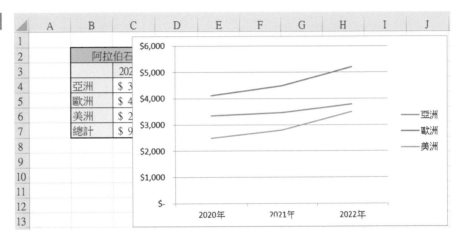

28-2 建立圖表使用 ChartObjects.Add

這是建立內嵌式圖表，整個層次結構如下：

Application
　　Workbook
　　　　Worksheet
　　　　　　ChartObject
　　　　　　　　Chart
　　　　　　　　　　ChartTitle

28-2-1　ChartObjects.Add 方法建立 ChartObject 物件

ChartObjects.Add 方法可以建立內嵌圖表，其實這個步驟是建立一個物件 (有時也稱容器) 供未來使用，整個語法如下：

expressions.ChartObjects.Add(Left, Top, Width, Height)

上述 expressions 是 ChartObject 物件，各參數說明如下：

- Left：必要，以點為單位，位置是相對於 A1 儲存格左上角到圖表物件左邊的距離。
- Top：必要，以點為單位，位置是相對於 A1 儲存格左上角到圖表物件上邊的距離。
- Width：必要，以點為單位，圖表的寬度。
- Height：必要，以點為單位，圖表的高度。

28-2-2　建立資料圖表來源 Chart.SetSourceData

Chart.SetSourceData 方法可以設定圖表的資料來源，語法如下：

expression.SetSourceData(Source, PlotBy)

上述 expression 是一個 Chart 物件，各參數意義如下：

- Source：必要，圖表的資料來源。
- PlotBy：選用，指定繪圖方式，這是 XLRowCol 列舉常數，可以參考 28-1-3 節。

28-2-3　實際建立圖表

程式實例 ch28_3.xlsm：使用 ChartObject.Add 建立內嵌式圖表。

```
1  Public Sub ch28_3()
2      Dim cho As ChartObject      ' 定義 ChartObject 物件
3
4      Set cho = ActiveSheet.ChartObjects.Add(100, 30, 300, 150)
5      cho.Chart.SetSourceData Range("B3:E6")
6  End Sub
```

執行結果

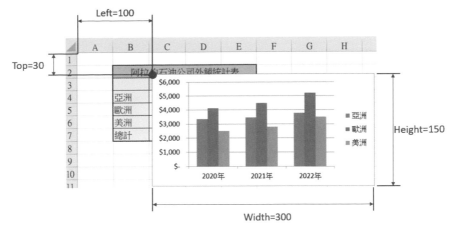

上述程式的缺點是每執行一次就會建立一次圖表，28-2-5 節筆者會介紹刪除圖表的方法。

28-2-4 使用 ChartObjects.Count 計算圖表物件的數量

ChratObjects.Count 可以計算圖表的數量。

程式實例 ch28_4.xlsm：這個程式會在建立圖表前和後分別列出圖表的數量。

```
1  Public Sub ch28_4()
2      Dim cho As ChartObject      ' 定義 ChartObject 物件
3
4      MsgBox "目前圖表數量 : " & ActiveSheet.ChartObjects.Count
5      Set cho = ActiveSheet.ChartObjects.Add(100, 30, 300, 150)
6      cho.Chart.SetSourceData Range("B3:E6")
7      MsgBox "目前圖表數量 : " & ActiveSheet.ChartObjects.Count
8  End Sub
```

執行結果

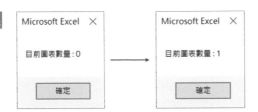

28-2-5　使用 ChartObjects.Delete 刪除圖表物件

對於 ch28_3.xlsm 而言，每執行一次會產稱一份相同的 ChartObject 物件，所以在設計這類問題時，習慣會在 ChartOjbect 物件建立完成後，先刪除圖表物件，這是刪除圖表上殘留的物件。

程式實例 ch28_5.xlsm：刪除圖表上殘留的物件，在建立預設圖表物件後若是圖表數量大於 0，就執行刪除圖表物件。

```
1   Public Sub ch28_5()
2       Dim cho As ChartObject
3
4       If ActiveSheet.ChartObjects.Count > 0 Then
5           ActiveSheet.ChartObjects.Delete      '刪除殘留圖表物件
6       End If
7       Set cho = ActiveSheet.ChartObjects.Add(100, 30, 300, 150)
8       cho.Chart.SetSourceData Range("B3:E6")
9   End Sub
```

執行結果 這個程式不論執行多少次，工作表上只有一個圖表。

28-3　建立圖表和座標軸標題使用 Chart.ChartWizard 方法

Chart.ChartWizard 方法主要是可以設定或是修改圖表的格式，透過修改屬性就可以獲得想要的圖表非常方便，此方法的語法如下：

expression.ChartWizard(Source, Gallery, Format, PloyBy, CateGoryLabels, SeriesLabels, HasLegend, Title, CateGoryTitle, ValueTitle, ExtraTitle)

上述 expression 是 Chart 物件變數，各參數說明如下：

- Source：選用，圖表的資料來源。如果省略此參數，Excel 會編輯使用中的圖表或是目前工作表的資料。

- Gallery：選用，這是 XlChartType 列舉類型，可以參考 28-1-2 節。

- Format：選用，內建自動格式設定的選項編號，可以是 0 到 10 之間的數字。如果省略，會依據圖庫類型以及資料來源選擇預設值。

- PlotBy：選用，指定繪圖方式，這是 XlRowCol 列舉常數，可以參考 28-1-3 節。

- CategoryLabels：選用，一個整數，內含類別標籤之來源範圍的列數或欄數。

- SeriesLabels：選用，一個整數，內含數列標籤來源的列數或是欄數。

- HasLegend：選用，預設是 True，如果設為 False 則取消顯示圖例。

- Title：選用，圖表標題文字。

- CategoryTitle：選用，類別座標軸標題文字。

- ValueTitle：選用，數列座標軸標題文字。

- ExtraTitle：選用，3D 圖表或第二個數值座標軸，2D 圖表數列座標軸標題。

程式實例 ch28_6.xlsm：建立圖表和座標軸標題。

```
1   Public Sub ch28_6()
2       Dim cho As ChartObject
3
4       If ActiveSheet.ChartObjects.Count > 0 Then
5           ActiveSheet.ChartObjects.Delete      '刪除殘留圖表物件
6       End If
7       Set cho = ActiveSheet.ChartObjects.Add(100, 30, 300, 150)
8       cho.Chart.SetSourceData Range("B3:E6")
9       cho.Chart.ChartWizard _
10          Title:="阿拉伯石油公司外銷統計表", _
11          CategoryTitle:="年度", _
12          ValueTitle:="營業額"
13  End Sub
```

執行結果

28-4　移動圖表使用 Chart.Location 方法

Chart.Location 方法主要是移動圖表，此方法的語法如下：

expression.Location(Where, Name)

上述 expression 是 Chart 物件變數，各參數說明如下：

- Where：必要，這是 XlChartLocation 列舉常數，可以是下列其中一種。

常數名稱	值	說明
xlLocationAsNewSheet	1	將圖表移到新工作表
xlLocationAsObject	2	將圖表嵌入目前工作表
xlLocationAutomatic	3	由 Excel 控制圖表

- Name：選用，當 Where 是 xlLocationAsNewsheet 時，如果設定此屬性，表示設定此新工作表名稱。當 Where 是 xlLocationAsObject 時，這將是更改工作表名稱。

程式實例 ch28_7.xlsm：將所建立的工作表移到新的工作表，此工作表名稱使用預設。

```
1  Public Sub ch28_7()
2      Dim cho As ChartObject
3
4      If ActiveSheet.ChartObjects.Count > 0 Then
5          ActiveSheet.ChartObjects.Delete      '刪除殘留圖表物件
6      End If
7      Set cho = ActiveSheet.ChartObjects.Add(100, 30, 300, 150)
8      cho.Chart.SetSourceData Range("B3:E6")
9      cho.Chart.Location xlLocationAsNewSheet
10 End Sub
```

執行結果

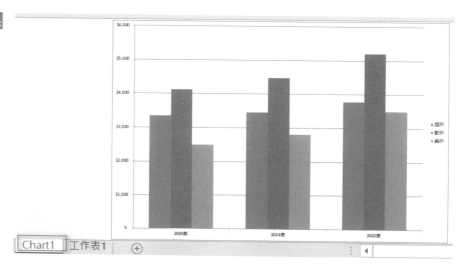

程式實例 ch28_8.xlsm：將所建立的圖表移到新建立的 " 外銷表 " 工作表。

```
9        cho.Chart.Location xlLocationAsNewSheet, "外銷表"
```

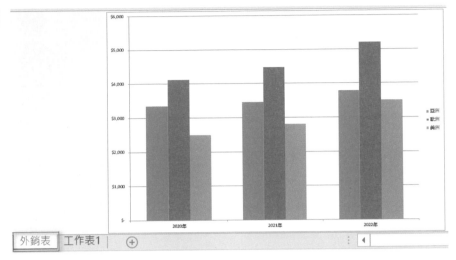

28-5 認識 Chart 的名稱與索引

28-5-1 認識圖表名稱

ActiveChart.Name 可以列出圖表名稱，這也是位於活頁簿的工作表名稱。

程式實例 ch28_9.xlsm：建立圖表，將圖表移到新工作表，最後列出工作表名稱。

```
1  Public Sub ch28_9()
2      Dim cho As ChartObject
3
4      If ActiveSheet.ChartObjects.Count > 0 Then
5          ActiveSheet.ChartObjects.Delete      '刪除殘留圖表物件
6      End If
7      Set cho = ActiveSheet.ChartObjects.Add(100, 30, 300, 150)
8      cho.Chart.SetSourceData Range("B3:E6")
9      cho.Chart.ChartWizard _
10         Title:="阿拉伯石油公司外銷統計表", _
11         CategoryTitle:="年度", _
12         ValueTitle:="營業額"
13     cho.Chart.Location xlLocationAsNewSheet
14     MsgBox ActiveChart.Name
15 End Sub
```

執行結果

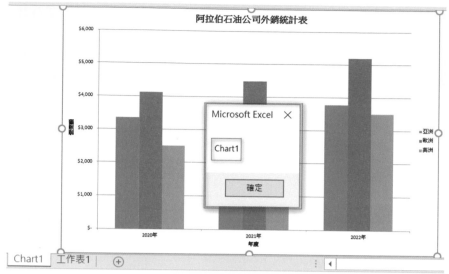

上述第 14 列筆者介紹了 ActiveChart，這是指目前工作的圖表，接下來將使用上述的 Chart1 當作未來幾個實例的工作表。

28-5-2　Charts 物件的索引

如果活頁簿有多個圖表時，也可以使用索引方式列出圖表名稱。

程式實例 ch28_10.xlsm：使用不同方式列出圖表名稱，執行這個程式時請將 Chart1 設為目前工作表。

```
1  Public Sub ch28_10()
2      Dim msg As String
3      msg = msg & ActiveChart.Name & vbCrLf
4      msg = msg & Charts(1).Name & vbCrLf
5      msg = msg & Charts("Chart1").Name
6      MsgBox msg
7  End Sub
```

執行結果

28-6 編輯圖表標題與座標軸的標題

在 Chart1 的圖表在預設環境缺點是字型大小是 10，太小了，這一節將講解編輯文字的方法，讀者可以參考 ch28_9.xlsm 的執行結果。

28-6-1 修改圖表的標題內容

Charts 物件的 ChartTitle.Text 可以更改圖表的標題名稱。

程式實例 ch28_11.xlsm：更改圖表的標題名稱。

```
1   Public Sub ch28_11()
2       ActiveChart.ChartTitle.Text = "石油外銷統計表"
3   End Sub
```

執行結果   阿拉伯石油公司外銷統計表 ——————→ 石油外銷統計表

註 如果在建立圖表時沒有標題，無法直接使用上述更改標題名稱，必須先將 Charts 物件的 HasTitle 屬性設為 True，未來才可以修改。

程式實例 ch28_11_1.xlsm：將沒有標題文字新增為 " 外銷表 "。

```
1   Public Sub ch28_11_1()
2       ActiveChart.HasTitle = True
3       ActiveChart.ChartTitle.Text = "外銷表"
4   End Sub
```

執行結果   ——————→ 外銷表

28-6-2 編輯圖表標題文字

Charts 物件的 ChartTitle.Characters.Font 更改標題文字的下列屬性：

.Color：顏色

.ColorIndex：顏色

.Name：字型

.FontStyle：格式

.Size：字型大小

.Strikethrough：是否含刪除線

.Underline：是否含底線

程式實例 ch28_12.xlsm：將圖表標題的顏色改為藍色，字體大小是 30。

```
1  Public Sub ch28_12()
2     With ActiveChart.ChartTitle.Characters.Font
3        .Size = 30
4        .Color = vbBlue
5     End With
6  End Sub
```

執行結果

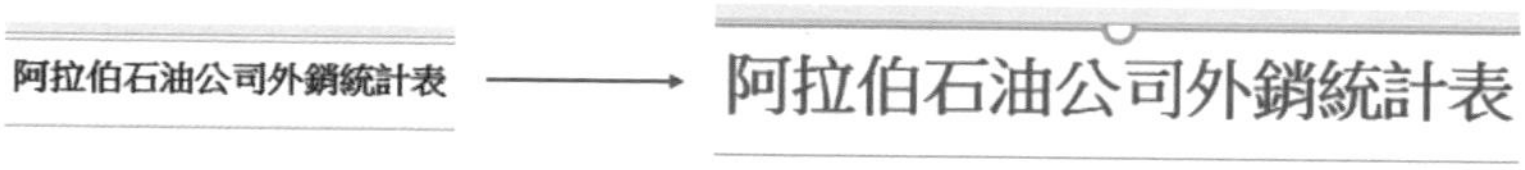

阿拉伯石油公司外銷統計表 ⟶ 阿拉伯石油公司外銷統計表

28-6-3 座標軸標題文字的編輯

Chart 物件的 Axes 方法代表座標軸，語法如下：

expression.Axes(Type, AxisGroup)

上述 expression 代表 Chart 物件，各參數語法如下：

● Type：選用，這是 XlAxisType 列舉常數，可以是下列其中一種。

常數名稱	值	說明
xlCategory	1	座標軸刻度類別
xlSeriesAxis	3	座標軸刻度資料數列
xlValue	2	座標軸刻度值

● AxisGroup：選用，指定座標軸群組。

有了上述觀念可以使用下列屬性更改座標軸的文字大小，更多屬性觀念可以參考 28-6-2 節。

ActiveChart.Axes(xlCategory).AxisTitle.Font：x 軸標題

ActiveChart.Axes(xlValue).AxisTitle.Font：y 軸標題

程式實例 ch28_13.xlsm：將 x 軸和 y 軸的標題改為文字大小是 20，使用藍色字。

```
1  Public Sub ch28_13()
2  ' 更改 x 軸標題文字
3      With ActiveChart.Axes(xlCategory).AxisTitle.Font
4          .Size = 20
5          .Color = vbBlue
6      End With
7  ' 更改 y 軸標題文字
8      With ActiveChart.Axes(xlValue).AxisTitle.Font
9          .Size = 20
10         .Color = vbBlue
11     End With
12 End Sub
```

執行結果　下列是執行後的座標軸標題文字，字放大和使用藍色顯示。

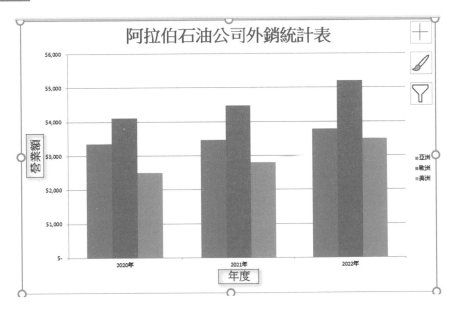

28-6-4　座標軸文字的修改

可以使用下列方式更改 x 軸和 y 軸標題文字。

- ActiveChart.Axes(xlCategory).AxisTitle.Text：類別軸，x 軸標題文字

- ActiveChart.Axes(xlValue).AxisTitle.Text：數值軸，y 軸標題文字

程式實例 ch28_14.xlsm：將 x 軸標題改為西元年，y 軸標題改為業績。

```
1   Public Sub ch28_14()
2   ' 更改 x 軸標題文字
3       ActiveChart.Axes(xlCategory).AxisTitle.Text = "西元年"
4   ' 更改 y 軸標題文字
5       ActiveChart.Axes(xlValue).AxisTitle.Text = "業績"
6   End Sub
```

執行結果

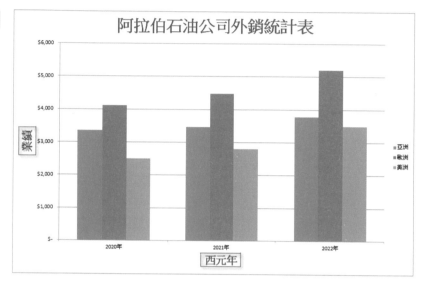

28-6-5　圖例的編輯

　　Chart 物件的 HasLegend 屬性可以設定是否顯示圖例，如果沒有可以設定為 True 讓圖例顯示。如果想要更改圖例的字型相關設定，可以使用下列屬性。

　　　ActiveChart.Legend.Font.Color：顏色
　　　ActiveChart.Legend.Font.Size：字型大小
　　　…

　　其他可以參考 28-6-2 節。

程式實例 ch28_15.xlsm：將圖例的字型大小改為 15，同時以藍色顯示。

```
1   Public Sub ch28_15()
2       ActiveChart.HasLegend = True
3       With ActiveChart.Legend.Font
4           .Color = vbBlue
5           .Size = 15
6       End With
7   End Sub
```

執行結果

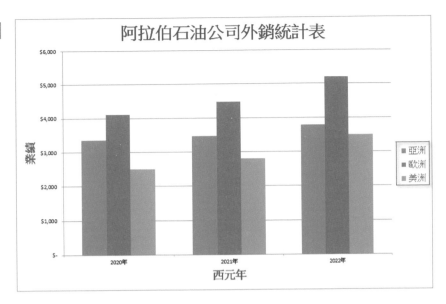

上述程式碼第 2 列在這個實例省略也可以，不過加上去可以讓未來沒有圖例的圖表，增加顯示圖例。

28-6-6 圖例的位置

Chart 物件的 Legend.Position 可以設定圖例的位置，這是 XlLegendPosition 列舉常數，可以是下列其中一種。

常數名稱	值	說明
xlLegendPosiitonBottom	-4107	圖表下方
xlLegendPositionCorner	2	位於圖表框線的右上角
xlLegendPositionCustom	-4161	自定位置
xlLegendPositionLeft	-4131	圖表左邊
xlLegendPositionRight	-4152	圖表右邊
xlLegendPositionTop	-4160	圖表上方

程式實例 ch28_16.xlsm：將圖例設在圖表左邊。

```
1  Public Sub ch28_16()
2      ActiveChart.Legend.Position = xlLegendPositionLeft
3  End Sub
```

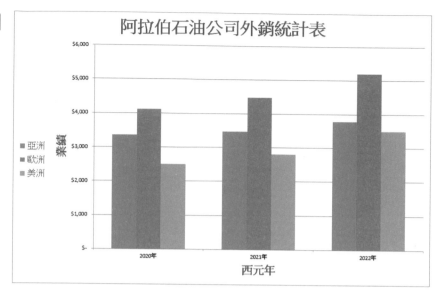

28-7　在工作表操作圖表

　　前面筆者著重在 Chart1 操作圖表，其實我們也可以在工作表操作圖表，這時可以使用 ActiveSheet.ChartObjects(i) 操作圖表。

28-7-1　取得圖表的位置

　　ActiveSheet.ChartObjects(i).TopLeftCell 可以回傳圖表左上方位置。

　　ActiveSheet.ChartObjects(i).BottomRightCell 可以回傳圖表右下方位置。

程式實例 ch28_17.xlsm：回傳圖表位置。

```
1  Public Sub ch28_17()
2      With ActiveSheet.ChartObjects(1)
3          MsgBox .TopLeftCell.Address & vbCrLf & _
4                 .BottomRightCell.Address
5      End With
6  End Sub
```

執行結果

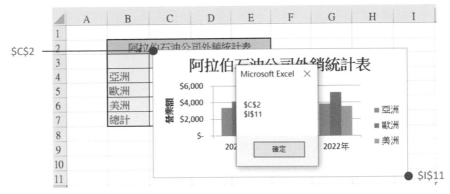

$C$2

$I$11

28-7-2 取得圖表的位置和大小

ActiveSheet.ChartObjects(i).Left 可以回傳圖表左上方 Left。

ActiveSheet.ChartObjects(i).Top 可以回傳圖表左上方 Top。

ActiveSheet.ChartObjects(i).Width 可以回傳圖表寬度。

ActiveSheet.ChartObjects(i).Height 可以回傳圖表高度。

程式實例 ch28_18.xlsm：這個程式的圖表是由 ch28_6.xlsm 所產生，所以讀者可以看到與 ch28_6.xlsm 設定相同。

```
1  Public Sub ch28_18()
2      With ActiveSheet.ChartObjects(1)
3          MsgBox "Left = " & .Left & vbCrLf & _
4                 "Top = " & .Top & vbCrLf & _
5                 "Width = " & .Width & vbCrLf & _
6                 "Height = " & .Height
7      End With
8  End Sub
```

執行結果

28-8 數列資料的操作

28-8-1 數列數量與名稱

ChartObjects.Chart 物件下有 Series 物件，此 Series 是 SeriesCollection 集合的一員，可以使用下列方式取得數列數量與名稱。

ChartObject(i).Chart.SeriesCollection.Count：數列的數量

ChartObject(i).Chart.SeriesCollection(j).Name：數列的名稱

在上述 SeriesCollection 物件中，可能有多個數列，所以需要用索引取出不同數列的名稱。

程式實例 ch28_19.xlsm：找出數列數量，同時列出數列名稱。

```
1   Public Sub ch28_19()
2       Dim i As Integer, n As Integer
3       Dim msg As String
4       With ActiveSheet.ChartObjects(1).Chart
5           n = .SeriesCollection.Count
6           MsgBox "數列數量 : " & n
7           For i = 1 To n
8               msg = msg & .SeriesCollection(i).Name & vbCrLf
9           Next i
10      End With
11      MsgBox "數列名稱如下 : " & vbCrLf & msg
12  End Sub
```

執行結果

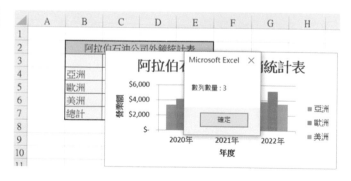

28-8-2　顯示資料標籤

ChartObjects.Chart 物件下有 Series 物件，此 Series 是 SeriesCollection 集合的一員，可以使用下列方式顯示數列的資料標籤。

ChartObject(i).Chart.SeriesCollection.HasDataLabels

程式實例 ch28_20.xlsm：在圖表內顯示資料標籤。

```
1  Public Sub ch28_20()
2      Dim i As Integer, n As Integer
3      With ActiveSheet.ChartObjects(1).Chart
4          n = .SeriesCollection.Count
5          For i = 1 To n
6              .SeriesCollection(i).HasDataLabels = True
7          Next i
8      End With
9  End Sub
```

執行結果

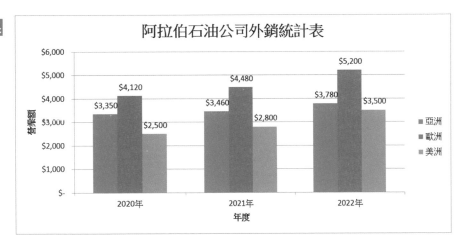

28-8-3　在圖表內顯示數列的資料標籤

與更進一步處理圖表有關的方法是 ChartObjects.Chart.SetElement 方法，這個方法是使用 MsoChartElementType 列舉常數，筆者將用此列舉使用 Excel VBA 更進一步處理資料標籤的位置，其實這個列舉常數也可以應用在圖表標題、圖例位置，… 等，下列是一些常用參數。

常數名稱	值	說明
msoElementChartTitleNone	0	不顯示圖表標題
msoElementChartTitleCenteredOverlay	1	將標題顯示為置中的重疊
msoElementChartTitleNone	2	圖表上方顯示
msoElementDataLabelBottom	209	在下方顯示資料標籤
msoElementDataLabelCallout	211	顯示資料標籤為圖說文字
msoElementDataLabelCenter	202	在中間顯示資料標籤
msoElementDataLabelInsideBase	204	在基底內部顯示資料標籤
msoElementDataLabelInsideEnd	203	在結尾內部顯示資料標籤
msoElementDataLabelLeft	206	靠左顯示資料標籤
msoElementDataLabelNone	200	不顯示資料標籤
msoElementDataLabelOutSideEnd	205	在結尾外不顯示資料標籤
msoElementDataLabelRight	207	靠右顯示資料標籤
msoElementDataLabelShow	201	顯示資料標籤
msoElementDataLabelTop	208	在上方顯示資料標籤
msoElementDataLabelTableNone	500	不要顯示運算列表
msoElementDataLabelTableShow	502	顯示運算列表
msoElementLegendBottom	104	在下方顯示圖例
msoElementLegendLeft	103	在左邊顯示圖例
msoElementLegendLeftOverlay	106	在左方重疊圖例
msoElementLegendNone	100	不顯示圖例
msoElementLegendRight	101	在右邊顯示圖例
msoElementLegendRightOverlay	105	在右方重疊圖例
msoElementLegendTop	102	在上方顯示圖例

程式實例 ch28_21.xlsm：資料標籤顯示在不同位置的實例。

```
1   Public Sub ch28_21()
2       With ActiveSheet.ChartObjects(1).Chart
3           .SetElement msoElementDataLabelOutSideEnd
4           .SeriesCollection("歐洲").Select
5           .SetElement msoElementDataLabelInsideBase
6           .SeriesCollection("美洲").Select
7           .SetElement msoElementDataLabelInsideEnd
8       End With
9   End Sub
```

執行結果

28-8-4 設定數列的顏色

設定儲存格顏色所使用的 Interior.Color 也可以應用在資料數列，使用方式如下：

ChartObject(i).Chart.SeriesCollection(i).Interior.Color

程式實例 ch28_22.xlsm：分別將數列顏色改為紅色、綠色和藍色。

```
1   Public Sub ch28_22()
2       With ActiveSheet.ChartObjects(1).Chart
3           .SeriesCollection(1).Interior.Color = vbRed
4           .SeriesCollection(2).Interior.Color = vbGreen
5           .SeriesCollection(3).Interior.Color = vbBlue
6       End With
7   End Sub
```

執行結果

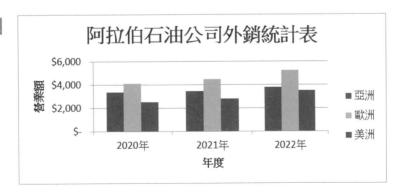

28-8-5　資料數列的數值

取得資料數列值可以使用下列方式：

ChartObject(i).Chart.SeriesCollection(i).Values

上述回傳的是陣列。

程式實例 ch28_23.xlsm：列出亞洲的數列資料。

```
1   Public Sub ch28_23()
2       With ActiveSheet.ChartObjects(1).Chart
3           salesdata = .SeriesCollection("亞洲").Values
4           For i = 1 To UBound(salesdata)
5               Debug.Print salesdata(i)
6           Next i
7       End With
8   End Sub
```

執行結果

28-8-6　資料數列的位置

資料數列的位置可以使用 Points(i) 取得，當 i 等於 1 時是第一筆數列。

程式實例 ch28_24.xlsm：將歐洲資料數列小於 3450 的直條用紅色顯示。

```
1   Public Sub ch28_24()
2       With ActiveSheet.ChartObjects(1).Chart
3           salesdata = .SeriesCollection("亞洲").Values
4           For i = 1 To UBound(salesdata)
5               If salesdata(i) < 3450 Then
6                   With .SeriesCollection("亞洲").Points(i)
7                       .Interior.Color = vbRed
8                   End With
9               End If
10          Next i
11      End With
12  End Sub
```

執行結果

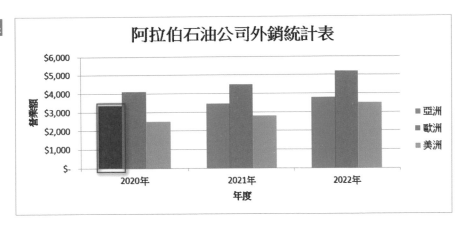

28-9 建立多樣的直條圖

28-9-1 建立內含材質的直條圖

設定直條圖可以使用下列方法：

ChartObject(i).Chart.SeriesCollection(i).Format.Fill.PresetTextured

上述方法的參數是 MsoPresetTexture 列舉常數，可以是下列其中一種。

常數名稱	值	說明
msoPresetTextureMixed	-2	未使用
msoTextureBlueTissuePaper	17	藍色面紙材質
msoTextureBouquet	20	花束底紋材質
msoTextureBrownMarble	11	褐色大理石材質
msoTextureCanvas	2	畫布材質
msoTextureCork	21	軟木材質
msoTextureDenim	3	牛仔布材質
msoTextureFishFossil	7	魚化石材質
msoTextureGranite	12	花崗石材質
msoTextureGreenMarble	9	綠色大理石材質
msoTextureMediumWood	24	一般木紋材質
msoTextureNewsprint	13	新聞紙材質

常數名稱	值	說明
msoTextureOak	23	橡樹材質
msoTexturePaperBag	6	紙袋材質
msoTexturePapyrus	1	紙草材質
msoTextureParchment	15	羊皮紙材質
msoTexturePinkTissuePaper	18	粉紅色材質
msoTexturePurpleMesh	19	紫色篩網材質
msoTextureRecycledPaper	14	再生的材質
msoTextureSand	8	沙材質
msoTextureStationery	16	信紙材質
msoTextureWalnut	22	胡桃木材質
msoTextureWaterDroplets	5	水災水滴材質
msoTextureWhiteMarble	10	白色大理石材質
msoTextureWovenMat	4	草蓆材質

當設定材質填滿後，可以使用下列設定填滿材質是否並排。

ChartObject(i).Chart.SeriesCollection(i).Format.Fill.TextureTile

這是 MsoTruState 列舉常數，目前支援 2 種，可以參考下表。

常數名稱	值	說明
msoFalse	0	False
msoTrue	-1	True

當設定材質填滿後，可以使用下列設定材質走向效果的對齊方式。

ChartObject(i).Chart.SeriesCollection(i).Format.Fill.TextureAlignment

這是 MsoTextureAlignment 列舉常數，內容可以參考下表。

常數名稱	值	說明
msoTextureAlignmentMixed	-2	僅傳回值，指出其他狀態組合
msoTextureBottom	7	靠下對齊
msoTextureBottomLeft	6	靠左下對齊

常數名稱	值	說明
msoTextureBottomRight	8	靠右下對齊
msoTextureCenter	4	置中對齊
msoTextureLeft	3	靠左對齊
msoTextRight	5	靠右對齊
msoTextureTop	1	靠上對齊
msoTextureTopLeft	0	靠左上對齊
msoTextureTopRight	2	靠右上對齊

程式實例 ch28_25.xlsm：以不同材質填滿直條圖。

```
1   Public Sub ch28_25()
2       With ActiveSheet.ChartObjects(1).Chart _
3           .SeriesCollection(1).Format.Fill
4               .PresetTextured msoTextureOak
5               .TextureTile = msoTrue
6               .TextureAlignment = msoTextTop
7       End With
8       With ActiveSheet.ChartObjects(1).Chart _
9               .SeriesCollection(2).Format.Fill
10              .PresetTextured msoTextureNewsprint
11              .TextureTile = msoTrue
12              .TextureAlignment = msoTextTopLeft
13      End With
14      With ActiveSheet.ChartObjects(1).Chart _
15              .SeriesCollection(3).Format.Fill
16              .PresetTextured msoTextureStationery
17              .TextureTile = msoTrue
18              .TextureAlignment = msoTextTopRight
19      End With
20  End Sub
```

執行結果

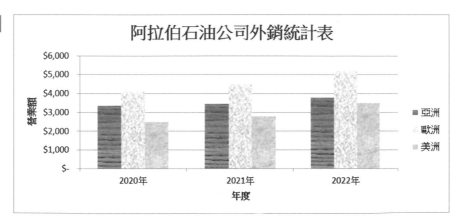

28-9-2　重設直條圖的格式

這相當於是取消原先的直條圖格式，復原回標準格式，可以使用下列方式處理。

```
ChartObject(i).Chart.ClearToMatchStyle
```

程式實例 ch28_26.xlsm：重設直條圖的格式。

```
1  Public Sub ch28_26()
2     ActiveSheet.ChartObjects(1).Chart.ClearToMatchStyle
3  End Sub
```

執行結果

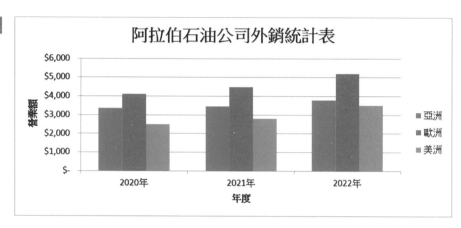

28-9-3　色彩透明度

可以使用下列方式建立前景色彩：

```
ChartObject(i).Chart.SeriesCollection(i).Format.Fill.ForeColor.RGB
```

可以使用下列方式設定色彩透明度：

```
ChartObject(i).Chart.SeriesCollection(i).Format.Fill.Transparency
```

Transparency 的值是在 0～1 之間，值越小透明度越高。

程式實例 ch28_27.xlsm：色彩透明度的設定。

```
1  Public Sub ch28_27()
2     With ActiveSheet.ChartObjects(1).Chart _
3        .SeriesCollection(1).Format.Fill
4           .ForeColor.RGB = RGB(0, 0, 255)
```

```
5              .Transparency = 0.1
6        End With
7        With ActiveSheet.ChartObjects(1).Chart _
8            .SeriesCollection(2).Format.Fill
9                .ForeColor.RGB = RGB(0, 0, 255)
10               .Transparency = 0.5
11       End With
12   End Sub
```

執行結果

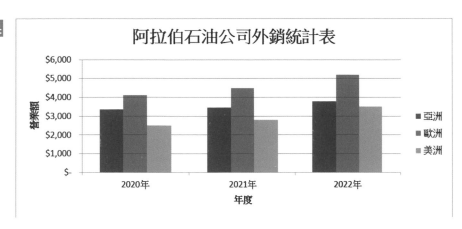

28-9-4 色彩明暗度

可以使用下列方式建立色彩明暗度：

ChartObject(i).Chart.SeriesCollection(i).Format.Fill.ForeColor.TintAndShade

更多色彩明暗度可以複習 18-5-4 節。

程式實例 ch28_28.xlsm：色彩明暗度分別設為 0.2 和 0.7 的實例。

```
1    Public Sub ch28_28()
2        With ActiveSheet.ChartObjects(1).Chart _
3            .SeriesCollection(1).Format.Fill
4                .ForeColor.RGB = RGB(0, 0, 255)
5                .ForeColor.TintAndShade = 0.2
6        End With
7        With ActiveSheet.ChartObjects(1).Chart _
8            .SeriesCollection(2).Format.Fill
9                .ForeColor.RGB = RGB(0, 0, 255)
10               .ForeColor.TintAndShade = 0.7
11       End With
12   End Sub
```

執行結果

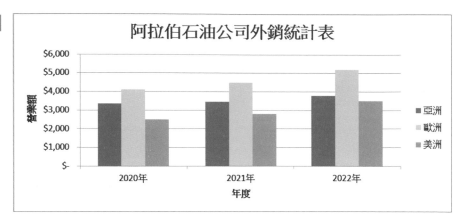

28-10 變更圖表

28-10-1 直條圖變更為折線圖

可以使用下列方式變更圖表。

ChartObject(i).Chart.ChartType

程式實例 ch28_29.xlsm：將直條圖變更為折線圖。

```
1    Public Sub ch28_29()
2        ActiveSheet.ChartObjects(1).Chart.ChartType = xlLine
3    End Sub
```

執行結果

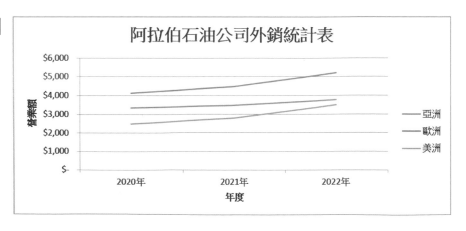

28-10-2　設定折線圖的粗細

可以使用下列方式建立折線圖的粗細：

ChartObject(i).Chart.SeriesCollection(i).Format.Line.Weight

預設 Weight 是 1。

程式實例 ch28_30.xlsm：將折線圖的粗細改為 5。

```
1  Public Sub ch28_30()
2      Dim j As Integer
3      With ActiveSheet.ChartObjects(1).Chart.SeriesCollection
4          For j = 1 To .Count
5              .Item(j).Format.Line.Weight = 5
6          Next j
7      End With
8  End Sub
```

執行結果

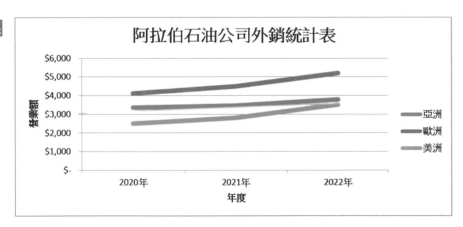

28-10-3　設定折線圖的資料點的標記樣式

可以使用下列方式建立折線圖資料點的標記樣式：

ChartObject(i).Chart.SeriesCollection(i).MarkerStyle

上述是使用 XlMarkerStyle 列舉常數，可以參考下表。

常數名稱	值	說明
xlMarkerStyleAutomatic	-4105	自動設定標記
xlMarkerStyleCircle	8	圓形標記
xlMarkerStyleDash	-4115	長條形標記
xlMarkerStyleDiamond	2	菱形標記
xlMarkerStyleDot	-4118	短條形標記
xlMarkerStyleNone	-4142	無標記
xlMarkerStylePicture	-4147	圖片標記
xlMarkerStylePlus	9	帶加號的方形標記
xlMarkerStyleSquare	1	方形標記
xlMarkerStyleStar	5	帶星形標記
xlMarkerStyleTriangle	3	三角形標記
xlMarkerStylex	-4168	帶 X 標記的方形標記

程式實例 ch28_31.xlsm：設定折線圖資料點有標記。

```
1   Public Sub ch28_31()
2       ActiveSheet.ChartObjects(1).Chart.SeriesCollection(1) _
3           .MarkerStyle = xlMarkerStyleCircle
4       ActiveSheet.ChartObjects(1).Chart.SeriesCollection(2) _
5           .MarkerStyle = xlMarkerStyleSquare
6       ActiveSheet.ChartObjects(1).Chart.SeriesCollection(3) _
7           .MarkerStyle = xlMarkerStyleStar
8   End Sub
```

執行結果

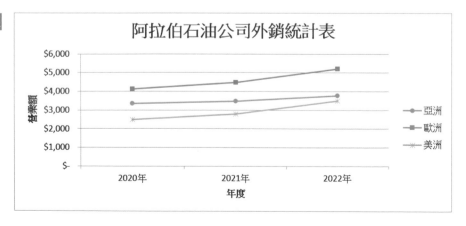

28-10-4 設計有平滑效果的折線圖

可以使用下列方式建立平滑效果的折線圖：

ChartObject(i).Chart.SeriesCollection(i).Smooth = True

程式實例 ch28_32.xlsm：建立具有平滑效果的折線圖。

```
1  Public Sub ch28_32()
2      ActiveSheet.ChartObjects(1).Chart.SeriesCollection(1).Smooth = True
3      ActiveSheet.ChartObjects(1).Chart.SeriesCollection(2).Smooth = True
4      ActiveSheet.ChartObjects(1).Chart.SeriesCollection(3).Smooth = True
5  End Sub
```

執行結果

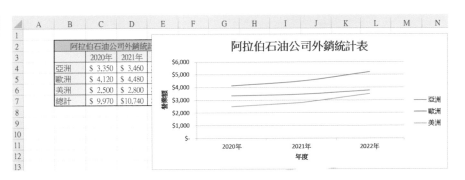

坦白說上述平滑效果看不太出來，因為資料點的變化不大，筆者現在將 D4 儲存格改為 5800，將 D5 儲存格內容改為 2200，就可以看到具有平滑效果的折線圖。

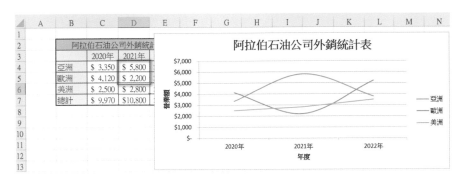

28-11 圓形圖製作

28-11-1 建立圓形圖

其實大部分物件與參數應用觀念前面皆有介紹,這裡筆者直接用實例解說。

程式實例 ch28_33.xlsm:建立圓形圖。

```
1   Public Sub ch28_33()
2       Dim cho As ChartObject
3
4       If ActiveSheet.ChartObjects.Count > 0 Then
5           ActiveSheet.ChartObjects.Delete     '刪除殘留圖表物件
6       End If
7       Set cho = ActiveSheet.ChartObjects.Add(300, 20, 200, 200)
8       cho.Chart.SetSourceData Range("B3:F4")
9       cho.Chart.ChartWizard _
10          Title:="旅遊調查表", _
11          Gallery:=xlPie
12  End Sub
```

執行結果

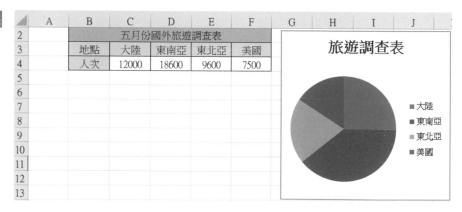

28-11-2 增加資料標籤

程式實例 ch28_34.xlsm:在圓形圖內增加資料標籤。

```
1   Public Sub ch28_34()
2       ActiveSheet.ChartObjects(1).Chart.SetElement _
3           msoElementDataLabelInsideEnd
4   End Sub
```

執行結果

	A	B	C	D	E	F	G	H	I	J	
2			五月份國外旅遊調查表								
3		地點	大陸	東南亞	東北亞	美國					
4		人次	12000	18600	9600	7500					

旅遊調查表

■ 大陸
■ 東南亞
■ 東北亞
■ 美國

讀者也可以將第 3 列改為 msoElementDataLabelShow，這時也可以看到資料標籤，只不過資料標籤的位置有區隔。

28-11-3 圓形圖的分離

要將圓形圖的部分區塊分離可以使用 Explosion 屬性，此屬性值是分離的點數，讀者可以參考下列實例，至於 Point(i) 參數 i 是指第幾個數列。

程式實例 ch28_35.xlsm：將美國的區塊從圓形圖分離。

```
1  Public Sub ch28_35()
2      ActiveSheet.ChartObjects(1).Chart.SeriesCollection(1) _
3          .Points(4).Explosion = 10
4  End Sub
```

執行結果

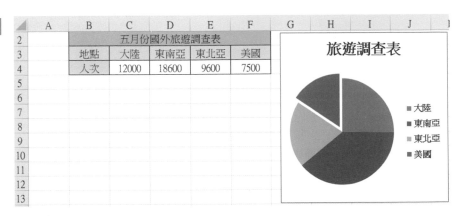

	A	B	C	D	E	F	G	H	I	J	
2			五月份國外旅遊調查表								
3		地點	大陸	東南亞	東北亞	美國					
4		人次	12000	18600	9600	7500					

28-12　AI 輔助設計圖表

28-12-1　設計折線圖

我們也可以請 ChatGPT 協助設計 Excel VBA，只要告訴 ChatGPT 數據和其所在儲存格，就可以生成 Excel VBA 程式碼。

程式實例 ch28_37.xlsm：為下列工作表建立折線圖表。

	A	B	C	D	E	F	G
1							
2			國際黃金價格表				
3			2000年	2005年	2010年	2015年	2020年
4		價格	270	450	1100	1250	1400

您
有一個黃金價格表如下, 下列資料是在C3:G4
2000年　2005年　2010年 2015年 2020年
270　450　1100 1250 1400
請為上述資料用Excel VBA設計折線圖, 圖表標題是「黃金價格表」, 圖例是「價格」

ChatGPT
基於您提供的黃金價格表格資料範圍（C3:G4），以下是一段 Excel VBA 程式碼，用於創建一個折線圖，圖表標題設為「黃金價格表」，並設置圖例為「價格」：

```
1   Sub CreateGoldPriceLineChart()
2       Dim ws As Worksheet
3       Dim chartObj As ChartObject
4       Dim chart As Chart
5
6       ' 設定數據所在的工作表
7       Set ws = ThisWorkbook.Sheets(1) ' 假設數據在第一個工作表，請根據需要調整
8
9       ' 在工作表上創建一個新的圖表對象
10      Set chartObj = ws.ChartObjects.Add(Left:=100, Width:=500, Top:=50, Height:=300)
11      Set chart = chartObj.Chart
12
13      ' 使用數據範圍設置圖表數據
14      chart.SetSourceData Source:=ws.Range("C3:G4")
15
16      ' 設置圖表類型為折線圖
17      chart.ChartType = xlLine
18
19      ' 設置圖表標題
20      chart.HasTitle = True
21      chart.ChartTitle.Text = "黃金價格表"
```

```
22
23        ' 設置圖例
24        chart.HasLegend = True
25        chart.Legend.Position = xlLegendPositionBottom
26        chart.SeriesCollection(1).Name = "=""價格""" ' 將數據系列的名稱設為"價格"
27
28        ' 設置X軸標題
29        chart.Axes(xlCategory, xlPrimary).HasTitle = True
30        chart.Axes(xlCategory).AxisTitle.Text = "年份"
31
32        ' 設置Y軸標題
33        chart.Axes(xlValue, xlPrimary).HasTitle = True
34        chart.Axes(xlValue).AxisTitle.Text = "價格 (USD)"
35  End Sub
```

執行結果

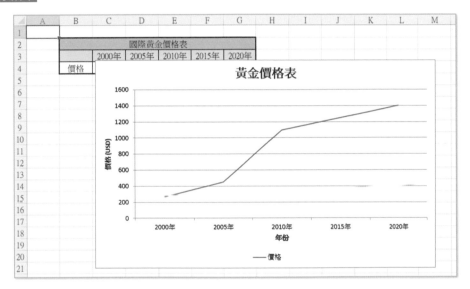

使用說明：

1. 打開您的 Excel 工作簿並選擇包含黃金價格數據的工作表。
2. 按 `Alt + F11` 以打開 VBA 編輯器。
3. 在「VBAProject」窗口中找到您的工作簿名稱，右鍵單擊任一工作表名稱，選擇「插入」->「模組」。
4. 在新模組的代碼窗口中，複製並粘貼上面提供的 VBA 代碼。
5. 調整代碼中的工作表索引或名稱以匹配您的具體情況。
6. 按 `F5` 鍵運行此宏，創建黃金價格折線圖。
   └─ 表示巨集
   請確保您的數據範圍與代碼中使用的範圍相匹配。這樣您就能成功創建顯示「黃金價格表」的折線圖。

註　有時候 ChatGPT 不一定會生成正確的程式碼，這時只要將 Excel VBA 的錯誤碼告訴 ChatGPT 即可。例如：如果 ChatGPT 產生了 438 的錯誤，如下所示：

我們可以使用下列方式告訴 ChatGPT 即可，ChatGPT 會自行調整與修正。

您
出現438錯誤

ChatGPT
錯誤 438 在 VBA 中通常表示 "物件不支持此屬性或方法"。這種錯誤可能是由於多種原因造成的，以下是一些針對您提供的情況可能的解決方法：

28-12-2　設計泡泡圖

程式實例 ch28_38.xlsm：為下列工作表建立泡泡圖表。

	A	B	C	D	E	F	G	H
1								
2		冰品銷售/天氣/獲利調查表						
3		氣溫	10	15	20	25	30	35
4		數量	60	75	100	160	250	395
5		獲利	1200	1500	2000	3200	5000	7900

> 您
> 有一個冰品銷售/天氣/獲利調查表如下,下列資料是在B3:H5
> 氣溫 10 15 20 25 30 35
> 數量 60 75 100 160 250 395
> 獲利 1200 1500 2000 3200 5000 7900
> 請為上述資料用Excel VBA設計泡泡圖,圖表標題是「冰品銷售/天氣/獲利調查表」

> ChatGPT
> 要使用 Excel VBA 為上述的冰品銷售/天氣/獲利調查表設計一個泡泡圖(Bubble
> Chart),您可以參考以下的 VBA 程式碼。這段程式碼會在您的工作表上創建一個新的圖
> 表對象,並將其設置為泡泡圖,其中氣溫作為 X 軸,數量作為 Y 軸,獲利作為泡泡大小
> (Bubble Size)。

```vba
Sub CreateBubbleChart()
    Dim ws As Worksheet
    Dim chartObj As ChartObject

    ' 設定數據所在的工作表
    Set ws = ThisWorkbook.Sheets(1) ' 假設數據在第一個工作表,請根據需要調整

    ' 在工作表上創建一個新的圖表對象
    Set chartObj = ws.ChartObjects.Add(Left:=100, Width:=500, Top:=50, Height:=300)

    With chartObj.Chart
        ' 使用數據範圍設置圖表數據
        .SetSourceData Source:=ws.Range("B3:H5")

        ' 設置圖表類型為泡泡圖
        .ChartType = xlBubble3DEffect

        ' 設置圖表標題
        .HasTitle = True
        .ChartTitle.Text = "冰品銷售/天氣/獲利調查表"

        ' 設置X軸標題
        .Axes(xlCategory, xlPrimary).HasTitle = True
        .Axes(xlCategory).AxisTitle.Text = "氣溫"

        ' 設置Y軸標題
        .Axes(xlValue, xlPrimary).HasTitle = True
        .Axes(xlValue).AxisTitle.Text = "數量"

        ' 因為是泡泡圖,無需單獨設置泡泡大小的軸標題,泡泡大小將自動對應到獲利數據
    End With
End Sub
```

執行結果

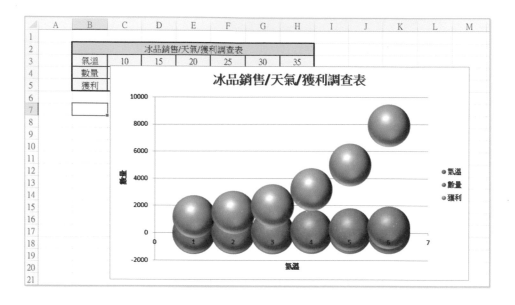

使用步驟

1. 打開您的 Excel 工作簿並選擇包含冰品銷售數據的工作表。
2. 按 `Alt + F11` 打開 VBA 編輯器。
3. 在「VBAProject」窗口中找到您的工作簿名稱,右鍵單擊任一工作表名稱,選擇「插入」->「模組」。
4. 在新模組的代碼窗口中,複製並粘貼上面提供的 VBA 代碼。
5. 調整代碼中的工作表索引或名稱以匹配您的具體情況。
6. 按 `F5` 鍵運行此宏,創建泡泡圖。

請確保您的數據範圍和工作表名稱與代碼中使用的範圍相匹配。這樣您就能成功創建顯示「冰品銷售/天氣/獲利調查表」的泡泡圖。

第二十九章

插入物件

29-1 插入與刪除物件

29-1-1 插入物件 AddShape 基本語法

AddShape 可以在工作表內插入快取圖案物件，這個方法的語法如下：

expression.AddShape(Type, Left, Top, Width, Height)

上述 expression 是 Shapes 物件，各參數意義如下：

● Type：必要，這是代表要插入的快取圖案物件，這是 MsoAutoShapeType 列舉參數，下列是常用的常數名稱。

常數名稱	值	說明
msoShape5pointerStar	92	5 角星形
msoShapeCloud	179	雲端圖形
msoShapeCross	11	交叉
msoShapeDonut	18	圓
msoShapeFrame	158	矩行圖片框
msoShapeHexagon	10	六邊形
msoShapeRectangle		矩形
msoShapeRegularPentagon	12	五角形
msoShapeRoundedRectangle		圓角矩形
msoShapeSmileyFace	17	笑臉
msoShapeSun		陽光
msoShapeWave	103	波浪
msoShapeOval	9	橢圓
msoShapePlaque		獎牌

讀者可以參考下列網址，看到 Microsoft 公司有關此列舉常數的完整表。

https://docs.microsoft.com/zh-tw/office/vba/api/office.msoautoshapetype

● Left：必要，快取圖案物件相距 A1 儲存格左上角的 x 軸距離，單位是點。

● Top：必要，快取圖案物件相距 A1 儲存格左上角的 y 軸距離，單位是點。

- Width：必要，快取圖案物件的寬度，單位是點。

- Height：必要，快取圖案物件的高度，單位是點。

29-1-2 插入矩形

程式實例 ch29_1.xlsm：插入矩形的實例。

```
1  Public Sub ch29_1()
2      ActiveSheet.Shapes.AddShape Type:=msoShapeRectangle, _
3                              Left:=50, _
4                              Top:=20, _
5                              Width:=100, _
6                              Height:=50
7  End Sub
```

執行結果

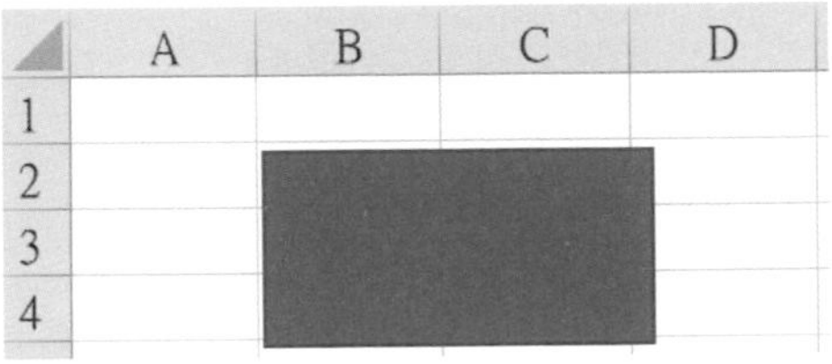

如果希望所建立的快取圖案是在儲存格範圍內，可以參考下列實例操作。

程式實例 ch29_2.xlsm：將所建立的快取圖案固定在 B2:D3 儲存格區間內。

```
1  Public Sub ch29_2()
2      With Range("B2:D3")
3          ActiveSheet.Shapes.AddShape msoShapeRectangle, _
4                              .Left, .Top, .Width, .Height
5      End With
6  End Sub
```

執行結果

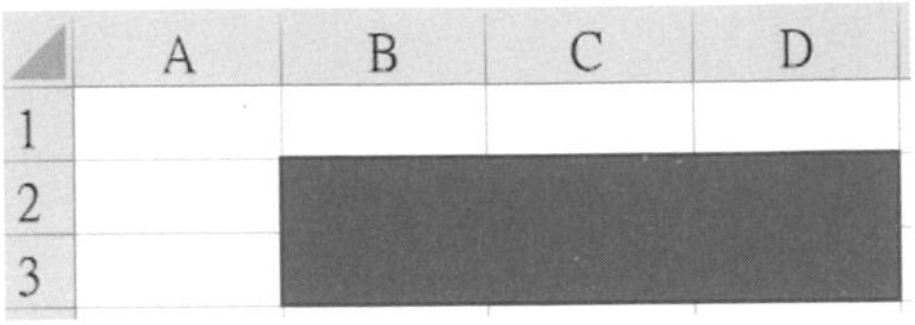

上述第 4 列引用方式觀念，可以參考 ch29_3.xlsm。

程式實例 ch29_3.xlsm：重新設計 ch29_2.xlsm。

```
1  Public Sub ch29_3()
2    ActiveSheet.Shapes.AddShape msoShapeRectangle, _
3        Range("B2:D3").Left, Range("B2:D3").Top, _
4        Range("B2:D3").Width, Range("B2:D3").Height
5  End Sub
```

執行結果　與 ch29_2.xlsm 相同。

　　上述程式第 3 列，也可使用 Range("B2").Left, Range("B2").Top 取代。

程式實例 ch29_4.xlsm：插入一系列快取圖案的應用。

```
1   Public Sub ch29_4()
2     With Range("B2:B3")
3       ActiveSheet.Shapes.AddShape msoShape5pointStar, _
4                       .Left, .Top, .Width, .Height
5     End With
6     With Range("C2:C3")
7       ActiveSheet.Shapes.AddShape msoShapeCloud, _
8                       .Left, .Top, .Width, .Height
9     End With
10    With Range("D2:D3")
11      ActiveSheet.Shapes.AddShape msoShapeDonut, _
12                      .Left, .Top, .Width, .Height
13    End With
14    With Range("E2:E3")
15      ActiveSheet.Shapes.AddShape msoShapeSmileyFace, _
16                      .Left, .Top, .Width, .Height
17    End With
18    With Range("F2:F3")
19      ActiveSheet.Shapes.AddShape msoShapeSun, _
20                      .Left, .Top, .Width, .Height
21    End With
22  End Sub
```

執行結果

29-1-3　刪除快取圖案

　　刪除圖案可以使用 Delete。

程式實例 ch29_5.xlsm：刪除所建立的圖案。

```
1   Public Sub ch29_5()
2       Application.ScreenUpdating = True
3       With Range("B2:D3")
4           ActiveSheet.Shapes.AddShape msoShapeRectangle, _
5                           .Left, .Top, .Width, .Height
6       End With
7       MsgBox "按確定紐後可以刪除圖案"
8       ActiveSheet.Shapes(1).Delete
9   End Sub
```

執行結果

29-2 圖案的屬性編輯

29-2-1　圖案的名稱

每個所建立的圖案皆有一個名稱，我們可以使用 Shapes.Name 存取此名稱。

程式實例 ch29_6.xlsm：圖案命名與取得圖案。

```
1   Public Sub ch29_6()
2       ActiveSheet.Shapes(1).Name = "Star"
3       MsgBox ActiveSheet.Shapes(1).Name
4   End Sub
```

執行結果

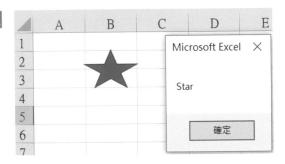

29-2-2　重設圖案類型

Shapes.AutoShapeType 可以重新設定圖案，圖案類型可以參考 29-1-1 節。

程式實例 ch29_7.xlsm：重新設定圖案。

```
1  Public Sub ch29_7()
2      ActiveSheet.Shapes(1).AutoShapeType = msoShapePlaque
3  End Sub
```

執行結果

29-2-3　設定圖案的樣式

Shapes.ShapeStyle 的圖案樣式設定是使用 MsoShapeStyleIndex 列舉，可以參考下表。

常數名稱	值	說明
msoLineStylePreset1	10001	線條樣式 1
…	…	…
msoLineStylePreset20	10020	線條樣式 20
msoShapeStylePreset1	1	圖案樣式 1
…	…	…
msoShapeStylePreset20	20	圖案樣式 20
msoLineStyleMixed	-2	混合圖案樣式
msoLineStyleNotAPreset	0	無圖案樣式

程式實例 ch29_8.xlsm：更改圖案樣式，

```
1  Public Sub ch29_8()
2      ActiveSheet.Shapes(1).ShapeStyle = msoShapeStylePreset10
3  End Sub
```

執行結果

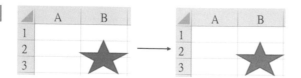

圖案樣式 1　　　圖案樣式 2

29-2-4　填滿圖案色彩

現在所建的圖案皆是藍色，可以使用 Shapes.Fill.ForeColor.RGB 更改色彩。

程式實例 ch29_29.xlsm：更改圖案色彩。

```
1  Public Sub ch29_9()
2      With ActiveSheet.Shapes(1).Fill
3          .ForeColor.RGB = RGB(255, 255, 0)
4      End With
5  End Sub
```

執行結果

29-2-5　漸層色彩

增加 Shapes.Fill.BackColor.RGB，然後可以使用下列方式建立水平或垂直的漸層色彩。

Shapes.Fill.BackColor.RGB

搭配下列，分別可以建立垂直與水平漸層色彩。

Shapes.Fill.TwoColorGradient msoGradientVerical, 1
Shapes.Fill.TwoColorGradient msoGradientHorizontal, 1

程式實例 ch29_10.xlsm：建立垂直的漸層色彩。

```
1  Public Sub ch29_30()
2      With ActiveSheet.Shapes(1).Fill
3          .ForeColor.RGB = RGB(0, 255, 0)
4          .BackColor.RGB = RGB(0, 0, 255)
5          .TwoColorGradient msoGradientVertical, 1
6      End With
7  End Sub
```

執行結果

29-2-6　建立圖案外框線

增加 Shapes.Line.ForeColor.RGB，可以使用建立圖案外框線。

程式實例 ch29_11.xlsm：將圖案外框線設為白色。

```
1  Public Sub ch29_11()
2      With ActiveSheet.Shapes(1).Line
3          .ForeColor.RGB = RGB(255, 255, 255)
4      End With
5  End Sub
```

執行結果

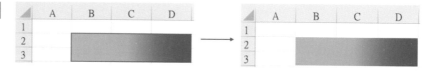

29-3　建立線條

29-3-1　建立直線

建立直線的語法如下：

expression.Shapes.AddConnector(Type, BeginX, BeginY, EndX, EndY)

上述 expression 是 Shapes 物件，各參數意義如下：

- Type：必要，這是線條類型，Excel VBA 使用 MsoConnectorType 列舉資料表示，可以參考下表。

常數名稱	值	說明
msoConnectorStraight	1	直線接點
msoConnectorElbow	2	肘形接點
msoConnectorCurve	3	弧形連接線
msoConnectorTypeMixed	-2	僅傳回值

- BeginX：必要，線條起點距離文件左上角的水平位置，以點為單位。
- BeginY：必要，線條起點距離文件左上角的垂直位置，以點為單位。

- EndX：必要，線條終點距離文件左上角的水平位置，以點為單位。

- EndY：必要，線條終點距離文件左上角的水平位置，以點為單位。

程式實例 ch29_12.xlsm：建立 2 條線條。

```
1  Public Sub ch29_12()
2      ActiveSheet.Shapes.AddConnector msoConnectorStraight, _
3          Range("B2").Left, Range("B2").Top, _
4          Range("D2").Left, Range("D2").Top
5      ActiveSheet.Shapes.AddConnector msoConnectorStraight, _
6          Range("B3").Left, Range("B3").Top, _
7          Range("D5").Left, Range("D5").Top
8  End Sub
```

執行結果

	A	B	C
1			
2			
3			
4			

29-3-2 建立線條的箭頭

建立線條時可以同時建立線條的起始或是結尾箭頭，下列是起始與結尾箭頭的屬性。

expression.Line **BeginArrowheadStyle**
expression.Line **EndArrowheadStyle**

箭頭的類型是 MsoArrowheadStyle 列舉，可以參考下表。

常數名稱	值	說明
msoArrowheadDiamond	5	菱形
msoArrowheadNone	1	沒有箭頭
msoArrowheadOpen	3	開放
msoArrowheadOval	6	橢圓形
msoArrowheadStealth	4	隱形形狀
msoArrowheadStyleMixed	-2	僅回傳值，指出其他狀態組合
msoArrowheadTriangle	2	三角形

程式實例 ch29_13.xlsm：建立橢圓形起點，箭頭終點的線條。

```
1  Public Sub ch29_13()
2      With ActiveSheet.Shapes.AddConnector(msoConnectorStraight, _
3          Range("B2").Left, Range("B2").Top, _
4          Range("D2").Left, Range("D2").Top)
5          .Line.BeginArrowheadStyle = msoArrowheadOval
6          .Line.EndArrowheadStyle = msoArrowheadOpen
7      End With
8  End Sub
```

執行結果

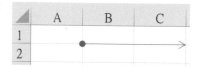

29-3-3　線條的寬度

Shapes.Line.Weight 屬性可以設定線條的寬度。

程式實例 ch29_14.xlsm：設定線條的寬度是 10。

```
1  Public Sub ch29_14()
2      ActiveSheet.Shapes(1).Line.Weight = 10
3  End Sub
```

執行結果

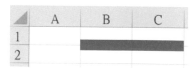

29-3-4　線條的顏色

Shapes.Line.ForeColor 屬性可以設定線條的顏色。

程式實例 ch29_15.xlsm：設定線條的顏色是綠色。

```
1  Public Sub ch29_15()
2      ActiveSheet.Shapes(1).Line.ForeColor.RGB = RGB(0, 255, 0)
3  End Sub
```

執行結果

29-3-5　線條的種類

Shapes.Line.DashStyle 屬性可以設定線條的顏色，屬性是 MsoLineDashStyle 列舉常數，可以參考下表。

常數名稱	值	說明
msoLineDash	4	線條由虛線組成
msoLineDashDot	5	點條是虛線 2 圖樣
msoLineDashDotDot	6	線條是虛線 3 圖樣
msoLineDashStyleMixed	-2	不支援
msoLineLongDash	7	線條是由長虛線所組成
msoLineLongDashDot	8	線條是長虛點線圖樣
msoLineRoundDot	3	線條是由圓點所組成
msoLineSolid	1	線條是實線
msoLineSquareDot	2	線條是由方點所組成

程式實例 ch29_16.xlsm：將實線線條改為由方點所組成。

```
1  Public Sub ch29_16()
2      ActiveSheet.Shapes(1).Line.DashStyle = msoLineSquareDot
3  End Sub
```

執行結果

29-4 建立文字方塊

29-4-1　Shapes.AddTextbox 語法

Shapes 物件的 AddTextbox 方法可以建立文字方塊，語法如下：

expression.AddTextbox(Orientation, Left, Top, Width, Height)

上述 expression 是 Shapes 物件，各參數意義如下：

● Orientation：必要，文字方塊的方向，這是 MsoTextOrientation 常數列舉，可以參考下表。

常數名稱	值	說明
msoTextOrientationDownward	3	向下
msoTextOrientationHorizontal	1	水平向右
msoTextOrientationHorizontalTotatedFarEast	6	水平和旋轉，亞洲語言支援
msoTextOrientationMixed	-2	不支援
msoTextOrientationUpward	2	向上
msoTextOrientationVertical	5	垂直
msoTextOrientationVerticalFarEast	4	針對亞洲語言支援

● Left：必要，相對於左上角的水平位置，以點為單位。

● Top：必要，相對於左上角的垂直位置，以點為單位。

● Width：必要，圖案的寬度，以點為單位。

● Height：必要，圖案的高度，以點為單位。

29-4-2　建立文字方塊實作

可以使用 29-4-1 節的 Shapes.AddTextbox 方法建立文字方塊，方塊內容可以使用下列方式建立。

　　　Shapes.AddTextbox(…).TextFrame.Characters.Text

程式實例 ch29_17.xlsm：建立文字方塊，同時在方塊內增加 "My test"。

```
1  Public Sub ch29_17()
2      ActiveSheet.Shapes.AddTextbox(msoTextOrientationHorizontal, _
3              Range("B2").Left, Range("B2").Top, 100, 50) _
4              .TextFrame.Characters.Text = "My test"
5  End Sub
```

執行結果

▲	A	B	C
1			
2		My test	
3			
4			

29-4-3 更改文字方塊字型大小

Shapes.TextFrame2.TextRange.Font.Size 屬性可以建立字型大小。

程式實例 ch29_18.xlsm：將字型大小設為 20。

```
1  Public Sub ch29_18()
2      With ActiveSheet.Shapes(1).TextFrame2
3          .TextRange.Font.Size = 20
4      End With
5  End Sub
```

執行結果

◢	A	B	C
1			
2		My test	
3			
4			

29-4-4 將文字方塊內的字串設為水平與垂直置中

水平與垂直置中所需的屬性如下：

Shapes.TextFrame2.HorizontalAnchor
Shapes.TextFrame2.VerticalAnchor

與水平置中所需的屬性是 MsoHorizontalAnchor 列舉常數，此常數可以參考下表。

常數名稱	值	說明
msoAnchorCenter	2	文字水平置中
msoAnchorNone	1	無對齊
msoHorizontalAnchorMixed	-2	僅傳回值，指出其他狀態組合

與垂直置中所需的屬性是 MsoVerticalAnchor 列舉常數，此常數可以參考下表。

常數名稱	值	說明
msoAnchorBottom	4	文字對其文字框的底端
msoAnchorBottomBaseLine	5	文字字串錨定文字框底部
msoAnchorMiddle	3	文字垂直置中

常數名稱	值	說明
msoAnchorTop	1	文字對其文字框頂端
msoAnchorTopBaseline	2	文字字串錨定文字框頂端
msoAnchorMixed	-2	僅傳回值，指出其他狀態組合

程式實例 ch29_19.xlsm：設定文字框的字串水平與垂直置中。

```
1  Public Sub ch29_19()
2      With ActiveSheet.Shapes(1).TextFrame2
3          .HorizontalAnchor = msoAnchorCenter
4          .VerticalAnchor = msoAnchorMiddle
5      End With
6  End Sub
```

執行結果

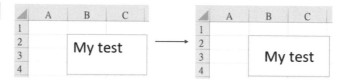

29-4-5　編輯文字內容

下列屬性可以編輯文字：

Shapes.TextFrame2.TextRange.Text

下列屬性可以設定文字的顏色。

Shapes.TextFrame2.TextRange.Characters.Font.Fill.ForeColor.RGB

下列屬性可以設定文字方塊的顏色。

Shapes.Fill.ForeColor.RGB

程式實例 ch29_20.xlsm：將文字改為 DeepMind，文字顏色是藍色，文字方塊是黃色。

```
1  Public Sub ch29_20()
2      ActiveSheet.Shapes(1).TextFrame2.TextRange.Text = "DeepMind"
3      With ActiveSheet.Shapes(1)
4          .TextFrame2.TextRange.Characters.Font.Fill.ForeColor.RGB = RGB(0, 0, 255)
5          .Fill.ForeColor.RGB = RGB(255, 255, 0)
6      End With
7  End Sub
```

執行結果

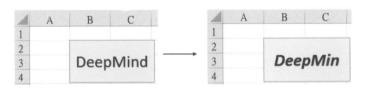

29-4-6　粗體或是斜體

下列屬性可以設定文字粗體：

Shapes.TextFrame2.TextEffect.FontBold

下列屬性可以設定文字的斜體。

Shapes.TextFrame2.TextEffect.FontItalic

程式實例 ch29_21.xlsm：將文字改為粗體和斜體。

```
1   Public Sub ch29_21()
2       With ActiveSheet.Shapes(1).TextEffect
3           .FontBold = True
4           .FontItalic = True
5       End With
6   End Sub
```

執行結果

29-4-7　建立多欄位的文字方塊

在 Excel VBA 可以使用下列屬性設定文字方塊的欄位。

Shapes.TextFrame2.Column.Number

當建立多欄位後可以使用下列屬性設定欄位的間距。

Shapes.TextFrame2.Column.Spacing

程式實例 ch29_22.xlsm：建立 2 個欄位的文件，同時欄間距 5。

```
1   Public Sub ch29_22()
2       Application.ScreenUpdating = True
3       Dim msg As String
4       msg = "深智數位股份有限公司，目前專注於出版計算機類圖書。"
5       msg = msg & vbCrLf & "同時代理美國汐石教育公司的國際證照。"
6       ActiveSheet.Shapes.AddTextbox(msoTextOrientationHorizontal, _
7                   Range("B2").Left, Range("B2").Top, 120, 120) _
8                   .TextFrame.Characters.Text = msg
9       MsgBox "請按確定紐"
10      With ActiveSheet.Shapes(1).TextFrame2
11          .Column.Number = 2              ' 欄數改為 2
12          .Column.Spacing = 5             ' 欄的間距為 5
13      End With
14  End Sub
```

執行結果

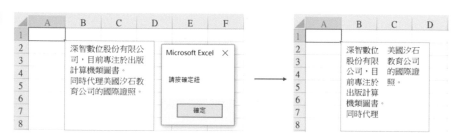

29-5 插入圖片

29-5-1 插入圖片

有關插入圖片觀念如下：

ActiveSheet.Pictures.Insert 圖片名稱

程式實例 ch29_23.xlsm：插入圖片。

```
1   Public Sub ch29_23()
2       ActiveSheet.Pictures.Insert "sea5.jpg"
3   End Sub
```

執行結果

29-5-2　調整圖片大小

ActiveSheet.Picture.ShapeRange 方法可以調整圖片大小，這時需要設定下列屬性：

.Left：必要，圖片左邊的位置。

.Top：必要，圖片右邊的位置。

.Width：圖片的寬度，這個會和圖片高度成比例。

.Height：圖片的高度，這個會和圖片寬度成比例。

上述 .Width 和 .Height，可以只有一個存在，另一個將與原圖成比例調整。

程式實例 ch29_24.xlsm：圖片大小與位置的調整，圖片左上角從 B2 開始，寬度是 B2:E2 的寬度。

```
1   Public Sub ch29_24()
2       With ActiveSheet.Pictures(1).ShapeRange
3           .Left = Range("B2").Left
4           .Top = Range("B2").Top
5           .Width = Range("B2:E2").Width
6       End With
7   End Sub
```

執行結果

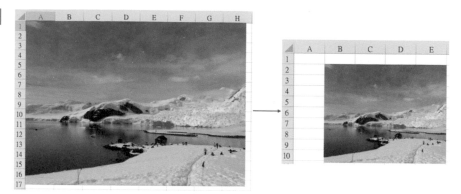

第三十章

Window 物件

30-1 視窗檢視模式

30-1-1 變更檢視模式

Window 物件的 View 屬性可以更改視窗的檢視模式，檢視模式是使用 XlWindowView 列舉常數，此常數內容如下表。

常數名稱	值	說明
xlNormalView	1	標準模式
xlPageBreakPreview	2	分頁預覽模式
xlPageLayoutView	3	頁面配置模式

程式實例 ch30_1.xlsm：切換顯示不同的 Excel 檢視模式。

```
1   Public Sub ch30_1()
2       MsgBox "按確定紐可以切換到分頁預覽模式"
3       ActiveWindow.View = xlPageBreakPreview
4       MsgBox "按確定紐可以切換到頁面配置模式"
5       ActiveWindow.View = xlPageLayoutView
6       MsgBox "按確定紐可以切換到標準模式"
7       ActiveWindow.View = xlNormalView
8   End Sub
```

執行結果 　首先可以看到下列標準模式畫面。

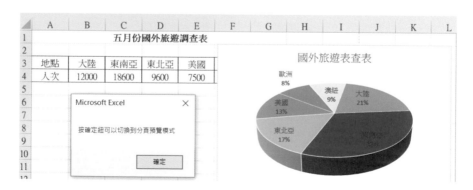

下列是分頁模式，按確定鈕後可以看到下列在分頁模式。

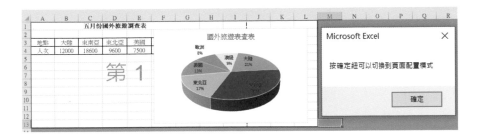

按確定鈕後可以看到下列在頁面配置模式。

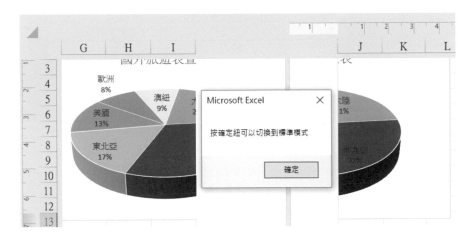

30-1-2 視窗顯示比例

Window 物件的 Zoom 屬性可以設定視窗大小,100 是正常顯示,200 是雙倍,其他依此類推。

程式實例 ch30_2.xlsm:將視窗改為 1.5 倍率顯示。

```
1  Public Sub ch30_2()
2     ActiveWindow.Zoom = 150
3  End Sub
```

執行結果 讀者視窗可以明顯感受到放大的效果。

	A	B	C	D	E	F
1						
2		深智數位業務員銷售業績表				
3		姓名	一月	二月	三月	總計
4		李安	⬇ 4560 ●	5152 ⚠	6014 ☆	15726
5		李連杰	⬆ 8864 ◐	6799 ✔	7842 ★	23505
6		成祖名	⬇ 5797 ●	4312 ✖	5500 ☆	15609
7		張曼玉	⬇ 4234 ◐	8045 ✔	7098 ☆	19377
8		田中千繪	⬆ 7799 ●	5435 ⚠	6680 ☆	19914
9		周華健	⬆ 9040 ◐	8048 ✖	5098 ★	22186
10		張學友	➡ 7152 ◐	6622 ✔	7452 ★	21226

30-1-3　讓選取範圍擴大到目前視窗可視範圍的大小

　　如果先選取一個儲存格區間，再執行 Zoom = True，可以根據目前所選的儲存格區間自行調整大小。

程式實例 ch30_3.xlsm：將 A1:F5 儲存格區間擴大可視範圍的大小。

```
1   Public Sub ch30_3()
2       Range("A1:F5").Select
3       ActiveWindow.Zoom = True
4   End Sub
```

執行結果　假設目前視窗大小如下：

	A	B	C	D	E	F	G	H	I	J	
1											
2		深智數位業務員銷售業績表									
3		姓名	一月	二月	三月	總計					
4		李安	⬇ 4560 ●	5152 ⚠	6014 ☆	15726					
5		李連杰	⬆ 8864 ◐	6799 ✔	7842 ★	23505					
6		成祖名	⬇ 5797 ●	4312 ✖	5500 ☆	15609					
7		張曼玉	⬇ 4234 ◐	8045 ✔	7098 ☆	19377					
8		田中千繪	⬆ 7799 ●	5435 ⚠	6680 ☆	19914					
9		周華健	⬆ 9040 ◐	8048 ✖	5098 ★	22186					
10		張學友	➡ 7152 ◐	6622 ✔	7452 ★	21226					
11											
12											

工作表1　＋

執行程式後可以得到下列結果。

	A	B	C	D	E	F
1						
2			深智數位業務員銷售業績表			
3		姓名	一月	二月	三月	總計
4		李安	↓ 4560 ●	5152 ⓘ	6014 ☆	15726
5		李連杰	↑ 8864 ●	6799 ✓	7842 ★	23505
6		成祖名	↓ 5797 ●	4312 ✕	5500 ☆	15609
7		張曼玉	↓ 4234 ●	8045 ✓	7098 ★	19377

工作表1

30-2　儲存格顯示範圍

Window 物件的 VisibleRange 可以列出目前視窗顯示的範圍。

程式實例 ch30_4.xlsm：列出目前視窗的儲存格顯示範圍。

```
1   Public Sub ch30_4()
2       MsgBox ActiveWindow.VisibleRange.Address
3   End Sub
```

執行結果

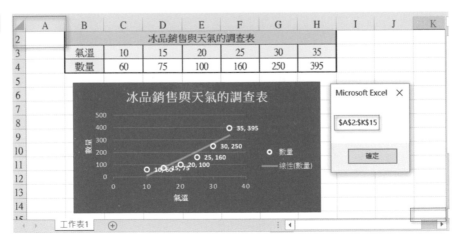

30-3 工作表的捲動

30-3-1 頁面的捲動 LargeScroll

Window 物件的 LargeScroll 方法可以以頁面為單位捲動視窗，語法如下：

expression.LargeScroll(Down, Up, ToRight, ToLeft)

上述 expression 是 Window 物件 ，各參數意義如下：

● Down：選用，視窗向下捲動的頁面數。

● Up：選用，視窗向上捲動的頁面數。

● ToRight：選用，視窗向右捲動的頁面數。

● ToLeft：選用，視窗向左捲動的頁面數。

程式實例 ch30_5.xlsm：視窗向下捲動與向右捲動的實例。

```
1  Public Sub ch30_5()
2    With ActiveWindow
3      .LargeScroll Down:=1
4      MsgBox "按確定紐可以往上捲動"
5      .LargeScroll Up:=1
6      MsgBox "按確定紐可以往右捲動"
7      .LargeScroll ToRight:=1
8      MsgBox "按確定紐可以往左捲動"
9      .LargeScroll ToLeft:=1
10   End With
11 End Sub
```

執行結果 執行前螢幕畫面如下。

	A	B	C	D	E	F	G	H	I	J
1										
2		2016年美國總統大選開票統計								
3			希拉蕊	川普						
4		Alabama	0	0						
5		Alaska	0	0						
6		Arizona	50	99						
7		Arkansas	60	38						
8		California	0	0						
9		Colorado	0	0						
10		Connecticut	0	0						

2016美國總統大選

執行後可以看到下列畫面。

如果繼續執行可以看到往上、往右與往左捲動，讀者可以自己測試。

30-3-2 列或欄的捲動 SmallScroll

Window 物件的 SmallScroll 方法可以以列或欄為單位捲動視窗，語法如下：

expression.SmallScroll(Down, Up, ToRight, ToLeft)

上述 expression 是 Window 物件 ，各參數意義如下：

- Down：選用，視窗向下捲動的列數。

- Up：選用，視窗向上捲動的列數。

- ToRight：選用，視窗向右捲動的欄數。

- ToLeft：選用，視窗向左捲動的欄數。

程式實例 ch30_6.xlsm：視窗向下捲動與向右捲動的實例。

```
1  Public Sub ch30_6()
2      With ActiveWindow
3          .SmallScroll Down:=2
4          MsgBox "按確定紐可以往上捲動 2 列"
5          .SmallScroll Up:=2
6          MsgBox "按確定紐可以往右捲動 2 欄"
7          .SmallScroll ToRight:=2
8          MsgBox "按確定紐可以往左捲動 2 欄"
9          .SmallScroll ToLeft:=2
10     End With
11 End Sub
```

執行結果　執行前螢幕畫面如下。

執行後可以看到下列畫面。

30-3-3　捲動至特定儲存格位置

　　Window 物件的 ScrollRow 可以捲動指定工作列成為視窗最上方的第一列，Window 物件的 ScrollColumn 可以捲動指定工作欄位成為視窗左欄的第一欄。

程式實例 ch30_7.xlsm：將 B2 儲存格捲動至視窗可視空間的左上方。

```
1  Public Sub ch30_7()
2      With ActiveWindow
3          .ScrollRow = 2
4          .ScrollColumn = 2
5      End With
6  End Sub
```

執行結果

	A	B	C	D
1				
2		2016年美國總統大選開票統計		
3			希拉蕊	川普
4		Alabama	0	0
5		Alaska	0	0

→

	B	C	D	E
2	2016年美國總統大選開票統計			
3		希拉蕊	川普	
4	Alabama	0	0	
5	Alaska	0	0	
6	Arizona	50	99	

30-4 將工作表群組化

30-4-1 群組化工作表

在辦公室自動化的實務，我們可能會將數個工作表同時選取，這個動作稱群組化，然後操作這些群組化的工作表，例如：在下一章 31-3-2 節筆者有舉同時列印群組化工作表的實務。假設我們想將目前工作表的下一個 (右邊) 工作表當作群組化的一員，可以使用指令 Next，可以參考下列實例。

```
ActiveSheet.Next.Select False
```

如果想要增加特定工作表當作群組化的一員，例如：工作表 5，可以使用下列指令。

```
Sheets("工作表5").Select False
```

假設目前活頁簿 ch30_8.xlsm 內容如下：

	A	B	C	D	E	F
1						
2		單位：萬				
3		3C連鎖賣場業績表				
4		產品	第一季	第二季	第三季	第四季
5		iPhone	228000	194000	200400	225800
6		iPad	135000	142000	139000	136000
7		iWatch	80200	87800	88700	102200

總公司 | 台北店 | 新竹店 | 台中店 | 高雄店 | ⊕

程式實例 ch30_8.xlsm：將總公司、台北店和台中店組群組化，被群組化的工作表標籤將以白色底顯示。

```
1  Public Sub ch30_8()
2      ActiveSheet.Next.Select False
3      Sheets("台中店").Select False
4  End Sub
```

執行結果

30-4-2　計算群組化工作表的成員數

　　Window 物件的 SelectedSheets.Count 屬性可以回傳目前所選的工作表數目，如果數字大於 1，表示目前活頁簿的工作表有被群組化。

程式實例 ch30_9.xlsm：列出目前群組化工作表的數量，或是說目前選取工作表的數量。

```
1  Public Sub ch30_9()
2      ActiveSheet.Next.Select False
3      Sheets("台中店").Select False
4      MsgBox "群組化的成員數 : " & ActiveWindow.SelectedSheets.Count
5  End Sub
```

執行結果

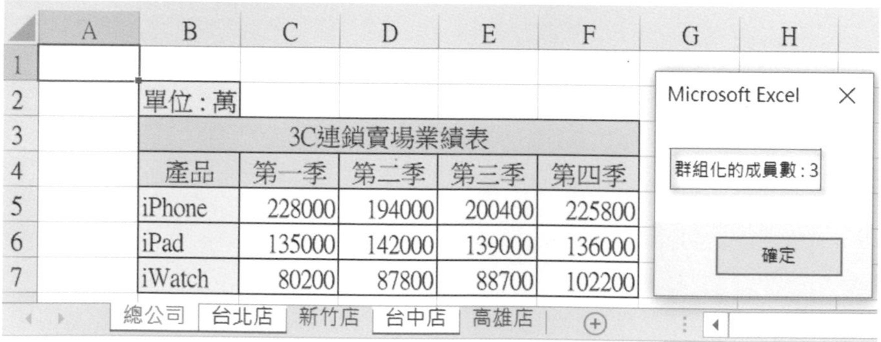

30-4-3　解除群組化工作表

　　要解除群組化工作表可以選取任一個工作表即可。

程式實例 ch30_10.xlsm：先群組化工作表，再解除群組化。

```
1  Public Sub ch30_10()
2      ActiveSheet.Next.Select False
3      Sheets("台中店").Select False
4      If ActiveWindow.SelectedSheets.Count > 1 Then
```

```
5          MsgBox "按確定紐可以取消群組化工作表"
6          ActiveSheet.Select
7      End If
8  End Sub
```

執行結果

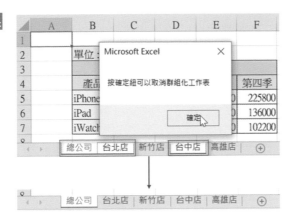

30-4-4 將群組化工作表標籤設為綠色

程式實例 ch30_11.xlsm：將群組化工作表標籤設為綠色。

```
1  Public Sub ch30_11()
2      ActiveSheet.Next.Select False
3      Sheets("台中店").Select False
4      For Each ws In ActiveWindow.SelectedSheets
5          ws.Tab.Color = vbGreen          ' 標籤設為綠色
6      Next ws
7      ActiveSheet.Select                  ' 取消群組化工作表
8  End Sub
```

執行結果

	A	B	C	D	E	F
1						
2		單位：萬				
3		3C連鎖賣場業績表				
4		產品	第一季	第二季	第三季	第四季
5		iPhone	228000	194000	200400	225800
6		iPad	135000	142000	139000	136000
7		iWatch	80200	87800	88700	102200

總公司 | 台北店 | 新竹店 | 台中店 | 高雄店 | ⊕

30-5　窗格的應用

30-5-1　凍結窗格

下列是一個公司的營運表。

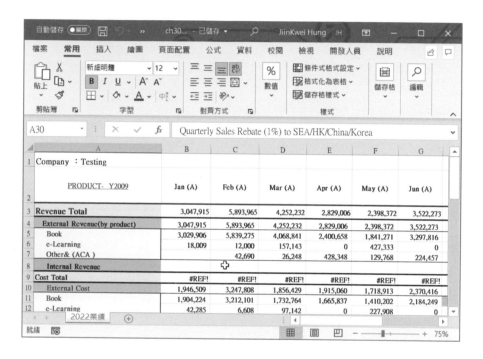

當工作表往下捲動或是往右捲動，因為列標題與欄標題隨著捲動，往往已經無法瞭解各欄位所代表的意義了如下所示：

　　Window 物件的 FreezePanes 屬性如果是 True 可以凍結窗格，如果是 False 可以解除凍結窗格。不過在設定前，請將目前工作儲存格移到要凍結的位置。

程式實例 ch30_12.xlsm： 凍結 B3 的窗格。

```
1  Public Sub ch30_12()
2      Range("B3").Activate
3      ActiveWindow.FreezePanes = True
4  End Sub
```

執行結果　上下捲動時，欄標題不捲動。

	A	B	C	D	E	F	G
1	Company ：Testing						
	PRODUCT- Y2009	Jan (A)	Feb (A)	Mar (A)	Apr (A)	May (A)	Jun (A)
2							
9	Cost Total	#REF!	#REF!	#REF!	#REF!	#REF!	#REF!
10	External Cost	1,946,509	3,247,808	1,856,429	1,915,060	1,718,913	2,370,416
11	Book	1,904,224	3,212,101	1,732,764	1,665,837	1,410,202	2,184,249
12	e-Learning	42,285	6,608	97,142	0	227,908	0
13	Other& (ACA)		29,099	26,523	249,223	80,803	186,167
14	External Margin	#REF!	#REF!	#REF!	#REF!	#REF!	#REF!
15	Book	1,125,682	2,627,174	2,336,077	734,821	431,069	1,113,567
16	e-Learning	(24,276)	5,392	60,001	0	199,425	0
17	Other& (ACA)	0	13,591	(275)	179,125	48,965	38,290
29	Internal Margin	#REF!	#REF!	#REF!	#REF!	#REF!	#REF!

　　左右捲動時，列標題不捲動。

	A	Q	R	S	T	U	V
1	Company ：Testing						
	PRODUCT- Y2009	Apr (F)	May (F)	Jun (F)-T1	Jul (F)-T1	Aug (F)-T1	Sep (F)-T1
2							
10	External Cost	3,983,120	3,467,120	4,244,160	3,595,444	4,434,640	10,484,884
11	Book	2,790,000	2,170,000	2,584,000	2,680,000	3,520,000	9,280,000
12	e-Learning	260,000	364,000	416,000	312,000	312,000	468,000
13	Other& (ACA)	933,120	933,120	1,244,160	603,444	602,640	736,884
14	External Margin	#REF!	#REF!	#REF!	#REF!	#REF!	#REF!
15	Book	1,710,000	1,330,000	1,216,000	1,320,000	1,980,000	6,720,000
16	e-Learning	240,000	336,000	384,000	288,000	288,000	432,000
17	Other& (ACA)	311,040	311,040	414,720	200,076	200,880	248,076
29	Internal Margin	#REF!	#REF!	#REF!	#REF!	#REF!	#REF!
	Quarterly Sales Rebate (1%) to						

30-5-2　分割工作表

Window 物件的 SplitRow 屬性可以在工作表增加水平分割線，SplitColumn 可以在工作表增加垂直分割線，當 2 個分割線同時存在時，一個工作表可以分成四等份。SplitRow 的屬性值是分割線上方的列數，SplitColumn 的屬性值是分割線左邊的欄數。

程式實例 ch30_13.xlsm：設定分割線上方的列數是 6，分割線左邊的欄數是 5。

```
1  Public Sub ch30_13()
2     With ActiveWindow
3        .SplitRow = 6
4        .SplitColumn = 5
5     End With
6  End Sub
```

執行結果

註　如果將 SplitRow 的屬性值和 SplitColumn 的屬性值設為 0，就是取消分割。

30-5-3　獲得工作表分割數量

Window 物件的 Panes.Count 可以回傳目前工作表的分割數量。

程式實例 ch30_14.xlsm：計算工作表的分割數量。

```
1  Public Sub ch30_14()
2     With ActiveWindow
3        .SplitRow = 6
4        MsgBox "目前工作表的分割數量 ： " & .Panes.Count _
5             & vbCrLf & "請按確定紐"
6        .SplitColumn = 5
7        MsgBox "目前工作表的分割數量 ： " & .Panes.Count
8     End With
9  End Sub
```

執行結果

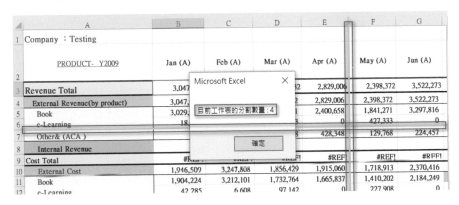

按確定鈕後可以得到下列結果。

30-5-4 列出分割窗格的儲存格區間

Panes 物件也可以應用 VisibleRange 屬性獲得各個分割窗格的儲存格區間。

程式實例 ch30_15.xlsm：輸出各個分割窗格的儲存格位址區間。

```
1  Public Sub ch30_15()
2      Dim info As String
3      With ActiveWindow
4          .SplitRow = 6
5          .SplitColumn = 5
6          For i = 1 To .Panes.Count
7              info = info & i & " : "
8              info = info & .Panes(i).VisibleRange.Address & vbCrLf
9          Next i
10     End With
11     MsgBox info
12 End Sub
```

執行結果

30-5-5 捲動分割窗格畫面

30-3-1 節 LargeScroll 屬性和 30-3-2 節 SmallScroll 屬性的觀念可以應用在 Panes 物件，相關細節可以參考該 2 節，這一節將以實例解說。

程式實例 ch30_16.xlsm：這個程式會做水平分隔，然後第一個窗格會先向下捲動一個頁面，第二個窗格會向下捲動 2 列。

```
1  Public Sub ch30_16()
2    With ActiveWindow
3      .SplitRow = 6
4      MsgBox "觀察視窗，結束請按確定鈕"
5      .Panes(1).LargeScroll down:=1
6      MsgBox "觀察視窗，結束請按確定鈕"
7      .Panes(2).SmallScroll down:=2
8    End With
9  End Sub
```

執行結果　首先讀者會看到下列分割畫面。

按確定鈕後，會看到第一個窗格往下捲動一個頁面的畫面。

	A	B	C	D	E	F	G
7		Arkansas	60	38			
8		California	0	0			
9		Colorado	0	0			
10		Connecticut	0	0			
11		Delaware	0	0			
12		Florida	0	0			
7		Arkansas	60	38			
8		California	0	0			
9		Colorado	0	0			
10		Connecticut	0	0			
11		Delaware	0	0			
12		Florida	0	0			

Microsoft Excel　×

觀察視窗, 結束請按確定鈕

確定

上述再按確定鈕，可以看到第二個窗格向下捲動 2 列的畫面。

	A	B	C	D	E
7		Arkansas	60	38	
8		California	0	0	
9		Colorado	0	0	
10		Connecticut	0	0	
11		Delaware	0	0	
12		Florida	0	0	
9		Colorado	0	0	
10		Connecticut	0	0	
11		Delaware	0	0	
12		Florida	0	0	
13		Georgia	0	0	
14		Hawaii	0	0	

30-6　視窗的操作

30-6-1　建立新的視窗

Window 物件的 NewWindow 可以建立新的視窗，假設原先視窗名稱是 ch30_17，則原視窗將改為 ch30_17 – 1，新建的視窗則是 ch30_17 – 2，未來不論是在哪一個視窗操作，兩個視窗內容將同步更新，未來工作結束只要將 "- 2" 的視窗關閉即可。

程式實例 ch30_17.xlsm：建立新視窗的應用。

```
1   Public Sub ch30_17()
2       ActiveWindow.NewWindow
3   End Sub
```

執行結果

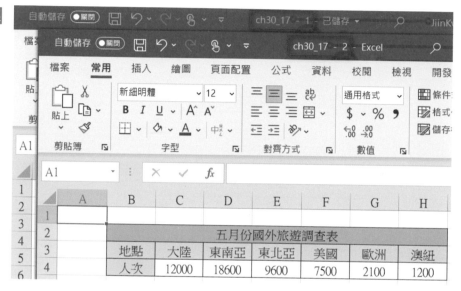

30-6-2　關閉複製的視窗

　　Window 物件的 Close 方法可以關閉視窗，利用這個特性我們可以關閉所有複製的視窗。同時因為複製視窗關閉後，原先的視窗會由 " – 1" 改為空字串，這時就會用原先檔案名稱 xxx.xlsm，相當於最右邊字元是 m，我們可以用此字元判斷是不是複製的視窗。

程式實例 ch30_18.xlsm：先建立 2 個複製的視窗，然後關閉這 2 個複製的視窗。

```
1   Public Sub ch30_18()
2       Dim win As Window
3       ActiveWindow.NewWindow        ' 建立新視窗 1
4       ActiveWindow.NewWindow        ' 建立新視窗 2
5       For Each win In Windows
6           If Not Right(win.Caption, 1) = "m" Then
7               MsgBox "關閉複製的視窗，請按確定鈕"
8               win.Close
9           End If
10      Next win
11  End Sub
```

執行結果 下列視窗會出現 2 次。

30-6-3 控制視窗大小

Window 物件 的 WindowState 屬 性 可 以 控 制 視 窗 的 大 小，語 法 如 下：
expression.WindowState = XlWindowState

上述 expression 是 Window 物件，XlWindowState 是列舉常數，可以是下列內容。

常數名稱	值	說明
xlMaxmized	-4137	最大化
xlMinimized	-4140	最小化
xlNormal	-4143	標準

程式實例 ch30_19.xlsm：控制視窗最小化、最大化，和復原原先大小。

```
1  Public Sub ch30_19()
2      With ActiveWindow
3          MsgBox "按一下視窗最小化"
4          .WindowState = xlMinimized
5          MsgBox "按一下視窗最大化"
6          .WindowState = xlMaximized
7          MsgBox "按一下視窗復原原先大小"
8          .WindowState = xlNormal
9      End With
10 End Sub
```

執行結果

30-6-4　對齊多個視窗

Window 物件的 Arrange 方法可以讓開啟的多個 Excel 以不同方式對齊，這個方法的語法如下：

expression.Arrange(ArrangeStyle, ActiveWorkbook, SyncHorizontal, SyncVertical)

上述 expression 是 Windows 物件，各參數意義如下：

- ArrangeStyle：選用，這是 XlArrangeStyle 列舉常數，可以設定視窗的排列方式，可以參考下表。

常數名稱	值	說明
xlArrangeStyleCascade	7	重疊視窗，可以看到所有視窗標題
xlArrangeStyleHorizontal	-4128	水平排列所有視窗
xlArrangeStyleTiled	1	以方形排列
xlArrangeStyleVertical	-4166	垂直排列所有視窗

- ActiveWorkbook：選用，預設是 False，如果是 True 只對使用中的活頁簿排列。
- SyncHorizontal：選用，預設是 False，如果是 True 在水平捲動時對使用中的活頁簿視窗進行同步。
- SyncVertical：選用，預設是 False，如果是 True 在垂直捲動時對使用中的活頁簿視窗進行同步。

程式實例 ch30_20.xlsm：假設目前系統開啟了 4 個視窗，分別對視窗進行不同方式排列。

```
1  Public Sub ch30_20()
2      Windows.Arrange Arrangestyle:=xlArrangeStyleCascade
3      MsgBox "請按確定紐"
4      Windows.Arrange Arrangestyle:=xlArrangeStyleTiled
5  End Sub
```

執行結果

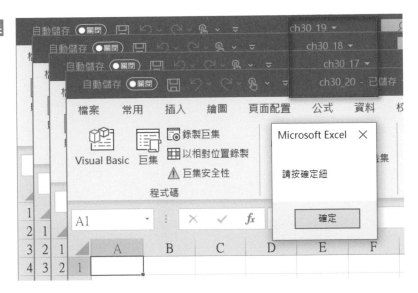

請按確定鈕可以得到下列結果。

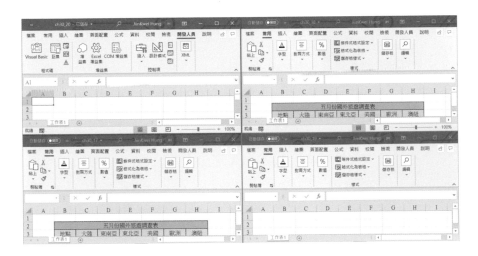

第三十一章

工作表的列印

31-1　PrintOut 方法

工作表 Sheets 物件的 PrintOut 方法主要是處理工作表的列印，這個方法的語法如下：

expression.PrintOut(From, To, Copies, Preview, ActivePrinter, PrintToFile, Collate, PrToFileName, IgnorePrintAreas)

上述 expression 是 Sheets 物件，其他各參數意義如下：

- From：選用，設定要列印的起始頁號，如果省略，將從第一頁開始列印。
- To：選用，設定要列印的終止頁號，如果省略，將列印到最後一頁。
- Copies：選用，設定要列印的份數，如果省略將列印 1 份。
- Preview：選用，如果是 True 列印前可以先預覽，如果 False 則直接列印，預設是 False。
- ActivePrinter：選用，會設定現用的印表機名稱。
- PrintToFile：選用，如果是 True 則會列印至檔案，如果未指定 PrToFileName，Excel 會提示使用者輸入要輸出的檔案名稱。
- Collate：選用，如果是 True，列印多份將自動分頁。
- PrToFileName：選用，如果 PrintToFile 是 True 時，將在此設定檔案名稱。
- IgnorePrintAreas：選用，如果是 True，會忽略列印範圍設定，然後列印整個工作表。

31-2　預覽列印 / 設定列印份數 / 列印頁數區間

31-2-1　預覽列印

將 PrintOut 方法的 Preview 參數設為 True，可以預覽要列印的工作表內容。

程式實例 ch31_1.xlsm：預覽要列印的工作表內容。

```
1  Public Sub ch31_1()
2      ActiveSheet.PrintOut Preview:=True
3  End Sub
```

執行結果

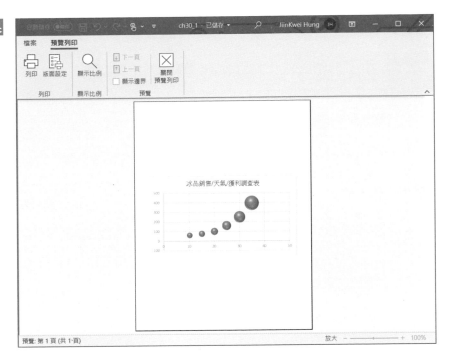

31-2-2 設定列印份數

將 PrintOut 方法的 Copies 參數設為要列印的工作表份數。

程式實例 ch31_2.xlsm:預覽要列印的工作表份數。

```
1   Public Sub ch31_2()
2       ActiveSheet.PrintOut Copies:=2
3   End Sub
```

執行結果 讀者可以看到列印中的畫面。

31-2-3 設定列印的頁數區間

這時 PrintOut 方法的 From 參數設為列印的起始頁,To 參數設定為要列印的終止頁。

程式實例 ch31_3.xlsm:設定列印第 3 頁到第 6 頁。

```
1   Public Sub ch31_3()
2       ActiveSheet.PrintOut From:=3, To:=6
3   End Sub
```

執行結果 讀者可以看到列印中的畫面。

31-3 列印部份工作表或整個活頁簿

31-3-1 列印整個活頁簿

如果使用 PrintOut 方法時，省略所有參數就是列印整個活頁簿。

程式實例 ch31_4.xlsm：列印整個活頁簿。

```
1  Public Sub ch31_4()
2      ActiveSheet.PrintOut
3  End Sub
```

執行結果 讀者可以看到列印中的畫面。

31-3-2 列印部份工作表

假設有 5 個工作表，我只想列印工作表 1、工作表 3 和工作表 5，可以先群組化這 3 張工作表，然後再列印。群組化工作表的方式是選取第 2 張工作表時同時設定 False 參數。

程式實例 ch31_5.xlsm：在有 5 張工作表的活頁簿中，選擇列印工作表 1、工作表 3 和工作表 5。

```
1  Public Sub ch31_5()
2      Sheets("工作表1").Select
3      Sheets("工作表3").Select False        ' 群組化工作表 3
4      Sheets("工作表5").Select False        ' 群組化工作表 5
5      ActiveWindow.SelectedSheets.PrintOut  ' 列印群組化的工作表
6  End Sub
```

執行結果 在列印時可以看到工作表被群組化。

工作表1 | 工作表2 | 工作表3 | 工作表4 | 工作表5

上述群組化所選的工作表時，第 5 列使用了 Window 物件。

31-4　設定列印輸出到檔案

31-4-1　列印輸出到檔案時出現對話方塊

　　當將 PrintOut 方法的 PrintToFile 參數設為 True 時，如果沒有設定 PrToFileName 參數，會出現對話方塊要求輸入檔案，此檔案的預設延伸檔案名稱是 .prn。

程式實例 ch31_6.xlsm：將列印輸出到檔案時，出現要求輸入檔名的對話方塊

```
1   Public Sub ch31_6()
2       ActiveSheet.PrintOut PrintToFile:=True
3   End Sub
```

執行結果

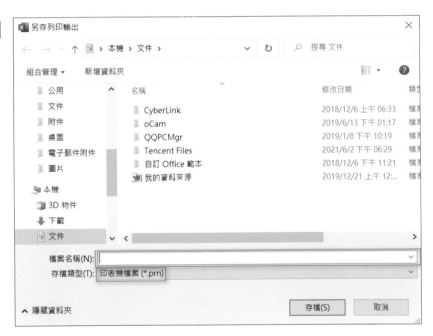

31-4-2　列印輸出到 out31_7.pdf

程式實例 ch31_7.xlsm：將列印輸出到 out31_7.pdf。

```
1   Public Sub ch31_7()
2       ActiveSheet.PrintOut PrintToFile:=True, _
3                       PrToFileName:="out31_7.pdf"
4   End Sub
```

執行結果　　📄 out31_7　　　　　　　　2021/6/5 下午 12:22

31-5 列印相關屬性設定 PageSetup 方法

接下來幾節有關列印的工作皆與 PageSetup 方法有關,這個方法語法如下:

expression.PageSetup(系列屬性)

上述 expression 是工作表物件,下列幾節會做說明。

31-6 黑白或草稿列印

31-6-1 黑白列印

現今的印表機大都是彩色印表機,PageSetup 方法的 BlackAndWhite 屬性如果設為 True,可以用黑白方式列印工作表。

程式實例 ch31_8.xlsm:以黑白列印彩色內容的工作表。

```
1  Public Sub ch31_8()
2      ActiveSheet.PageSetup.BlackAndWhite = True
3  End Sub
```

執行結果

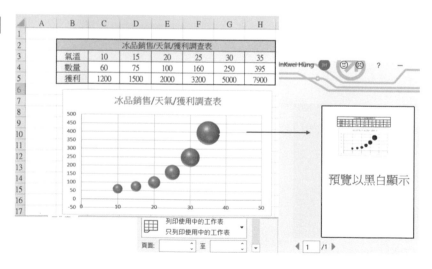

31-6-2　草稿列印

PageSetup 方法的 Draft 屬性如果設為 True，可以用草稿方式列印工作表。所謂的草稿列印是不列印框線、圖表、圖案，但是字型粗體、色彩會被列印。

程式實例 ch31_9.xlsm：以草稿方式列印工作表內容。

```
1   Public Sub ch31_9()
2       ActiveSheet.PageSetup.Draft = True
3   End Sub
```

執行結果

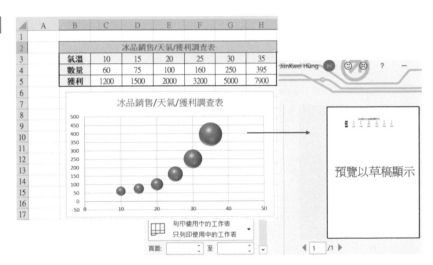

31-6-3　WorkSheet 物件的列印預覽 PrintPreview

前面 2 個程式筆者皆是在執行程式後，回到 Excel 視窗執行檔案 / 列印，然後看預覽畫面，WorkSheet 物件有 PrintPreview 方法，這個方法可以直接執行畫面預覽。

程式實例 ch31_9_1.xlsm：重新設計 ch31_9.xlsm，然後直接顯示畫面預覽。

```
1   Public Sub ch31_9_1()
2       With ActiveSheet
3           .PageSetup.Draft = True
4           .PrintPreview              ' 畫面預覽
5       End With
6   End Sub
```

執行結果

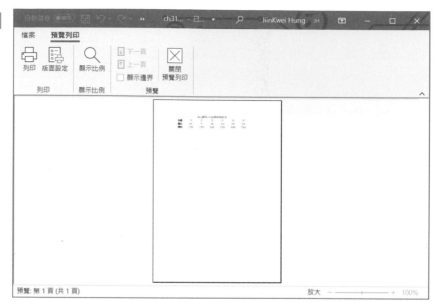

31-7　設定工作表的列印範圍

31-7-1　設定列印範圍

PageSetup 方法的 PrintArea 屬性可以設定工作表的列印範圍。

程式實例 ch31_10.xlsm：設定列印工作表 B2:H5 儲存格區間。

```
1  Public Sub ch31_10()
2      With ActiveSheet
3          .PageSetup.PrintArea = "B2:H5"
4          .PrintPreview
5      End With
6  End Sub
```

執行結果　下列是預覽列印的結果。

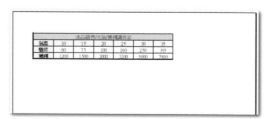

註　也可以使用 PrintOut 方法設定列印範圍，讀者可以參考下列實例。

程式實例 ch31_11.xlsm：使用 PrintOut 方法重新設計上述 ch31_10.xlsm。

```
1  Public Sub ch31_11()
2      With ActiveSheet
3          .Range("B2:H5").PrintOut
4          .PrintPreview
5      End With
6  End Sub
```

執行結果　與 ch31_10.xlsm 相同。

31-7-2　恢復列印整個工作表

如果將 PageSetup 方法的 PrintArea 屬性設定成 ""，則可以清除列印範圍設定，恢復為列印整個工作表。

程式實例 ch31_12.xlsm：清除列印範圍，恢復列印整個工作表。

```
1  Public Sub ch31_12()
2      With ActiveSheet
3          .PageSetup.PrintArea = ""
4          .PrintPreview
5      End With
6  End Sub
```

執行結果　下列是預覽列印的結果。

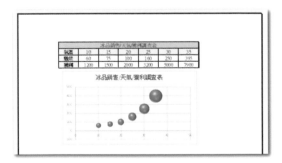

31-8　整體列印的設定

31-8-1　列印時紙張方向的設定

列印工作表時預設紙張是直向列印，PageSetup 方法的 Orientation 屬性可以設定紙張列印方向。這個屬性設定常數是 XlPageOrientation 列舉常數，可以參考下表。

常數名稱	值	說明
xlPortrait	1	直向列印
xlLandscape	2	橫向列印

程式實例 ch31_13.xlsm：將列印工作表的紙張改為橫向列印。

```
1   Public Sub ch31_13()
2       With ActiveSheet
3           .PageSetup.Orientation = xlLandscape
4           .PrintPreview
5       End With
6   End Sub
```

執行結果

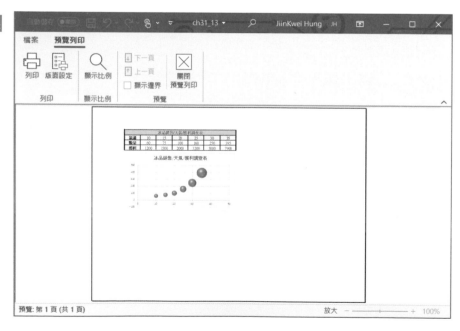

31-8-2 在紙張中央列印

下列 2 個 Worksheet 物件的屬性可以設定紙張列印位置。

expression.PageSetup.CenterVertically   ' 垂直置中
expression.PageSetup.CenterHorizontally   ' 水平置中

上述 expression 是 Worksheet 物件。

程式實例 ch31_14.xlsm：用垂直與水平置中列印工作表。

```
1  Public Sub ch31_14()
2      With ActiveSheet
3          .PageSetup.CenterVertically = True       ' 垂直置中
4          .PageSetup.CenterHorizontally = True     ' 水平置中
5          .PrintPreview
6      End With
7  End Sub
```

執行結果

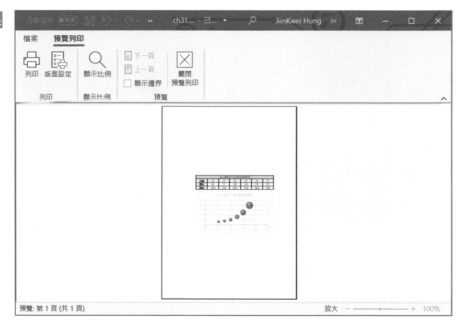

31-8-3 設定列印的縮放倍率

PageSetup.Zoom 屬性可以設定列印的縮放倍率，例如：如果設為 200 表示放大 2 倍。

程式實例 ch31_15.xlsm：設定水平置中、垂直置中、紙張是水平方向，列印是 1.5 倍。

```
1  Public Sub ch31_15()
2      With ActiveSheet.PageSetup
3          .Orientation = xlLandscape
4          .CenterVertically = True        ' 垂直置中
5          .CenterHorizontally = True      ' 水平置中
6          .Zoom = 150                     ' 1.5 倍
7      End With
8      ActiveSheet.PrintPreview
9  End Sub
```

執行結果

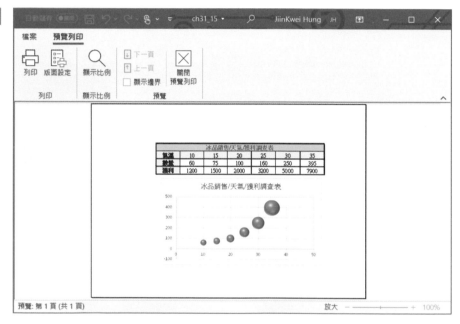

31-8-4　將所有內容在單頁列印

Excel VBA 也允許將工作表所有內容濃縮在一頁列印，這時需要執行下列工作表物件的 PageSetup 方法的 FitToPagesTall 和 FitToPagesWide 設定：

expression.PageSetup.FitToPagesTall = 1
expression.PageSetup.FitToPagesWide = 1

上述 expression 是 Worksheet 物件，不過在執行上述設定前必須設定下列屬性。

expression.PageSetup.Zoom = False

因為如果上述是 True，會忽略 FitToPagesWide 設定。

程式實例 ch31_16.xlsm：將所有內容濃縮在一頁列印。

```
1  Public Sub ch31_16()
2      With ActiveSheet.PageSetup
3          .Zoom = False
4          .FitToPagesTall = 1
5          .FitToPagesWide = 1
6      End With
7      ActiveSheet.PrintPreview
8  End Sub
```

執行結果

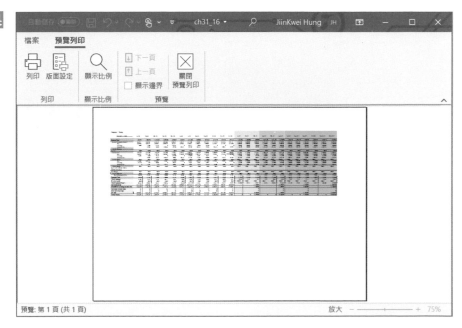

31-9　列印儲存格相關內容的應用

31-9-1　列印註解

工作表物件的 PageSetup 方法的 PrintComments 屬性可以設定是否列印註解，Excel VBA 有關註解列印的設定是使用 XlPrintLocation 列舉常數，可以參考下表。

常數名稱	值	說明
xlPrintInPlace	16	在工作表的位置列印
xlPrintNoComments	-4142	不列印註解
xlPrintSheetEnd	1	在工作表的結尾的位置列印註解

程式實例 ch31_17.xlsm：使用 xlPrintSheetEnd 常數設定列印註解，這個所列印的註解會出現在第 2 頁起始位置。

```
1  Public Sub ch31_17()
2      With ActiveSheet
3          .PageSetup.PrintComments = xlPrintSheetEnd  ' 結尾列印註解
4          .PrintPreview                                ' 預覽列印
5      End With
6  End Sub
```

執行結果

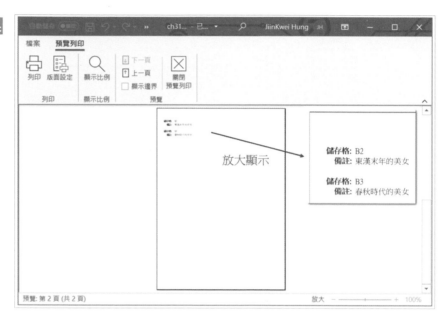

31-9-2　列印框線

工作表物件的 Page.Setup 方法的 PrintGridlines 屬性如果是 True，即使工作表的儲存格沒有設定框線，列印時也會列印框線。

程式實例 ch31_18.xlsm：儲存格沒有框線，但是列印時會有框線。

```
1  Public Sub ch31_18()
2      With ActiveSheet
3          .PageSetup.PrintGridlines = True      ' 列印框線
4          .PrintPreview
5      End With
6  End Sub
```

執行結果

沒有框線   有框線

31-9-3　列印欄列編號

工作表物件的 Page.Setup 方法的 PrintHeadings 屬性如果是 True，工作表列印時會列印儲存格的欄與列編號。

程式實例 ch31_19.xlsm：列印時增加列印儲存格的列號與欄編號。

```
1  Public Sub ch31_19()
2      With ActiveSheet
3          .PageSetup.PrintHeadings = True     ' 設定列印列號和欄編號
4          .PrintPreview
5      End With
6  End Sub
```

執行結果

	A	B	C	D	E	F	G	H	I
1									
2				微軟高中第一次月考成績表					
3	座號		姓名	國文	英文	數學	總分	平均	名次
4		1	歐巴馬	73	93	75	241	80.3333	
5		2	希拉蕊	68	95	80	243	81	
6		3	普丁	70	94	82	246	82	
7		4	布希	54	86	73	213	71	
8		5	華盛頓	82	65	90	237	79	
9			最高分	82	95	90	246	82	
10			最低分	54	65	73	213	71	
11			不及格人數	1	0	0			

31-9-4　不列印錯誤內容

工作表物件的 PageSetup 方法的 PrintErrors 屬性可以設定是否列印含錯誤內容的儲存格，Excel VBA 有關列印錯誤內容的設定是使用 XlPrintErrors 列舉常數，可以參考下表。

常數名稱	值	說明
xlPrintErrorsDisplayed	0	會列印所有的錯誤
xlPrintErrorsBlank	1	不列印錯誤部分
xlPrintErrorsDash	2	會列印錯誤同時用點線顯示
xlPrintErrorsNA	3	會將錯誤顯示為無法使用

程式實例 ch31_20.xlsm：錯誤部份不列印。

```
1   Public Sub ch31_20()
2       With ActiveSheet
3           .PageSetup.PrintErrors = xlPrintErrorsBlank
4           .PrintPreview
5       End With
6   End Sub
```

執行結果

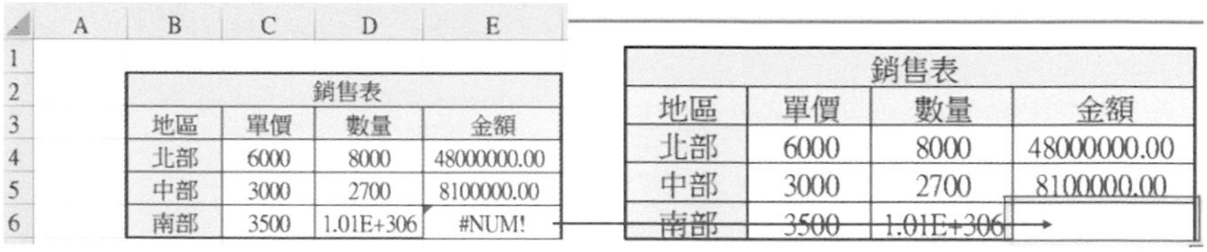

31-10 列印頁首 / 頁尾

31-10-1 頁首與頁尾的屬性

❏ 頁首屬性

工作表物件 PageSetup 方法幾個與頁首有關的屬性如下：

LeftHeader 屬性：可以設定左邊頁首。

CenterHeader 屬性：可以設定置中的頁首。

RightHeader 屬性：可以設定右邊頁首。

❏ 頁尾屬性

工作表物件 PageSetup 方法幾個與頁尾有關的屬性如下：

LeftFooter 屬性：可以設定左邊頁尾。

CenterFooter 屬性：可以設定置中的頁尾。

RightFooter 屬性：可以設定右邊頁尾。

不論是頁首或是頁尾屬性，除了可以設定字串內容外，也可以使用下列字串做更進一步的設定。

符號	說明	符號	說明	符號	說明
&D	目前日期	&T	目前時間	&F	檔案名稱
&A	工作表名稱	&P	頁碼編號	&P+m	頁碼編號 + m
&P-m	頁碼編號 - m	&N	總頁數	&nn	文字大小
&B	粗體	&I	斜體	&U	底線
&S	刪除線	&E	雙刪除線	&L	靠左對齊
&C	置中對齊	&R	靠右對齊	&X	上標字
&Y	下標字	&&	列印 &	& 字型	指定字型

程式實例 ch31_21.xlsm：設定列印頁首與頁尾。

```
1   Public Sub ch31_21()
2       With ActiveSheet.PageSetup
3           .RightHeader = "&D"
4           .CenterHeader = "王者歸來"
5           .RightFooter = "&P"
6       End With
7       ActiveSheet.PrintPreview
8   End Sub
```

執行結果

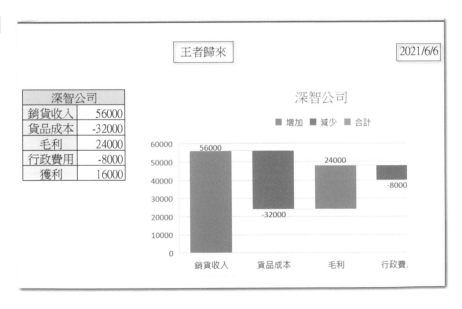

此外，頁面右下方可以看到頁碼編號 1，筆者就不做列印。

31-10-2　設定標題列／欄

當表單資料很長時，一張報表紙容納不下，如果設定了標題列就可以在每一頁上方出現此標題列或是標題欄，這樣可以讓資料容易了解欄位的意義。工作表物件 PageSetup 方法的 PrintTitleRows 可以設定標題列，PrintTitleColumns 可以設定標題欄。

程式實例 ch31_22.xlsm：設定第 2 ～ 3 列是標題列，第 B 欄是標題欄，這個程式其實標題欄沒有作用，筆者只是讓讀者了解設定方式。

```
1   Public Sub ch31_22()
2       With ActiveSheet.PageSetup
3           .PrintTitleRows = "$2:$3"
4   ' 設定欄標題目前沒作用，只是讓讀者了解設定方式
5           .PrintTitleColumns = "$B:$B"
6       End With
7       ActiveSheet.PrintPreview
8   End Sub
```

執行結果

標題列　　　　　　　　　　　　　　　　　　標題列

2016年美國總統大選開票統計		
	希拉蕊	川普
Alabama	0	0
Alaska	0	0
Arizona	50	99
Arkansas	60	38
California	0	0
Colorado	0	0
Connecticut	0	0
Delaware	0	0
Florida	0	0

2016年美國總統大選開票統計		
	希拉蕊	川普
Utah	0	0
Vermont	0	0
Virginia	0	0
Washington	0	0
Washington D.C.	0	0
West Virginia	0	0
Wisconsin	0	0
Wyoming	0	0
總計	110	137

第 1 頁　　　　　　　　　　　　　　　　　　第 2 頁

31-10-3　設定列印的第一頁編號

在設計文件的時候，有時候前面頁是封面、序或目錄，所以不想要將工作表從 1 開始設定頁數，此時可以使用工作表物件 PageSetup 方法的 FirstPageNumber 屬性設定第一頁的頁碼編號。

程式實例 ch31_23.xlsm：設定第一頁的頁碼編號從 3 開始。

```
1   Public Sub ch31_23()
2       With ActiveSheet.PageSetup
3           .FirstPageNumber = 3
4           .LeftHeader = "&P"
```

```
5        End With
6        ActiveSheet.PrintPreview
7    End Sub
```

執行結果

31-11 取得列印的頁數

工作表物件的 PageSetup.Pages.Count 可以統計目前工作表的頁數，下列程式是使用此特性計算目前活頁簿的總頁數。

程式實例 ch31_24.xlsm：計算目前活頁簿的總頁數。

```
1    Public Sub ch31_24()
2        Dim ws As Worksheet
3        Dim mypages As Integer
4        For Each ws In Excel.ThisWorkbook.Worksheets
5            With ws.PageSetup
6                mypages = mypages + .Pages.Count
7            End With
8        Next
9        MsgBox "mypages : " & mypages
10   End Sub
```

執行結果

第三十二章

活頁簿事件

在 Excel VBA 中所謂的事件就是指，一個物件可以被識別的動作。例如：開啟一個活頁簿，活頁簿就是一個物件，開啟就是一個動作。然後我們可以針對這個可以被識別的動作設計相關的應用，或是說對這個事件設計相關的應用。

當然 Excel VBA 的物件有許多，並不是所有的物件都有事件，當讀者逐步閱讀本書後，就可以了解整個事件的真諦。

32-1　建立我的第一個事件 – 開啟活頁簿

32-1-1　認識事件程序名稱

事件名稱由 2 個部分所組成，這 2 個部份間是一個底線，如下：

物件名稱 _ 動作

例如：開啟一個活頁簿，活頁簿物件名稱是 Workbook，開啟這個動作是 Open，相當於事件名稱是 Open，所以開啟活頁簿事件的程序名稱如下：

Workbook_Open

對 Excel 的使用者而言這也是一個巨集，只是這個巨集的執行 (或稱觸發) 需要開啟活頁簿，完整的開啟活頁簿事件的巨集程序內容如下：

```
Private Sub Workbook_Open
    …
End Sub
```

最後我們必須要在這個巨集程序內設計想要執行的動作，通常我們也可以稱這是一個事件程序或是事件管理程序。

32-1-2　建立事件管理程序 Workbook_Open

在前面的章節我們可以插入模組 (Modele)，然後在模組內插入程序 (Sub)，這個程序也就是一個巨集，將來執行這個程序，整個巨集就可以運作。但是建立事件管理程序，步驟不一樣，如果我們使用建立一般程序方式建立此事件管理程序是無法動作的。

❑　步驟 1

請先建立一個空白的活頁簿。

❑　步驟 2

進入 VBE 編輯環境。

❑ 步驟 3

請連按專案視窗的 ThisWorkbook 兩次，可以看到如下：

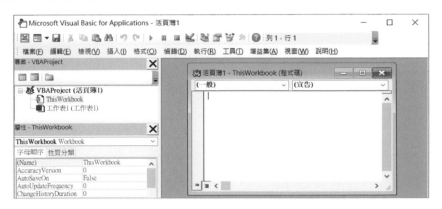

❑ 步驟 4：

在物件清單方塊選擇 Workbook。

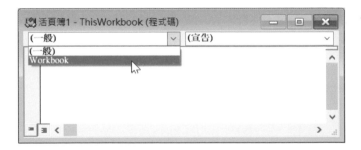

❑ 步驟 5：

在事件清單欄位選擇 Open。

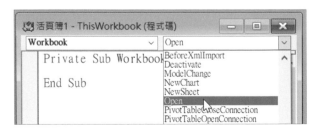

註 上述清單欄位記載著所有活頁簿事件名稱，現在我們得到了一個沒有內容的活頁
簿開啟的事件管理程序，如下所示：

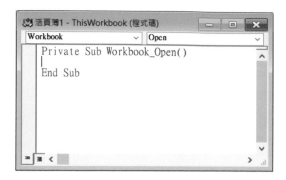

32-1-3　建立開啟活頁簿時列出目前系統日期

假設我要建立開啟 ch32_1.xlsm 時，可以列出目前的系統日期，則所設計的 Workbook_Open 程序內容如下：

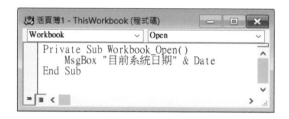

請儲存上述檔案 ch32_1.xlsm。

32-1-4　關閉 **ch32_1.xlsm** 再重新開啟

請先關閉 ch32_1.xlsm 再重新開啟，可以得到下列顯示目前日期的結果。

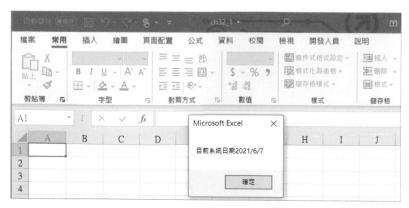

從上述可以看到我們已經設計一個 Workbook_Open 的事件管理程序了。

31-1-5 設計其他物件的事件管理程序

未來如果要設計其他物件的事件管理程序，可以連按專案視窗該物件所在的模組兩次，開啟程式碼視窗，然後分別選擇物件與動作，再撰寫程式碼。

32-2 Workbook_BeforeClose

關閉活頁簿時會產生 BeforeClose 事件，這時會先執行 Workbook_BeforeClose 事件巨集程序。這個事件程序標題列語法如下：

Private Sub Workbook_BeforeClose(Cancel As Boolean)

上述程序有 1 個參數，說明如下：

● Cancel：如果是 True，會取消關閉，

程式實例 ch32_2.xlsm：有一個活頁簿工作表內容如下：

| | 總計 | 台北店 | 台中店 | 高雄店 |

建議讀者開啟這個活頁簿時，可以先用 Excel 功能取消隱藏台北店、台中店和高雄店工作表。當關閉這個活頁簿前，這個程序會將台北店、台中店和高雄店工作表隱藏。

```
1   Private Sub Workbook_BeforeClose(Cancel As Boolean)
2       Dim ws As Worksheet
3       If MsgBox("是否關閉活頁簿 ? ", vbYesNo) = vbYes Then
4           For Each ws In ThisWorkbook.Worksheets
5               If ws.Name <> "總計" Then
6                   ws.Visible = xlSheetHidden
7               End If
8           Next ws
9       Else
10          Cancel = True          ' 取消關閉活頁簿
11      End If
12      ThisWorkbook.Close savechanges:=True
13  End Sub
```

執行結果 當關閉 ch32_2.xlsm 時，將看到下列對話方塊。

上述如果按否鈕，可以取消關閉活頁簿。如果按是鈕，將關閉活頁簿，同時未來開啟 ch32_2.xlsm 時，台北店、台中店和高雄店工作表是被隱藏，如下所示：

32-3　Workbook_BeforeSave

儲存活頁簿時會產生 BeforeSave 事件，這時會先執行 Workbook_BeforeSave 事件巨集程序，這個事件程序標題語法如下：

Private Sub Workbook_BeforeSave(ByVal SaveAsUI As Boolean, Cancel As Boolean)

上述程序有有 2 個參數，說明如下：

- SaveAsUI：如果設為 True，會開啟另存新檔對話方塊。

- Cancel：如果是 True，不儲存活頁簿。

程式實例 ch32_3.xlsm：當儲存這個活頁簿時，會詢問是否要儲存。

```
1  Private Sub Workbook_BeforeSave(ByVal SaveAsUI As Boolean, Cancel As Boolean)
2      Dim ans
3      a = MsgBox("是否要儲存活頁簿 ? ", vbYesNo)
4      If a = vbNo Then
5          Cancel = True
6      End If
7  End Sub
```

執行結果

程式實例 ch32_4.xlsm：當儲存這個工作表時，如果 B2 是空白，會出現對話方塊提醒，建議在開啟這個程式後，讀者先將 B2 儲存格的內容 " 飲料市調表 " 刪除。

```
1  Private Sub Workbook_BeforeSave(ByVal SaveAsUI As Boolean, Cancel As Boolean)
2      If Range("B2") = "" Then
3          MsgBox "B2的標題是空白" & vbCrLf & _
4                 "請輸入標題, 否則無法儲存", vbInformation
5          Cancel = True          ' 取消儲存活頁簿
6      End If
7  End Sub
```

執行結果

32-4 Workbook_BeforePrint

列印活頁簿時會產生 BeforePrint 事件，這時會先執行 Workbook_BeforePrint 事件巨集程序，這個事件程序標題列語法如下：

Private Sub Workbook_BeforePrint(Cancel As Boolean)

上述程序有 1 個參數，說明如下：

● Cancel：如果是 True，會取消關閉。

程式實例 ch32_5.xlsm：這個程式會禁止列印總公司工作表，如果列印其他工作表則可以。

```
1  Private Sub Workbook_BeforePrint(Cancel As Boolean)
2      If ActiveSheet.Name = "總公司" Then
3          MsgBox "你沒有權限列印總店工作表", vbCritical
4          Cancel = True
5      End If
6  End Sub
```

執行結果

程式實例 ch32_6.xlsm：擴充設計 ch32_5.xlsm，這個程式如果是要列印總公司工作表，會要求輸入密碼，密碼在第 5 列設定，如果密碼輸入正確可以列印工作表，如果密碼輸入錯誤會出現警告訊息。

```
1   Private Sub Workbook_BeforePrint(Cancel As Boolean)
2       Dim pwd As String
3       If ActiveSheet.Name = "總公司" Then
4           pwd = InputBox("請輸入密碼 : ")
5           If pwd = "123" Then
6               MsgBox "歡迎列印總公司工作表"
7           Else
8               MsgBox "你沒有權限列印總店工作表", vbCritical
9               Cancel = True
10          End If
11      End If
12  End Sub
```

執行結果 如果密碼輸入錯誤將看到下列結果。

如果密碼輸入正確將看到下列結果。

32-5　SheetBeforeRightClick

按滑鼠右鍵時會產生 SheetBeforeRightClick 事件，這時會先執行事件巨集程序 Workbook_SheetBeforeRightClick，這個事件程序標題列語法如下：

Private Sub Workbook_SheetBeforeRightClick(ByVal sh as Object, _
　　　　　ByVal Target As Range, Cancel As Boolean)

上述程序有 3 個參數，說明如下：

● sh：指出一個工作表，如果省略則是目前工作表。

● Target：代表滑鼠按鍵的儲存格。

● Cancel：如果是 True，會取消原先按滑鼠右鍵的工作。

程式實例 ch32_7.xlsm：設定在工作表內按滑鼠右鍵時，先設定總公司工作表為目前工作表，然後取消原先按滑鼠右鍵的功能。

```
1  Private Sub Workbook_SheetBeforeRightClick(ByVal Sh As Object, _
2             ByVal Target As Range, Cancel As Boolean)
3      Worksheets("總公司").Activate
4      Cancel = True
5  End Sub
```

執行結果　假設滑鼠游標位置在台北店工作表，如下。

	A	B	C	D	E	F	G
1							
2			8-11連鎖店業績表				
3		品項	第一季	第二季	第三季	第四季	總計
4		飲料	86000	72000	85000	66000	309000
5		麵包	62000	58000	72000	72000	264000
6							
7							

總公司　台北店　台中店　高雄店　⊕

按一下滑鼠右鍵後，可以得到目前工作表切換到總公司工作表。

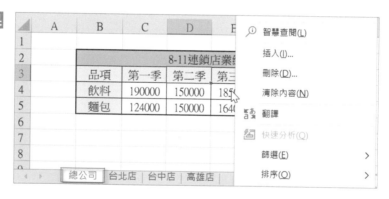

其實在工作表內按滑鼠右鍵可以開啟快顯功能表,如果期待按滑鼠右鍵後可以切換到總公司工作表,然後開啟快顯功能表,可以將上述第 4 列改為 False 或是刪除此列,讀者可以參考 ch32_8.xlsm。

程式實例 ch32_8.xlsm:按滑鼠右鍵後可以切換到總公司工作表,然後開啟快顯功能表。

```
4        Cancel = False
```

執行結果

```
程式實例 ch32_9.xlsm:取消按滑鼠右鍵的功能。
```

```
1  Private Sub Workbook_SheetBeforeRightClick(ByVal Sh As Object, _
2            ByVal Target As Range, Cancel As Boolean)
3     Cancel = True
4  End Sub
```

執行結果　讀者可以嘗試,只是移動作用儲存格,其他沒有任何動作產生。

第三十三章

工作表事件

工作表事件有許多，例如：更改儲存格內容 (Change)、計算 (Calculate)、選取工作表儲存格區間改變 (Selection Change)，… 等。我們可以針對不同的事件，設計一些額外的功能，這樣可以更加靈活以及有效率處理工作表。

33-1 Worksheet_Change

33-1-1 基礎實例

當目前工作的儲存格內容更動時會產 Change 事件，這時會先執行事件巨集程序 WorkSheet_Change，我們可以針對此特性設計相關的應用。這個程序標題列語法如下：

Private Sub Workbook_Change(ByVal Target As Range)

上述程序有 1 個參數，說明如下：

● Target：代表儲存格變更的範圍。

程式實例 ch33_1.xlsm：當工作表儲存格內容變更時，會將所更動儲存格的內容改為紅色顯示。

```
1  Private Sub Worksheet_Change(ByVal Target As Range)
2      Target.Font.Color = vbRed
3  End Sub
```

執行結果

	A	B	C	D
1				
2		深智公司業績表		
3		地區	第一季	第二季
4		台北市	1890	2300
5		高雄市	2800	3200
6		金馬區	580	600

→

	A	B	C	D
1				
2		深智公司業績表		
3		地區	第一季	第二季
4		台北市	1890	2100
5		高雄市	2800	3200
6		金馬區	580	600

註 讀者須留意，筆者設計 Worksheet_Change 事件程序時，是在專案視窗連按工作表 1 兩次，才建立此事件程序，所以此事件程序是僅適合工作表 1 使用，在其他工作表若是更改儲存格內容不會有任何影響。

程式實例 ch33_2.xlsm：將輸入的英文單字改為第一個字母大寫。

```
1  Private Sub Worksheet_Change(ByVal Target As Range)
2      Target.Value = Application.Proper(Target.Value)
3  End Sub
```

執行結果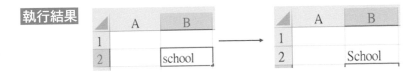

33-1-2   Application.EnableEvents

這不是工作表事件但是卻與工作表事件有很大的關聯，下列筆者先用實例解說。

程式實例 ch33_3.xlsm：在儲存格輸入任意資料，此儲存格右邊將會產生王者歸來字串。

```
1  Private Sub Worksheet_Change(ByVal Target As Range)
2      Target.Offset(0, 1).Value = "王者歸來"
3  End Sub
```

執行結果

　　上述程式筆者原意是在儲存格輸入任意字串後，右邊儲存格產生一次王者歸來字串就好了。可是在 B2 儲存格輸入 " 洪錦魁 " 後，觸發了 Worksheet_Change 事件程序，所以 C2 儲存格自動產生 " 王者歸來 " 字串，這是我們想要的。但是 C2 儲存格內容更改後，內部會自動觸發 Worksheet_Change 事件程序，因此 D2 儲存格也會產生 " 王者歸來 " 字串，如此一直循環，造成第 2 列 C 欄右邊的儲存格皆是王者歸來字串。這時的解決方式是使用下列設定：

　　　　Application.EnableEvents = False

　　這個指令可以禁止事件更新，也就是說 C2 儲存格內容更改後，禁止自動觸發事件。

程式實例 ch33_4.xlsm：ch33_3.xlsm 程式的改良，只顯示王者歸來一次。

```
1  Private Sub Worksheet_Change(ByVal Target As Range)
2      Application.EnableEvents = False
3      Target.Offset(0, 1).Value = "王者歸來"
4      Application.EnableEvents = True
5  End Sub
```

執行結果

33-1-3　Change 事件簡化資料輸入

如果你經營門市，每當銷售產品就要輸入交易時間、商品名稱、代碼、定價，這是很麻煩的事，我們可以使用 Change 事件簡化流程，只要輸入商品簡稱，然後自動帶出所需要的欄位，這可以讓門市人員工作輕鬆許多。

程式實例 ch33_5.xlsm：輸入商品代碼，這個程式會自動帶出交易時間、商品名稱、代碼、定價，同時將作用儲存格移至數量欄位。

```
1   Private Sub Worksheet_Change(ByVal Target As Range)
2   ' 如果沒有在商品名稱欄位輸入，就結束
3       If Application.Intersect(Target, Range("B4:B30")) Is Nothing Then
4           Exit Sub
5       End If
6   ' 如果輸入是空的，就結束
7       If Target.Value = "" Then
8           Exit Sub
9       End If
10  ' 如果輸入錯誤就到錯誤處理
11      On Error GoTo ErrorHandler
12  ' 禁止事件更新
13      Application.EnableEvents = False
14  ' 獲得商品的列 row 索引
15      Row = Application.WorksheetFunction.Match(Target.Value, Range("H:H"), False)
16
17      With Target
18          .Value = Cells(Row, "I").Value              ' 輸入儲存格更新
19          .Offset(0, -1) = Time                       ' 顯示交易時間
20          .Offset(0, 1) = Cells(Row, "J").Value       ' 取得商品代碼
21          .Offset(0, 2) = Cells(Row, "K").Value       ' 取得商品定價
22          .Offset(0, 3).Select                        ' 作用儲存格移到數量欄
23      End With
24      Application.EnableEvents = True
25      Exit Sub
26  ErrorHandler:
27      MsgBox "輸入錯誤"
28      Resume Next
29  End Sub
```

執行結果　下列是輸入商品簡稱 iw。

	A	B	C	D	E	F	G	H	I	J	K
1											
2	2021/6/8		銷售日報表						商品表		
3	時間	商品名稱	代碼	定價	數量	小計		簡稱	名稱	代碼	定價
4	02:41:36 AM	iPhone	A2021-01	18000				ip	iPhone	A2021-01	18000
5	02:41:44 AM	NB	C2022-02	28000				iw	iWatch	B2021-03	12000
6		iw						ac	NB	C2022-02	28000
7											

下列是自動帶出時間、商品名稱、代碼、定價,同時將作用儲存格移至 E6 位址。

	A	B	C	D	E	F	G	H	I	J	K
1									商品表		
2	2021/6/8		銷售日報表					簡稱	名稱	代碼	定價
3	時間	商品名稱	代碼	定價	數量	小計		ip	iPhone	A2021-01	18000
4	02:41:36 AM	iPhone	A2021-01	18000				iw	iWatch	B2021-03	12000
5	02:41:44 AM	NB	C2022-02	28000				ac	NB	C2022-02	28000
6	02:42:12 AM	iWatch	B2021-03	12000							
7											

33-1-4 Change 事件在排序的應用

程式實例 ch33_5_1.xlsm:在 H4 儲存格輸入飲料、文具、零食、總計,然後程式可以自動以遞減方式排序。

```
1  Private Sub Worksheet_Change(ByVal Target As Range)
2      Dim rng As Range
3      Set rng = Range("B3:F8")
4      If Target.Row = 4 And Target.Column = 8 Then
5          rng.Sort Key1:=Target.Value, Order1:=xlDescending, Header:=xlYes
6      End If
7  End Sub
```

執行結果

上述程式雖然可以執行但是比較脆弱,如果輸入非飲料、文具、零食、總計,會有錯誤產生,讀者可以思考如何改善,筆者將在 36-1-2 節繼續講解如何改良這個程式。

33-2 Worksheet_SelectionChange

在工作表中選取的儲存格區間改變會產生 SelectionChange 事件,這時會先執行事件巨集程序 Worksheet_SelectionChange,我們可以針對此特性設計相關的應用。這個程序標題列語法如下:

Private Sub Worksheet_SelectionChange(ByVal Target As Range)

上述程序有 1 個參數，說明如下：

● Target：代表新的儲存格區間。

註 滑鼠按一下非目前工作的儲存格，這也是選取不同儲存格區間，所以會產生 Selec-tionChange 事件。

程式實例 ch33_6.xlsm：當發生 SelectionChange 事件時，列出目前工作儲存格位置或是目前所選的儲存格區間。

```
1  Private Sub Worksheet_SelectionChange(ByVal Target As Range)
2      MsgBox "目前所選區間 : " & Target.Address & vbCrLf & _
3             "第 " & Target.Row & " 列" & vbCrLf & _
4             "第 " & Target.Column & " 欄"
5  End Sub
```

執行結果

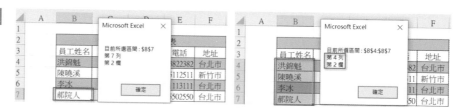

如果只是更改目前工作儲存格可以得到上方左邊的結果。如果更改了所選取儲存格區間，使用 Target.Address 可以列出所選區間，Target.Row 可以獲得所選的列數，Target.Column 可以獲得所選的欄數。

程式實例 ch33_7.xlsm：當發生 SelectionChange 事件時，在 A1 儲存格輸出現黃底藍字的系統時間。

```
1  Private Sub Worksheet_SelectionChange(ByVal Target As Range)
2      Range("A1").Interior.Color = vbYellow
3      Range("A1").Font.Color = vbBlue
4      Cells(1, 1) = Time
5  End Sub
```

執行結果

	A	B	C	D	E	F
1	07:19:42 AM					
2			深智公司員工資料表			
3		員工姓名	性別	到職日期	電話	地址
4		洪錦魁	男	2021/4/1	23822382	台北市
5		陳曉溪	男	2021/8/1	25112511	新竹市
6		李冰	女	2021/5/10	31113111	台北市
7		郝院人	男	2022/9/3	25502550	台北市

33-3　Worksheet_Calculate

在工作表中有重新計算會產生 Calculate 事件，這時會先執行事件巨集程序 Worksheet_Calculate，我們可以針對此特性設計相關的應用。這個程序標題列語法如下：

Private Sub Worksheet_Calculate( )

程式實例 ch33_8.xlsm：當有發生重新計算時，將 G4:G7 儲存格區間的顏色改為紅色。

```
1  Private Sub Worksheet_Calculate()
2      Range("G4:G7").Interior.Color = vbRed
3  End Sub
```

執行結果

	A	B	C	D
1				
2			微軟高中第一	
3		座號	姓名	國文
4			1	田千繪	77
5			2	范逸成	82
6			3	魏得聖	84
7			4	茂伯	75

	A	B	C	D	E	F	G
1							
2			微軟高中第一次月考成績表				
3		座號	姓名	國文	英文	數學	總分
4		1	田千繪	90	90	75	255
5		2	范逸成	82	92	78	252
6		3	魏得聖	84	69	92	245
7		4	茂伯	75	62	96	233

33-4　Worksheet_BeforeRightClick

在工作表中按一下滑鼠右鍵會產生 BeforeRightClick 事件，這時會先執行事件巨集程序 Worksheet_BeforeRightClick，我們可以針對此特性設計相關的應用。這個程序標題列語法如下：

Private Sub Worksheet_BeforeRightClick(ByVal Target As Range, Cancel as Boolean)

上述程序有 2 個參數，說明如下：

● Target：代表按滑鼠右鍵的儲存格。

● Cancel：原來在工作表按滑鼠右鍵可以顯示快顯功能表，如果 Cancel=True 則取消原來出現快顯功能表。

程式實例 ch33_9.xlsm：當在 D4:F7 儲存格區間按一下滑鼠右鍵時，列出這是原始分數。

```
1  Private Sub Worksheet_BeforeRightClick(ByVal Target As Range, Cancel As Boolean)
2      If Application.Intersect(Target, Range("D4:F7")) Is Nothing Then
3          Cancel = False
4      Else
5          Cancel = True
6          MsgBox "這是原始分數"
7      End If
8  End Sub
```

執行結果

▲	A	B	C	D	E	F	G
1							
2		Microsoft Excel ✕		微軟高中第一次月考成績表			
3				國文	英文	數學	總分
4		這是原始分數	繪	77	90	75	242
5			成	82	92	78	252
6		確定	聖	84	69	92	245
7				75	62	96	233

33-5 Worksheet_BeforeDoubleClick

在工作表中連按兩下滑鼠左鍵會產生 BeforeDoubleClick 事件，這時會先執行事件巨集程序 Worksheet_BeforeDoubleClick，我們可以針對此特性設計相關的應用。這個程序標題列語法如下：

Private Sub Worksheet_BeforeDoubleClick(ByVal Target As Range, Cancel as Boolean)

上述程序有 2 個參數，說明如下：

● Target：代表連按兩下滑鼠左鍵的儲存格。

● Cancel：如果是 True 則取消原始連按兩下滑鼠左鍵的功能。

程式實例 ch33_10.xlsm：這是擴充 ch33_7.xlsm，連按兩下滑鼠左鍵可以取消 A1 顯示的目前系統時間。

```
1  Private Sub Worksheet_BeforeRightClick(ByVal Target As Range, Cancel As Boolean)
2      If Application.Intersect(Target, Range("D4:F7")) Is Nothing Then
3          Cancel = False
4      Else
5          Cancel = True
6          MsgBox "這是原始分數"
7      End If
8  End Sub
```

執行結果

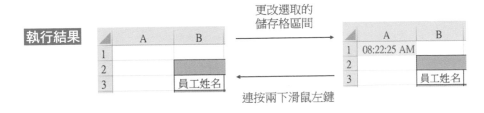

更改選取的
儲存格區間

連按兩下滑鼠左鍵

33-6 Worksheet_Activate

當進入此工作表時會產生 Activate 事件，這時會先執行事件巨集程序 Worksheet_
Activate，我們可以針對此特性設計相關的應用。這個程序標題列語法如下：

Private Sub Worksheet_Activate( )

程式實例 ch33_11.xlsm： 這個活頁簿有 2 個工作表，當切換到工作表 1 時，可以出現
歡迎的對話方塊。

```
1   Private Sub Worksheet_Activate()
2       MsgBox "歡迎回到天網公司股票價格工作表"
3   End Sub
```

執行結果

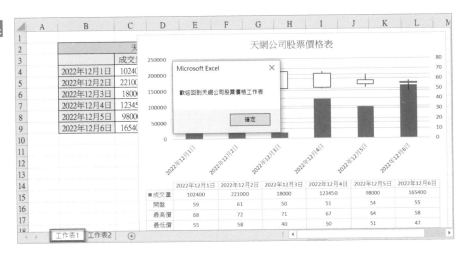

33-7 Worksheet_Deactivate

當離開此工作表時會產生 Deactivate 事件，這時會先執行事件巨集程序 Worksheet_Deactivate，我們可以針對此特性設計相關的應用。這個程序標題列語法如下：

```
Private Sub Worksheet_Deactivate( )
```

程式實例 ch33_12.xlsm：這個活頁簿有 2 個工作表，如果工作表 1 的 C4:F6 儲存格區間有資料未填，會提醒資料不齊全，然後無法換到其他工作表。

```
1   Private Sub Worksheet_Deactivate()
2       Dim rng As Range
3       For Each rng In Range("C4:F6")
4           If rng = "" Then
5               MsgBox "資料不齊全"
6               Sheets("工作表1").Activate
7               Exit Sub
8           End If
9       Next rng
10  End Sub
```

執行結果

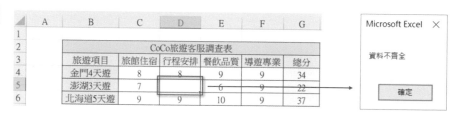

第三十四章

特殊事件

Application 物件有 2 個方法，OnKey 和 OnTime 方法，這兩個方法雖然不是事件，卻擁有類似事件的本質，這一章筆者將作解說。

34-1　OnKey 方法

34-1-1　基本語法

OnKey 方法的觀念是當按下特定鍵或是特定的組合鍵時，可以執行指定的程序，語法如下：

expression.OnKey(Key, Procedure)

expression 是 Application 物件，各參數意義如下：

● Key：必要，表示按鍵的字串。

● Procedure：選用，這是代表要執行的程序，如果省略 OnKey 就會回應 Excel 預設的按鍵功能。

程式實例 ch34_1.xlsm：當按下 F1 鍵時，可以列出房貸還款公式說明字串。

```
1   Public Sub ch34_1()
2       Application.OnKey "{F1}", "myhelp"
3   End Sub
4
5   Public Sub myhelp()
6       MsgBox "房貸還款公式說明"
7   End Sub
```

執行結果

讀者可能奇怪為何第 2 列的 {F1} 代表按 F1 鍵，細節可以參考下一小節。

34-1-2　參數 Key 完整說明

在 OnKey 方法中的第一個參數是 Key，這個 Key 可以是單一按鍵或是與 Ctrl、Alt、Shift 的組合鍵。組合鍵可以是一般字元或不顯示內容的字元 (例如：Enter, Tab, … 等) 所組成。下表是不顯示內容的按鍵與 Excel VBA 表達方法對照表。

按鍵	VBA 表達方式	按鍵	VBA 表達方式
Backspace	{BACKSPACE}	Break	{BREAK}
Caps Lock	{CAPSLOCK}	Clear	{CLEAR}
Delete 或 Del	{DELETE} 或 {DEL}	向下鍵	{DOWN}
向上鍵	{UP}	向右鍵	{RIGHT}
向左鍵	{LEFT}	ENTER	{ENTER}
ESC	{ESC}	HELP	{HELP}
首頁	{HOME}	INS	{INSERT}
Num Lock	{NUMLOCK}	Return	{RETURN}
Page Up	{PGUP}	Page Down	{PGDN}
Scroll Lock	{SCROLLLOCK}	Tab	{TAB}
F1 到 F15	{F1} 到 {F15}		

使用組合鍵的表達方式如下：

要組合的按鍵	VBA 表達方式
Shift	+ (加號)
Ctrl	^ (指數)
Alt	% (百分點)

程式實例 ch34_2.xlsm：按 Ctrl + y 鍵可以顯示房貸還款公式的使用說明，按 Ctrl + Shift + v 可以顯示本程式的版本。

```
1  Public Sub ch34_2()
2      Application.OnKey "^y", "myhelp"
3      Application.OnKey "^+v", "myversion"
4  End Sub
5
6  Public Sub myhelp()
7      MsgBox "房貸還款公式說明"
8  End Sub
9
10 Public Sub myversion()
11     MsgBox "2021.06.30版本"
12 End Sub
```

執行結果

Ctrl + y　　　　　　　　　Ctrl + Shift + v

34-1-3　其他使用說明

下列實例可以回傳 Ctrl + Shift + 向右鍵的正常意義。

Application.OnKey "^+{RIGHT}"

下列實例可以停用 Ctrl + Shift + 向右鍵的按鍵組合。

Application.OnKey "^+{RIGHT}", ""

34-2　OnTime 方法

34-2-1　預設程序執行時間

Application 物件的 OnTime 方法可以讓我們在指定時間執行程序，這個方法的語法如下：

Application.OnTime EarliestTime, Procedure, LatestTime, Schedule

● EasliestTime：必要，預計執行程序的時間。

● Procedure：必要，要執行的程序名稱。

● LatestTime：選用，可以執行程序的最晚時間。

● Schedule：選用，預設是 True，排程新的 OnTime 程序，若是 False 可以清除先前的設定程序。

程式實例 ch34_3.xlsm：設定 10 秒後執行 happyBirthday 程序。

```
1   Public Sub ch34_3()
2       Application.OnTime Now + TimeValue("00:00:10"), "happyBirthday"
3   End Sub
4
5   Public Sub happyBirthday()
6       MsgBox ("Happy Birthday to You!")
7   End Sub
```

執行結果

34-2-2　定時執行程序

程式實例 ch34_4.xlsm：設定定時呼叫 motherday 程序，回應母親節快樂，除了立刻執行呼叫 motherday( ) 程序外，10 點、11 點、12 點也都會呼叫此程序。

```
1   Public Sub ch34_4()
2       Application.OnTime Now, "motherday"
3       Application.OnTime TimeValue("10:00:00"), "motherday"
4       Application.OnTime TimeValue("11:00:00"), "motherday"
5       Application.OnTime TimeValue("12:00:00"), "motherday"
6   End Sub
7
8   Public Sub motherday()
9       MsgBox ("母親節快樂")
10  End Sub
```

執行結果

34-2-3　取消定時執行程序

如果想取消特定時間執行的程序，假設是 10:00:00 的 motherday 程序，可以使用下列程式碼：

Application.OnTime TimeValue("10:00:00"), "motherday", False

也就是在右邊使用 False，如果先前設定了一系列不同時間執行某些程序的計畫，想要取消這些計畫，最佳方法是關閉這個 Excel VBA 應用程式即可。

34-2-4　每隔一段時間保存一次檔案

程式實例 ch34_5.xlsm：每隔 15 分鐘儲存一次活頁簿。

```
1   Public Sub ch34_5()
2       Application.OnTime Now + TimeValue("00:15:00"), "saveworkbook"
3   End Sub
4
5   Public Sub saveworkbook()
6       ThisWorkbook.Save
7       Call ch34_5
8   End Sub
```

執行結果　這個程式每隔 15 分鐘儲存一次活頁簿。

第三十五章

使用者介面設計 - UserForm

這一章筆者將使用表單控制項講解建立使用者介面的 UserForm 表單，以及基礎的表單控制項 CommandButton、Label 與 TextBox。

35-1　建立 UserForm 物件

在預設環境，專案視窗內是沒有 UserForm 表單，這章將從建立 UserForm 說起。

35-1-1　建立 UserForm

首先請進入 VBE 視窗環境，然後請參考下列步驟。

1：　執行插入 / 自訂表單。

2：　執行後可以得到下列結果，已經成功建立 UserForm 了。

屬性視窗　　　　　　　　　UserForm1表單　　　　　　工具箱

接下來筆者將介紹上述環境的用法。

35-1-2 認識屬性視窗

屬性視窗視窗顯示的是目前專案所選的內容，下列是選擇 ThisWorkbook 和工作表 1 的屬性視窗畫面。

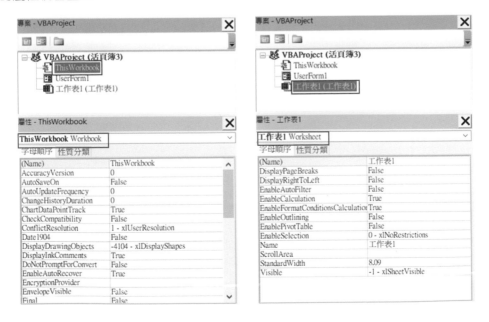

　　從屬性視窗我們可以了解所選物件的屬性，同時也可以從此更改物件的外觀，在此筆者放大一下屬性視窗的內容。

下列是幾個常用屬性：

● (Name)：UserForm 表單的名稱。

● BackColor：整體背景配色。

● BorderColor：邊框顏色。

● BorderStyle：邊框樣式。

● Caption：UserForm 表單標題。

● Enabled：是否啟用。

● Font：UserForm 表單所使用的字型。

● ForeColor：前景顏色。

- Height：UserForm 表單高度。
- Picture：背景圖片。
- PictureAlignment：圖片對齊方式。
- PictureSizeMode：圖片大小模式。
- SpecialEffect：更改視窗的外框。
- Width：UserForm 表單寬度。
- Zoom：放大比例，100 表示 1：1，如果放大一倍設定是 200。

如果特別想了解某個屬性的用法，可以選取該屬性，再按 F1 鍵。

35-1-3　UserForm1

UserForm 是所建立的表單，這也是未來使用者和 Excel 工作表之間的介面，這個介面我們稱表單，也稱 UserForm，表單內會建立系列表單控制項。

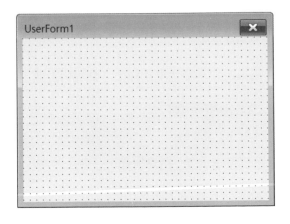

上述 UserForm1 的編號 1 是目前的表單編號，如果一個專案有多張表單，表單編號會往上遞增。上述 UserForm1 是目前的表單標題，可以在屬性視窗的 Caption 更改此表單標題。

35-1-4　表單控制項 – 也稱工具箱

在沒有表單控制項的時代，我們需要使用程式碼一步一步建立表單，使用表單控制項可以讓一切變得很容易。

滑鼠游標移至表單控制項停留一下，可以看到每個控制項的名稱，如上所示。

35-2　以圖片當作 UserForm 背景

在屬性視窗欄位有 Picture，可以先選此欄位，然後再點選右側的 … 鈕。

這時可以看到插入圖片對話方塊，請選擇圖片，如下所示：

請按開啟鈕，就可以將圖片當作 UserForm 的背景，可以參考下方左圖。

筆者將上述執行結果存入 ch35_1.xlsm，其實如果現在執行 ch35_1.xlsm，執行方式與前面章節相同，可以得到上述右邊的結果。

屬性視窗的 PictureSizeMode 可以選擇圖片插入 UserForm 的方式，有下列 3 種選擇。

常數	值	說明
frmPictureSizeMode	0	將大於表單的部分裁切
frmPictureSizeStretch	1	延展方式填滿表單，會扭曲圖片
frmPictureSizeZoom	2	放大圖片，不過不會扭曲圖片

這圖由於比 UserForm 大，所以筆者在屬性視窗選擇 frmPictureSizeZoom，可以得到下列結果。

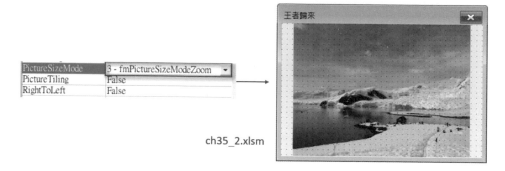

ch35_2.xlsm

如果想要使用程式設定 UserForm 的背景圖案，可以使用下列語法。

LoadPicture(picture_name)

35-3　調整 UserForm 背景顏色

屬性視窗的 BackColor 可以調整 UserForm 的背景顏色，有調色盤和系統配色可以選擇。

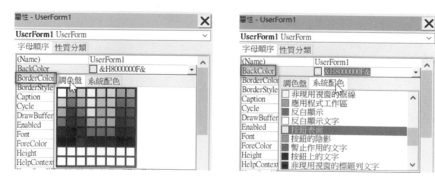

下列 ch35_3.xlsm 是使用調色盤，選擇黃色底的結果。

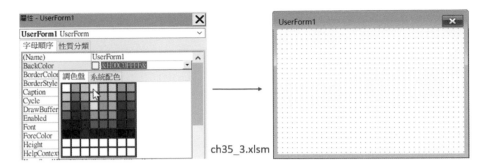

ch35_3.xlsm

如果要使用程式設計背景顏色，可以使用下列語法之一種。

```
Me.BackColor = vbYellow
Me.BackColor = RGB(255, 255, 0)
```

上述 Me 是指 UserForm 表單自己。

35-4　UserForm 大小的設定

與 UserForm 大小設定有關的屬性如下：

Height：預設是 180，UserForm 的高度設定。

Width：預設是 240，UserForm 的寬度設定。

Zoom：預設是 100，這表示是 1:1，這個設定可以保持預設 UserForm 的大小比例。

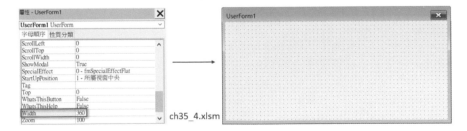

ch35_4.xlsm

如果要使用程式設計 UserForm 的寬與高，可以使用下列語法之一種。

```
Me.Width = 360
Me.Height = 180
```

35-5 設定視窗的外框

視窗外框的設定可以使用 SpecialEffect 屬性，有下列 5 種選擇。

常數名稱	值	說明
fmSpecialEffectFlat	0	這是預設，物件看起來是平的
fmSpecialEffectRaised	1	物件凸起，左上強調和右下陰影
fmSpecialEffectSunken	2	物件凹陷，左上陰影和右下強調
fmSpecialEffectEtched	3	物件外框呈現雕刻狀
fmSpecialEffectBump	6	物件右下方有立體浮凸

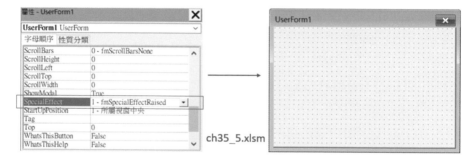

ch35_5.xlsm

讀者若是細看可以看到浮凸效果，這個效果除了可以應用在 UserForm，也可以應用在許多表單控制項。

35-6 在 UserForm 建立命令按鈕

所謂的命令按鈕，其實就是一般稱的功能鈕。

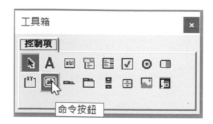

將滑鼠移至命令按鈕 ，拖曳命令按鈕至 UserForm，然後可以得到預設名稱是 CommandButton1 的命令按鈕。

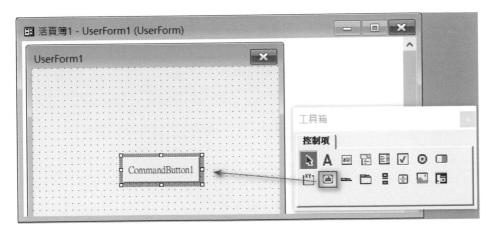

　　建立命令按鈕後，如果四個角落和框線中點有小方塊，代表這是被選取狀態，可以參考上圖，這時屬性視窗顯示的就是此命令按鈕物件，可以在此設定命令按鈕的屬性。

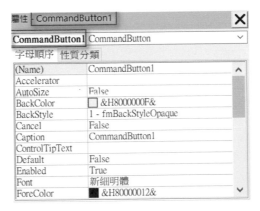

　　這個觀念可以應用在所有工具箱的其他控制項，下列是 ch35_6.xlsm 實例的執行結果。

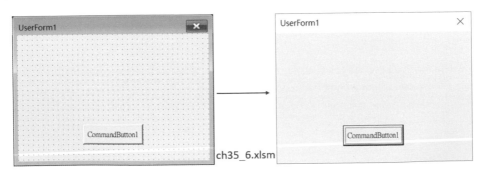

ch35_6.xlsm

35-7 使用程式顯示 UserForm

35-7-1 建立與顯示 UserForm

要使用程式建立與顯示 UserForm，首先要在 VBE 環境建立一個新的 UserForm1。

UserForm 的物件名稱是 UserForm + 編號，然後可以使用下列語法。

```
UserForm1.show vbModal          ' 也可省略 vbModal 強制回應，無法有其他操作
UseForm1.show vbModeless         ' 非強制回應，可以有其他操作
```

程式實例 ch35_7.xlsm：顯示強制回應的 UserForm，當出現 UserForm 後，無法處理其他 Excel 的視窗操作。

```
1  Public Sub ch35_7()
2      UserForm1.Show
3  End Sub
```

執行結果

程式實例 ch35_8.xlsm：顯示非強制回應的 UserForm，當出現 UserForm 後，仍可以處理其他 Excel 的視窗操作。

```
1  Public Sub ch35_8()
2      UserForm1.Show vbModeless
3  End Sub
```

執行結果

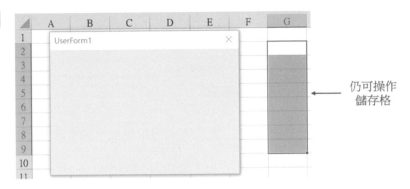

仍可操作
儲存格

35-7-2　UserForm 的其他操作

UserForm1.Hide 　　　　　' 隱藏 UserForm 時,可以用程式操作內部的控件
Unload UserForm1 　　　　' 關閉 UserForm
Set UserForm1=Nothing 　' 關閉 UserForm,同時釋回所有資源

35-8　UserForm 的事件

UserForm 也會有事件,最常用的事件如下:

- Click:按一下,這時會先執行事件巨集程序 UserForm_Click,我們可以針對此特性設計相關的應用。

- Initialize:最初化,這時會先執行事件巨集程序 UserForm_Initialize,我們可以針對此特性設計相關的應用。

35-8-1　建立 UserForm 的巨集程序

UserForm 事件的巨集程序建立方式與 Workbook 稍有不同,如果要建立 UserForm1 事件巨集程序,須在專案視窗先選 Userform1,然後點選檢視程式碼。

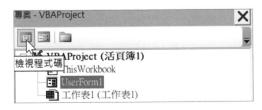

接著出現 UserForm1(程式碼) 視窗，請物件清單選 UserForm。

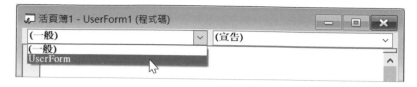

請在事件清單選適當的事件，有一系列事件可以選取，這個觀念可以應用在其他表單控制項。

下列是筆者選擇 Click 的結果。

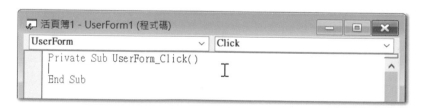

上述是 UserForm1 建立事件巨集程序的步驟，一個完整的 Excel VBA 可能有多個 UserForm，如果是建立其他 UserForm，只要一開始選取該巨集即可。最後須留意的是 UserForm 事件巨集程序不像 UserForm 沒有編號，如果程式複雜需自己標註，可以參考 ch35_9.xlsm 的第 2 列。

35-8-2 最初化 Initialize 事件與兩個 UserForm 的程式實例

UserForm 有 Initialize 事件，這是當啟動程序時會自動執行的事件，這時我們可以針對需求設定 UserForm 的最初化環境。

程式實例 ch35_9.xlsm：這個程式執行時會顯示 UserForm2，按一下 UserForm2 可以隱藏 UserForm2 然後顯示 UserForm1，後來 UserForm1 會一直顯示，如果按一下 UserForm1，可以顯示 UserForm2。

UserForm1 的程序碼

```
1   Private Sub UserForm_Click()
2   ' UserForm1 程序碼
3       Load UserForm2
4       UserForm2.Show
5   End Sub
6
7   Private Sub UserForm_Initialize()
8   ' UserForm1 程序碼
9       UserForm2.Show
10  End Sub
```

UserForm2 的程序碼

```
1   Private Sub UserForm_Click()
2   ' UserForm2 程序碼
3       UserForm2.Hide
4   End Sub
```

執行結果 必須先執行 UserForm1 的程序。

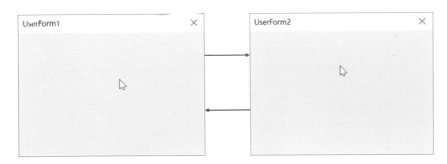

當顯示 UserForm1 後，此 UserForm 會一直顯示，上述程式就剩下顯示或隱藏 UserForm2。

35-9 命令按鈕 CommandButton

35-6 節筆者已經說明建立命令按鈕的方法了，這是該節的延續。命令按鈕的物件名稱是 CommandButton + 編號

35-9-1　建立命令按鈕的事件程序

將滑鼠游標移到命令按鈕，連按兩下，可以建立此 CommandButton1_Click 事件程序。

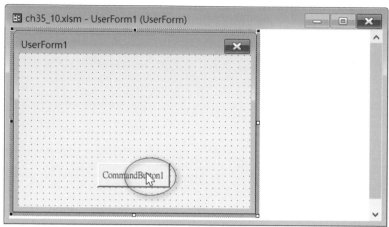

連按兩下可以得到下列結果。

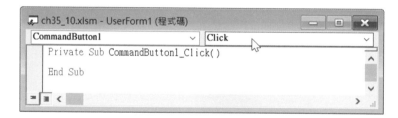

35-9-2　命令按鈕的系列應用

程式實例 ch35_10.xlsm：關閉 UserForm。

```
1  Private Sub CommandButton1_Click()
2      Unload UserForm1
3  End Sub
```

執行結果

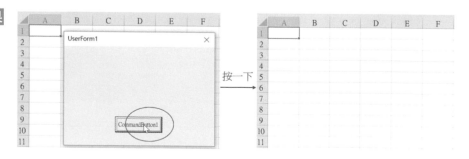

上述第 2 列，也可以使用 Unload Me，Me 代表使用者表單自己。

程式實例 ch35_11.xlsm：使用 Me 取代 UserForm1。

```
1   Private Sub CommandButton1_Click()
2       Unload Me
3   End Sub
```

執行結果 與 ch35_10.xlsm 相同。

程式實例 ch35_12.xlsm：按一下命令按鈕，將 UserForm 背景改為黃色。

```
1   Private Sub CommandButton1_Click()
2       Me.BackColor = vbYellow
3   End Sub
```

執行結果

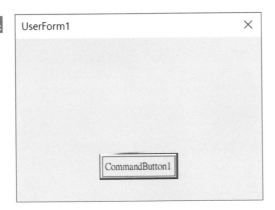

程式實例 ch35_13.xlsm：按一下命令按鈕將 UserForm 標題改為 ch35_13。

```
1   Private Sub CommandButton1_Click()
2       Me.Caption = "ch35_13"
3   End Sub
```

執行結果

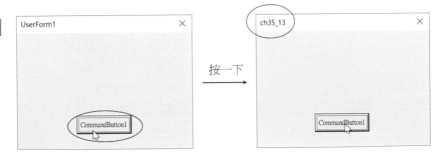

程式實例 ch35_14.xlsm：按一下命令按鈕，可以用圖片當作 UserForm 背景。

```
1   Private Sub CommandButton1_Click()
2       With Me
3           .Caption = "南極"
4           '.Picture = LoadPicture("sea5.jpg")        ' 也可以簡化使用
5           .Picture = LoadPicture(ThisWorkbook.Path & "\sea5.jpg")
6           .PictureSizeMode = fmPictureSizeModeZoom
7       End With
8   End Sub
```

執行結果

35-9-3 建立 2 個命令按鈕

建立 2 個命令按鈕只是一個動作重複執行，先建立一個命令按鈕，再建第二個命令按鈕，可以得到下列結果。

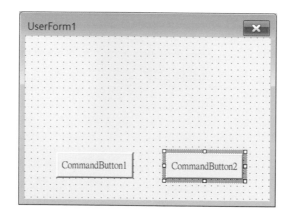

每個鈕各按一次，就可以分別建立 Click 的事件程序。

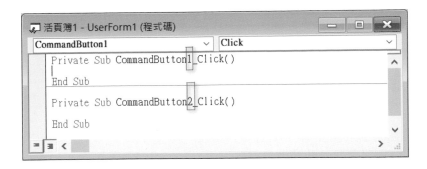

程式實例 ch35_15.xlsm：分別建立放大與復原命令按鈕，可以放大按鈕可以讓
UserForm 寬改為 250，高改為 250。復原按鈕可以恢復系統預設。

```
1  Dim formWidth As Integer
2  Dim formHeight As Integer
3  Private Sub UserForm_Initialize()
4      formWidth = Me.Width
5      formHeight = Me.Height
6      CommandButton1.Caption = "放大"
7      CommandButton2.Caption = "復原"
8  End Sub
9
10 Private Sub CommandButton1_Click()
11     With Me
12         .Width = 300
13         .Height = 250
14     End With
15 End Sub
16
17 Private Sub CommandButton2_Click()
18     With Me
19         .Width = formWidth
20         .Height = formHeight
21     End With
22 End Sub
```

執行結果

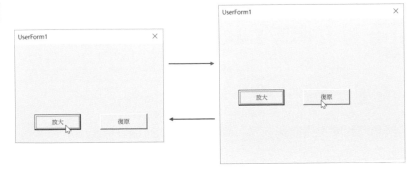

35-9-4　End 關鍵字

這個關鍵字可以結束程序關閉 UserForm。

程式實例 ch35_15_1.xlsm：按南極鈕可以顯示南極圖片，按結束鈕可以結束程序關閉 UserForm。

```
1   Private Sub UserForm_Initialize()
2       CommandButton1.Caption = "南極"
3       CommandButton2.Caption = "結束"
4   End Sub
5
6   Private Sub CommandButton1_Click()
7       With Me
8           .Caption = "南極"
9           '.Picture = LoadPicture("sea5.jpg")        ' 也可以簡化使用
10          .Picture = LoadPicture(ThisWorkbook.Path & "\sea5.jpg")
11          .PictureSizeMode = fmPictureSizeModeZoom
12      End With
13  End Sub
14
15  Private Sub CommandButton2_Click()
16      End
17  End Sub
```

 執行結果

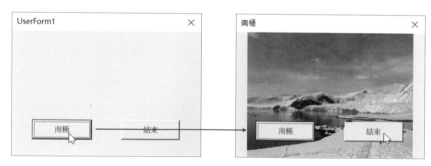

35-10　建立標籤 Label

35-10-1　建立標籤

將工具箱控制項的標籤 **A** 拖曳至 UserForm 即可建立標籤。

標籤的物件名稱是 Label + 編號。

35-10-2　幾個標籤重要的屬性

讀者可以在屬性視窗看到完整的標籤屬性，下列只是舉幾個重要屬性做說明。

Name：標籤名稱。

Caption：標籤標題。

Font：字型，這個屬性也可以稱是物件，物件之下有一系列屬性可以設定。

　　.Bold：粗體。

　　.Italic：斜體。

　　.Name：字型名稱。

　　.Size：字型大小。

　　.Strikethrough：刪除線。

　　.Underline：底線。

　　.Weight：字的厚度。

ForeColor：字型顏色。

Height：標籤區高度

Left：標籤區左邊距離 UserForm 的左邊內框距離。

TextAlignment：標籤區文字對齊方式，預設是靠左對齊。

Top：標籤區上邊距離 UserForm 的上邊內框距離。

Width：標籤區寬度。

35-10-3　標籤的實例

程式實例 ch35_16.xlsm：建立標籤，按一下功能鈕可以將 Label1 標籤改為深智數位。

```
1  Private Sub CommandButton1_Click()
2      Label1.Caption = "深智數位"
3  End Sub
```

執行結果

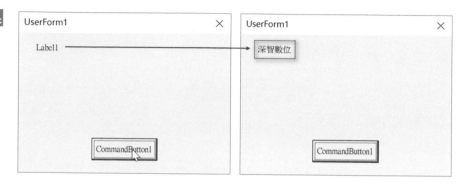

程式實例 ch35_17.xlsm：更新標籤的實例。

```
1  Private Sub CommandButton1_Click()
2      Dim i As Long
3      For i = 1 To 100000
4          Label1.Caption = "報名 " & i & "人次"
5          DoEvents            ' 讓作業系統可以處理其他事情
6      Next i
7  End Sub
```

執行結果

| 程式執行初畫面 | 人次更新畫面 | 人次結果畫面 |

　　上述如果再按一次 CommandButton1，可以再計數一次，上述重點是 DoEvents，這是將系統控制權交還作業系統，所以可以產生在 UserForm 內人次更新的效果，如果少了此關鍵字，讀者只能看到最後的結果人次。

35-10-4 標籤字型的設定

程式實例 ch35_17_1.xlsm:建立 2 個標籤,當按 CommandButton1,讀者可以看到 Labe2 的文字有更新。

```
1  Private Sub CommandButton1_Click()
2      Label2.Caption = "Old English"
3      Label2.Height = 25
4      Label2.Width = 150
5      With Label2.Font
6          .Name = "Old English Text MT"
7          .Size = 20
8      End With
9  End Sub
```

執行結果

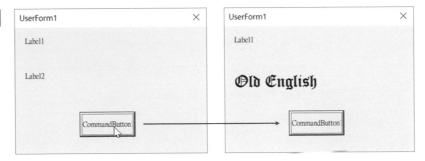

35-11 建立文字方塊 TextBox

35-11-1 建立文字方塊

將工具箱控制項的標籤 📝 拖曳至 UserForm 即可建立文字方塊。

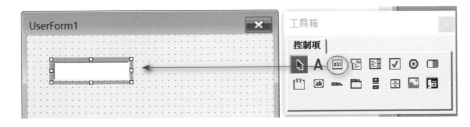

文字方塊物件名稱是 TextBox + 編號。

35-11-2　幾個文字方塊重要的屬性

讀者可以在屬性視窗看到完整的標籤屬性，下列只是舉幾個重要屬性做說明。

- Name：文字方塊名稱。
- AutoWordSelect：自動選取。
- Font：字型，可以參考 35-10-2 節。
- ForeColor：字型顏色。
- Height：文字方塊高度
- Left：文字方塊左邊距離 UserForm 的左邊內框距離。
- MaxLength：文字方塊數字限制。
- Text：文字方塊內容。
- Value：文字方塊數據，其實這也是文字方塊內容。
- TextAlignment：文字方塊文字對齊方式，預設是靠左對齊。
- Top：文字方塊上邊距離 UserForm 的上邊內框距離。
- Width：文字方塊寬度。
- WordWrap：自動換列

35-11-3　文字方塊的系列實例

程式實例 ch35_18.xlsm：按一下命令按鈕，可以在 TextBox1 使用 Text 屬性顯示深智數位，TextBox2 使用 Value 屬性顯示 DeepMind。

```
1  Private Sub CommandButton1_Click()
2      TextBox1 = "深智數位"
3  End Sub
```

執行結果

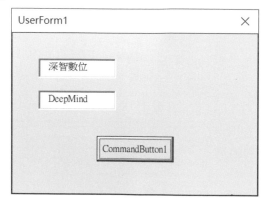

程式實例 ch35_19.xlsm：在文字方塊輸入，按一下命令按鈕，Label1 將改為所輸入的文字。

```
1   Private Sub CommandButton1_Click()
2       Label1.Caption = TextBox1.Text
3   End Sub
```

執行結果

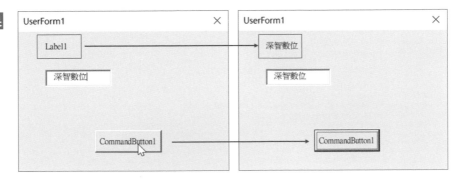

35-11-4 文字方塊的 Change 事件

當文字方塊內容有更動時可以產生 Change 事件，下列是 Change 事件的應用。

程式實例 ch35_20.xlsm：文字方塊 Change 事件的應用，當 TextBox1 內容更動，TexlBox2 內容隨者更動。

```
1   Private Sub TextBox1_Change()
2       TextBox2.Text = TextBox1.Text
3   End Sub
```

執行結果

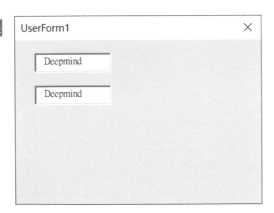

程式實例 ch35_21.xlsm：檢查輸入是否超過 8 個字元，如果輸入 8 個字元後，就無法輸入。

```
1  Private Sub TextBox1_Change()
2      If Len(TextBox1.Text) > 8 Then
3          TextBox1.Text = Left(TextBox1.Text, 8)
4      End If
5  End Sub
```

執行結果

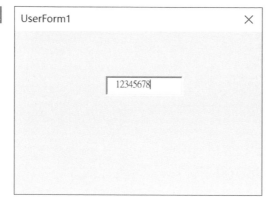

35-11-5　限制輸入字數

　　系統設計時，有時候希望輸入不要超過 8 個字元，可以使用 MaxLength 屬性限制輸入的文字數。

程式實例 ch35_22.xlsm：輸入帳號，帳號限定 5 個字元，如果輸入正確則回應歡迎進入系統，如果輸入錯誤則回應帳號錯誤。

```
1  Private Sub UserForm_Initialize()
2      TextBox1.MaxLength = 5
3  End Sub
4
5  Private Sub CommandButton1_Click()
6      If TextBox1.Text = "12345" Then
7          Label2.Caption = "歡迎進入系統"
8      Else
9          Label2.Caption = "帳號錯誤"
10     End If
11 End Sub
```

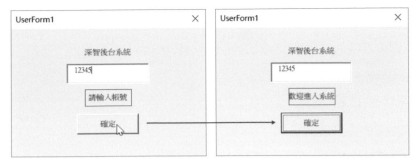

　　上述程式的特色是在 TextBox1 的輸入限制 5 個字元，同時筆者已經使用屬性視窗建立 Label1 和 Label2 的文字了。

35-11-6　焦點 SetFocus 屬性的應用

　　一個 UserForm 可能會有許多控制項，當將某個控制項設為焦點時，這時鍵盤輸入或是相關指令設定，皆會應用在這個焦點控制項。要將輸入資料選取，需要下列 3 個設定。

1：　使用 SetFocus 屬性將文字方塊設為焦點物件。

2：　使用 SelStart 屬性設定選取資料的位置。

3：　使用 SelLength 屬性設定選取長度。

程式實例 ch35_23.xlsm：按確定鈕後可以將輸入資料選取。

```
1  Private Sub UserForm_Initialize()
2      CommandButton1.Caption = "選取"
3  End Sub
4
5  Private Sub CommandButton1_Click()
6      With TextBox1
7          .SetFocus                ' 文字方塊是焦點物件
8          .SelStart = 0            ' 從第一個字開始選取
9          .SelLength = Len(.Text)  ' 選取全部輸入
10     End With
11 End Sub
```

執行結果

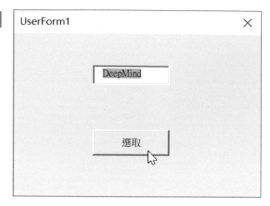

35-11-7 設定對齊方式

TextAlign 屬性可以設定 TextBox 內文字的對齊方式。

程式實例 ch35_24.xlsm：在文字方塊輸入字串，然後可以按靠左、置中和靠右鈕調整文字的對齊方式。

```
1  Private Sub UserForm_Initialize()
2      CommandButton1.Caption = "靠左對齊"
3      CommandButton2.Caption = "置中對齊"
4      CommandButton3.Caption = "靠右對齊"
5  End Sub
6
7  Private Sub CommandButton1_Click()
8      TextBox1.TextAlign = fmTextAlignLeft
9  End Sub
10 Private Sub CommandButton2_Click()
11     TextBox1.TextAlign = fmTextAlignCenter
12 End Sub
13
14 Private Sub CommandButton3_Click()
15     TextBox1.TextAlign = fmTextAlignRight
16 End Sub
```

執行結果

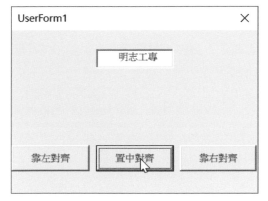

35-11-8 KeyPress 事件

這是在文字方塊有按鍵發生時，會產生 KeyPress 事件，我們可以使用這個功能設定相關應用。註：這個事件也可以應用在其他的控制項。

程式實例 ch35_25.xlsm：限制只能輸入小寫英文字母，如果輸入其他字元則不顯示，同時產生嗶聲，產生方式是使用 Beep 關鍵字。

```
1  Private Sub TextBox1_KeyPress(ByVal KeyAscii As MSForms.ReturnInteger)
2      If KeyAscii > Asc("z") Or KeyAscii < Asc("a") Then
3          KeyAscii = 0
4          Beep
5      End If
6  End Sub
```

執行結果

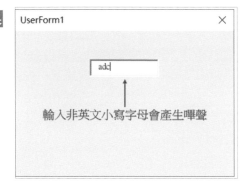

35-11-9　提示訊息 ControlTipText 屬性

有些文字方塊需要提醒使用者輸入，這時可以使用 ControlTipText 屬性，建立這個屬性後，未來滑鼠游標放在此控制項時會出現的提醒文字。

程式實例 ch35_26.xlsm：這是 ch35_25.xlsm 的擴充，將滑鼠游標放在文字方塊，會自動出現提醒文字 " 限定輸入英文小寫 "。

```
1   Private Sub UserForm_Initialize()
2       TextBox1.ControlTipText = "限定輸入英文小寫"
3   End Sub
4
5   Private Sub TextBox1_KeyPress(ByVal KeyAscii As MSForms.ReturnInteger)
6       If KeyAscii > Asc("z") Or KeyAscii < Asc("a") Then
7           KeyAscii = 0
8           Beep
9       End If
10  End Sub
```

執行結果

35-11-10　用 "*" 顯示所輸入的字串

一般在建立密碼輸入時，為了不讓別人偷窺密碼，可以將所輸入的密碼用 "*" 表示，文字方塊可以使用 PasswordChar 屬性設定此符號，雖然我們可以設定其他符號，但是密碼的應用大都是使用 "*" 符號。

程式實例 ch35_27.xlsm：這個是 ch35_22.xlsm 的擴充，輸入密碼將用 "*" 顯示，所輸入的密碼會在下面的文字方塊顯示輸入。

```
1   Private Sub UserForm_Initialize()
2       Label1.Caption = "深智後台系統"
3       Label2.Caption = "請輸入密碼 :"
4       Label3.Caption = ""
5       TextBox1.PasswordChar = "*"
6   End Sub
7
8   Private Sub TextBox1_Change()
9       TextBox2.Text = TextBox1.Text
10  End Sub
11
12  Private Sub CommandButton1_Click()
13      If TextBox1.Text = "12345" Then
14          Label3.Caption = "歡迎進入系統"
15      Else
16          Label3.Caption = "帳號錯誤"
17      End If
18  End Sub
```

執行結果 下列是所建的 UserForm 和程式執行初的 UserForm。

下列是輸入實例。

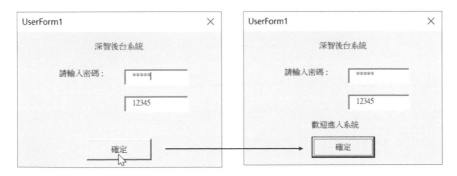

35-11-11　顯示或隱藏文字方塊

文字方塊的 Visible 屬性可以設定顯示或隱藏文字方塊，這個屬性也可以應用在其他控制項。

程式實例 ch35_28.xlsm：按 CommandButton 可以顯示或或隱藏文字方塊。

```
1   Private Sub UserForm_Initialize()
2       Label1.Caption = "顯示 TextBox"
3   End Sub
4
5   Private Sub CommandButton1_Click()
6       If TextBox1.Visible = True Then
7           Label1.Caption = "隱藏 TextBox"
8           TextBox1.Visible = False
9       Else
10          Label1.Caption = "顯示 TextBox"
11          TextBox1.Visible = True
12      End If
13  End Sub
```

 執行結果

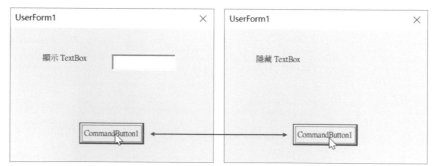

35-11-12　Enter 和 Exit 事件

當文字方塊取得焦點時會產生 Enter 事件，例如將插入點移至文字方塊就會有 Enter 事件。當取得焦點的文字方塊失去焦點時，會產生 Exit 事件。

程式實例 ch35_29.xlsm：取得焦點時文字方塊是黃色，失去焦點時文字方塊是淺灰色。

```
1   Private Sub UserForm_Initialize()
2       TextBox1.BackColor = RGB(255, 255, 0)
3       TextBox2.BackColor = RGB(220, 220, 220)
4   End Sub
5
6   Private Sub TextBox1_Enter()
7       TextBox1.BackColor = RGB(255, 255, 0)
8   End Sub
```

```
9
10  Private Sub TextBox1_Exit(ByVal Cancel As MSForms.ReturnBoolean)
11      TextBox1.BackColor = RGB(220, 220, 220)
12  End Sub
13
14  Private Sub TextBox2_Enter()
15      TextBox2.BackColor = RGB(255, 255, 0)
16  End Sub
17
18  Private Sub TextBox2_Exit(ByVal Cancel As MSForms.ReturnBoolean)
19      TextBox2.BackColor = RGB(220, 220, 220)
20  End Sub
```

執行結果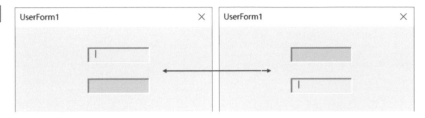

35-11-13　Enabled 屬性

Enabled 屬性可以設定控制項是否可以操作，如果是 True 表示可以操作，如果是 False 則是不可以操作。

程式實例 ch35_30.xlsm：這個程式會要求輸入帳號 (TextBox1)，如果帳號錯誤則無法進入密碼欄 (TextBox2)，這時密碼欄位是淺灰色。如果帳號正確則可以輸入密碼，密碼欄位將改為黃色。

```
1   Private Sub UserForm_Initialize()
2       With Label1
3           .Caption = "請輸入帳號 : "
4           .TextAlign = fmTextAlignRight
5       End With
6       With Label2
7           .Caption = "請輸入密碼 : "
8           .TextAlign = fmTextAlignRight
9       End With
10      With TextBox2
11          .Enabled = False
12          .BackColor = RGB(220, 220, 220)
13      End With
14  End Sub
15
16  Private Sub TextBox1_Change()
17      If TextBox1.Text = "12345" Then
18          With TextBox2
19              .Enabled = True
```

```
20              .BackColor = vbYellow
21          End With
22      End If
23  End Sub
```

執行結果

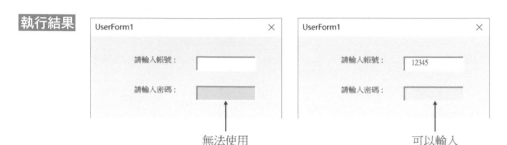

Exit 事件還有一個常被應用的方法，在離開前判斷文字方塊是否有輸入。

程式實例 ch35_31.xlsm：如果 TextBox1 沒有輸入會出現警告訊息，同時焦點視窗仍保留在此文字方塊內，無法將焦點移到 TextBox2。

```
1  Private Sub TextBox1_Exit(ByVal Cancel As MSForms.ReturnBoolean)
2      If Len(TextBox1.Text) <= 0 Then
3          MsgBox "尚未輸入!"
4          Cancel = True
5      End If
6  End Sub
```

執行結果　如果尚未輸入就要切換到 TextBox2，會出現下方右圖，同時禁止切換。

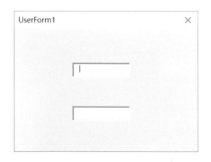

35-11-14　MultiLine 屬性

文字方塊的 MultiLine 屬性也可以設定是否顯示多列，預設是 False。如果設定為 True，就可以顯示多列。

程式實例 ch35_32.xlsm：TextBox1 是設定顯示多列，TextBox2 是使用預設不顯示多列，相同的設定，讀者可以比較執行結果。

```
1  Private Sub UserForm_Initialize()
2      TextBox1.MultiLine = True
3      TextBox1.Text = "深智數位，帶領進入深度學習之路"
4      'TextBox2.MultiLine = True
5      TextBox2.Text = "深智數位，帶領進入深度學習之路"
6  End Sub
```

執行結果

35-12 UserForm 的綜合應用實例

35-12-1 UserForm 顏色的切換

程式實例 ch35_33.xlsm：點選不同的顏色鈕可以建立 UserForm 的底色。

```
1  Private Sub UserForm_Initialize()
2      CommandButton1.Caption = "黃色"
3      CommandButton2.Caption = "綠色"
4      CommandButton3.Caption = "結束"
5  End Sub
6
7  Private Sub CommandButton1_Click()
8      Me.BackColor = vbYellow
9  End Sub
10
11  Private Sub CommandButton2_Click()
12      Me.BackColor = vbGreen
13  End Sub
14
15  Private Sub CommandButton3_Click()
16      Unload UserForm1
17  End Sub
```

執行結果

35-12-2 UserForm 背景圖的切換

程式實例 ch35_34.xlsm：按南極鈕顯示南極圖片，按北極鈕顯示北極圖片，按結束鈕
執行結束。

```
1   Private Sub UserForm_Initialize()
2       CommandButton1.Caption = "南極"
3       CommandButton2.Caption = "北極"
4       CommandButton3.Caption = "結束"
5   End Sub
6
7   Private Sub CommandButton1_Click()
8       With Me
9           .Picture = LoadPicture("sea5.jpg")
10          .PictureSizeMode = fmPictureSizeModeZoom
11      End With
12  End Sub
13
14  Private Sub CommandButton2_Click()
15      With Me
16          .Picture = LoadPicture("sea1.jpg")
17          .PictureSizeMode = fmPictureSizeModeZoom
18      End With
19  End Sub
20
21  Private Sub CommandButton3_Click()
22      Unload UserForm1
23  End Sub
```

執行結果

35-12-3 設計垂直捲動文字

程式實例 ch35_35.xlsm：設計垂直捲動的文字，按中止鈕可以終止捲動，然後程式執行結束。這個程式第一列是 API 函數，由第 23 列呼叫，Sleep 100 代表暫停 0.1 秒。

```
1  Private Declare PtrSafe Sub Sleep Lib "kernel32" _
2      (ByVal dwMilliseconds As LongPtr)
3  Dim scrollDn As Boolean
4
5  Private Sub CommandButton1_Click()
6      scrollDn = False
7      Unload UserForm1
8  End Sub
9
10 Private Sub UserForm_Activate()
11     With Label1
12         .TextAlign = fmTextAlignCenter          ' 置中
13         .BackStyle = fmBackStyleTransparent      ' 透明顯示
14         .Caption = "2020年雪國的冬天"
15         .ForeColor = vbBlue
16         .Font.Bold = True
17         .FontSize = 20
18         .Left = 30
19         .Top = 20
20         scrollDn = True
21         Do While scrollDn
22             DoEvents
23             Sleep 100                             ' 呼叫API
24             .Top = .Top + 2                       ' 捲動步伐
25             If .Top > 120 Then                    ' 到底了
26                 .Top = 20                         ' 移到上邊
27             End If
28             If scrollDn = False Then
29                 Exit Sub
30             End If
31         Loop
32     End With
33 End Sub
34
35 Private Sub UserForm_Initialize()
36     With Me
37         .Picture = LoadPicture("snow.jpg")
38         .PictureSizeMode = fmPictureSizeModeZoom
39     End With
40     CommandButton1.Caption = "中止"
41 End Sub
```

執行結果

35-12-4　設定 Tab 鍵的順序

　　前面已經有多次焦點的觀念，某個控制項取得焦點後，鍵盤的輸入就會應用在此控件上。系統預設第 1 個建立的控制項定位順序 TabIndex = 0，第 2 個建立的控制項定位順序 TabIndex = 1，其他依此類推。程式啟動後焦點是在定位順序是 0 的控制項，每次按 Tab 鍵，可以將焦點移至下一個控制項，讀者可以參考下列實例。

程式實例 ch35_36.xlsm：觀察焦點在控制項的移動，如果焦點在文字方塊，此文字方塊就可以看到插入點。如果焦點在命令按鈕，此命令按鈕有虛線框，讀者可以按 Tab 鍵，觀察焦點的移動。這個程式沒有程式碼，下列是 UserForm 的設計。

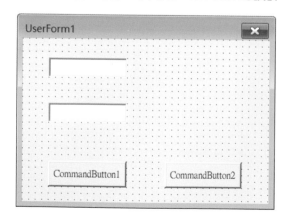

執行結果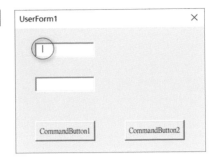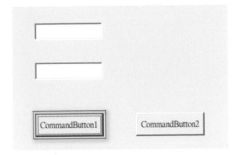

此外，也可以在 VBE 環境執行檢視 / 定位順序，可以看到定位順序對話方塊，可以在此更改控制項的定位順序。

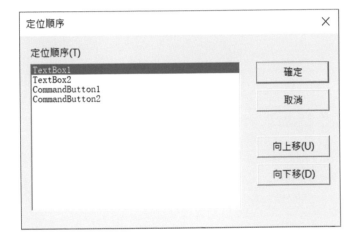

35-12-5　按一下標籤執行程序

標籤 Label 控制項也可以有 Click 事件，可以參考下列實例。

程式實例 ch35_37.xlsm：按一下標籤最佳大學，文字方塊會列出明志科技大學，按一下最佳企業，文字方塊會列出台塑企業。

```
1  Private Sub Label1_Click()
2      TextBox1.Text = "明志科技大學"
3  End Sub
4
5
6  Private Sub Label2_Click()
7      TextBox1.Text = "台塑企業"
8  End Sub
9
10 Private Sub UserForm_Initialize()
```

```
11      With Label1
12          .Caption = "最佳大學"
13          .TextAlign = fmTextAlignCenter
14      End With
15      With Label2
16          .Caption = "最佳企業"
17          .TextAlign = fmTextAlignCenter
18      End With
19   End Sub
```

執行結果

35-12-6 認識 UserForm 上的控制項

這一節筆者說明了命令按鈕 CommandButton、標籤 Label、文字方塊 TextBox，單一個體控制項在 Excel 中稱 Control，所有 Control 的集合稱 Controls。當然控制項還有許多，將在下一章繼續解說。程式設計時可以設定控制項變數，例如：下列是宣告 cnt 為控制項變數。

```
Dim cnt as Control
```

程式設計時可以使用 TypeName(cnt) 取得控制項變數 cnt 的類型，有了這個觀念，我們可以進行下一個實例解說。

程式實例 ch35_38.xlsm：按一下命令按鈕可以將所有文字方塊填上明志工專。

```
1   Private Sub CommandButton1_Click()
2       Dim cnt As Control
3       For Each cnt In Me.Controls
4           If TypeName(cnt) = "TextBox" Then
5               cnt.Value = "明志工專"
6           End If
7       Next
8   End Sub
```

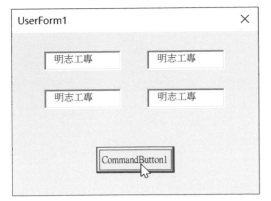

35-12-7　引用 UserForm 上所有控制項

程式實例 ch35_39.xlsm：將控制項的名稱、標題、內容、高度、寬度等資料，全部擷取放在 B2:F5 儲存格區間。

```
1  Private Sub CommandButton1_Click()
2      On Error Resume Next
3      Dim i As Integer
4      Range("B2:F2") = Array("控制項名稱", "控制項標題", "控制項內容", _
5                             "控制項高度", "控制項寬度")
6      For i = 1 To Me.Controls.Count
7          Range("B" & 2 + i).Value = Me.Controls(i - 1).Name
8          Range("C" & 2 + i).Value = Me.Controls(i - 1).Caption
9          Range("D" & 2 + i).Value = Me.Controls(i - 1).Value
10         Range("E" & 2 + i).Value = Me.Controls(i - 1).Height
11         Range("F" & 2 + i).Value = Me.Controls(i - 1).Width
12     Next i
13 End Sub
```

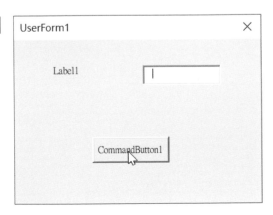

上述按一下 CommandButton1 鈕，可以得到下列結果。

	A	B	C	D	E	F
1						
2		控制項名稱	控制項標題	控制項內容	控制項高度	控制項寬度
3		Label1	Label1		18	72
4		TextBox1			18	72
5		CommandButton1	CommandButton1	FALSE	24	72

35-12-8 將儲存格資料複製到 UserForm

程式實例 ch35_40.xlsm：按複製鈕可以將儲存格資料複製到 UserForm 的 TextBox，儲存格資料如下：

	A	B	C
1			
2		姓名	部門
3		洪錦魁	編輯部

```
1  Private Sub UserForm_Initialize()
2      Label1.Caption = Range("B2")
3      Label2.Caption = Range("C2")
4      CommandButton1.Caption = "複製"
5      CommandButton2.Caption = "結束"
6  End Sub
7
8  Private Sub CommandButton1_Click()
9      TextBox1.Text = Range("B3")
10     TextBox2.Text = Range("C3")
11 End Sub
12
13 Private Sub CommandButton2_Click()
14     Unload UserForm1
15 End Sub
```

執行結果

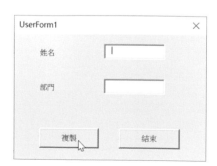
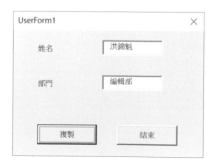

第三十六章

使用者介面設計 - 控制項的應用

36-1 選項按鈕 OptionButton

36-1-1 基礎觀念

選項按鈕 OptionButton 控制項如下：

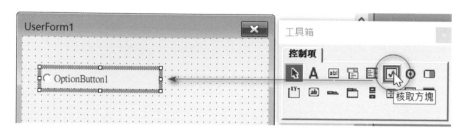

此控制項的特色是一次只能有一個選項被選取，選項按鈕最常使用的事件是 Click，可以使用滑鼠按一下或是將 Value 屬性設為 True。

程式實例 ch36_1.xlsm：建立選項按鈕，同時會依所選的項目列出結果。

```
1   Private Sub UserForm_Initialize()
2       Label1.Caption = "深智公司"
3       Label2.Caption = ""
4       OptionButton1.Value = True
5       OptionButton1.Caption = "財務部"
6       OptionButton2.Caption = "業務部"
7       OptionButton3.Caption = "編輯部"
8   End Sub
9
10  Private Sub OptionButton1_Click()
11      Label2.Caption = "我是財務部"
12      Label2.TextAlign = fmTextAlignCenter
13  End Sub
14
15  Private Sub OptionButton2_Click()
16      Label2.Caption = "我是業務部"
17      Label2.TextAlign = fmTextAlignCenter
18  End Sub
19
20  Private Sub OptionButton3_Click()
21      Label2.Caption = "我是編輯部"
22      Label2.TextAlign = fmTextAlignCenter
23  End Sub
```

執行結果　下列是所建立的 UserForm，與程式執行最初畫面。

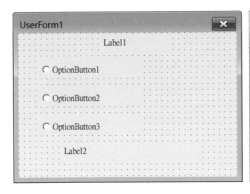 

下列是筆者執行選擇的結果。

 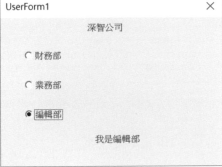

程式實例 ch36_2.xlsm：按確定鈕可以列出你的部門。

```
1  Private Sub UserForm_Initialize()
2      Label1.Caption = "深智公司"
3      OptionButton1.Value = True
4      OptionButton1.Caption = "財務部"
5      OptionButton2.Caption = "業務部"
6      OptionButton3.Caption = "編輯部"
7      CommandButton1.Caption = "確定"
8  End Sub
9
10 Private Sub CommandButton1_Click()
11     Select Case True
12         Case OptionButton1.Value = True
13             MsgBox "你是財務部"
14         Case OptionButton2.Value = True
15             MsgBox "你是業務部"
16         Case OptionButton3.Value = True
17             MsgBox "你是編輯部"
18     End Select
19 End Sub
```

執行結果

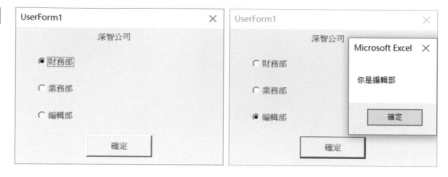

程式實例 ch36_3.xlsm：點選部門，再按確定鈕，可以列出所屬部門。

```
1   Private Sub UserForm_Initialize()
2       Label1.Caption = "深智公司"
3       OptionButton1.Value = True
4       OptionButton1.Caption = "財務部"
5       OptionButton2.Caption = "業務部"
6       OptionButton3.Caption = "編輯部"
7       CommandButton1.Caption = "確定"
8   End Sub
9
10  Private Sub CommandButton1_Click()
11      Dim i As Integer
12
13      For i = 1 To 3
14          If Controls("OptionButton" & i).Value = True Then
15              Exit For
16          End If
17      Next i
18      MsgBox "你是" & Controls("OptionButton" & i).Caption
19  End Sub
```

執行結果

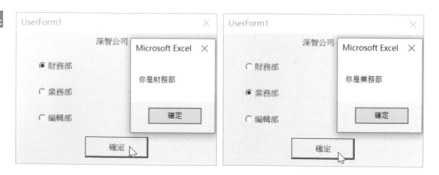

36-1-2 排序的應用

程式實例 ch36_4.xlsm：可以任選排序的欄位，程式將自動執行排序。

```
1  Private Sub UserForm_Initialize()
2      Label1.Caption = "8-12超商業績表"
3      OptionButton1.Value = True
4      OptionButton1.Caption = "總計"
5      OptionButton2.Caption = "飲料"
6      OptionButton3.Caption = "文具"
7      OptionButton4.Caption = "零食"
8      CommandButton1.Caption = "統計"
9      CommandButton2.Caption = "結束"
10 End Sub
11
12 Private Sub CommandButton1_Click()
13     Dim i As Integer
14     Dim rng As Range
15     Dim product As String
16     For i = 1 To 3
17         If Controls("OptionButton" & i).Value = True Then
18             Exit For
19         End If
20     Next i
21     product = Controls("OptionButton" & i).Caption
22 ' 執行排序
23     Set rng = ActiveSheet.Range("B3:F8")
24     rng.Sort Key1:=product, Order1:=xlDescending, Header:=xlYes
25 End Sub
26
27 Private Sub CommandButton2_Click()
28     Unload UserForm1
29 End Sub
```

執行結果

	A	B	C	D	E	F
1						
2			8-12超商業績表			
3		分店	飲料	文具	零食	總計
4		大安店	28000	17000	31000	76000
5		忠孝店	25000	22000	23000	70000
6		信義店	31000	10500	19000	60500
7		天母店	21000	11000	26000	58000
8		內湖店	19000	15000	17000	51000
9						

UserForm1: 8-12超商業績表 ● 總計 ○ 文具 ○ 飲料 ○ 零食 [統計] [結束]

36-2　核取方塊 CheckBox

核取方塊 CheckBox 控制項如下：

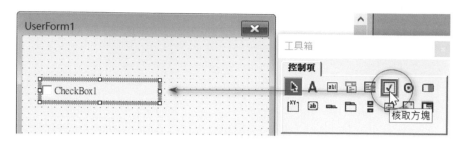

此控制項的特色是一次只能有一個選項被選取，選項按鈕最常使用的事件是 Click，可以使用滑鼠按一下或是將 Value 屬性設為 True。

程式實例 ch35_5.xlsm：有一個工作表內容如下：

	A	B	C	D
1				
2		飲料	文具	輕食
3		8800	7700	8200

讀者可以勾選核取方塊，當按下確定鈕後，可以在右邊的文字方塊看到所勾選的內容。

```
1   Private Sub UserForm_Initialize()
2       CheckBox1.Caption = Range("B2")
3       CheckBox2.Caption = Range("C2")
4       CheckBox3.Caption = Range("D2")
5       CommandButton1.Caption = "確定"
6   End Sub
7
8   Private Sub CommandButton1_Click()
9       If CheckBox1.Value = True Then
10          TextBox1.Value = Range("B3")
11      Else
12          TextBox1.Value = ""
13      End If
14      If CheckBox2.Value = True Then
15          TextBox2.Value = Range("C3")
16      Else
17          TextBox2.Value = ""
18      End If
19      If CheckBox3.Value = True Then
20          TextBox3.Value = Range("D3")
```

```
21        Else
22            TextBox3.Value = ""
23        End If
24  End Sub
```

執行結果

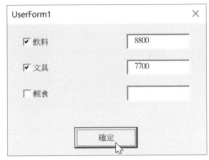

程式實例 ch36_6.xlsm：讀者可以勾選興趣，當按確定鈕後，可以在下方看到所勾選的興趣。

```
1   Private Sub UserForm_Initialize()
2       CheckBox1.Caption = "棒球"
3       CheckBox2.Caption = "籃球"
4       CheckBox3.Caption = "足球"
5       CommandButton1.Caption = "確定"
6       Label1.Caption = ""
7   End Sub
8
9   Private Sub CommandButton1_Click()
10      Dim i As Integer
11      Dim msg As String
12      msg = "我的興趣是 "
13      For i = 1 To 3
14          If Controls("CheckBox" & i).Value = True Then
15              msg = msg & Controls("CheckBox" & i).Caption & " "
16          End If
17      Next i
18      Label1.Caption = msg
19  End Sub
```

執行結果

36-3　清單方塊 ListBox

清單方塊 ListBox 控制項如下：

使用清單方塊時，一般皆是在 UserForm 初始化 (Initialize) 時，為清單方塊建立項目資料。ListBox 控制項最常使用的是 Click 事件，程式設計師可以依據 Click 事件設計相關的應用。

36-3-1　ListBox 常用的屬性

- BackColor 屬性：背景顏色。
- ColumnCount 屬性：ListBox 的欄位數。
- ColumnWidths 屬性：當有多欄位時各欄的寬度。
- ColumnHeads 屬性：如果 True 則顯示欄標題，只有使用 RowSource 建立資料時才可以顯示欄標題。使用 AddItem、Column 和 List 則無法顯示欄標題。
- List 屬性：可以將陣列賦予 ListBox。
- ListCount 屬性：回傳資料清單的項目數。
- ListIndex 屬性：這是 ListBox 最重要的屬性之一，也可以稱清單索引，清單方塊的第一列資料的 ListIndex 是 0，第二列資料是 1，其他依此類推。ListIndex 會回傳所選的資料索引，如果 ListIndex 是 -1，表示沒有選取。如果 MultiSelect 屬性設為 True，表示允許多選，這時將由 Selected 屬性判別所選的資料列，如果某列被選取，該列的屬性是 True，否則是 False。
- Selected 屬性：用法是 ListBox1.Selected(index) = Boolean，其中 index 值是 0 到 (清單條目數 − 1)。
- MultiSelect 屬性：是否可以多選。
- ListStyle 屬性：清單項目的外觀。

- RowSource 屬性：將工作表數據指定給欄標題。
- TopIndex 屬性：可以由此取得清單最上方列的項目。

36-3-2　ListBox 常用的方法

- AddItem 方法：在 ListBox 內增加項目資料。
- RemoveItem 方法：在 ListBox 內刪除項目資料。
- Clear 方法：刪除 ListBox 內所有項目資料。

36-3-3　將工作表資料與清單方塊產生連結 - RowSource 屬性

RowSource 屬性主要功能是將工作表的資料與清單方塊產生連結，也可以說是將工作表資料新增到清單方塊。這個方法的缺點是未來不可以使用 AddItem 新增項目，也不可以刪除項目資料。

建立清單方塊完成後，可用滑鼠點選選取或取消選取項目資料。

程式實例 ch36_7.xlsm：使用 RowSource 將儲存格 B2:B4 內容新增到清單方塊 ListBox，下列是儲存格的內容。

	A	B
1		
2		明志工專
3		長庚大學
4		長庚醫院

```
1  Private Sub UserForm_Initialize()
2      ListBox1.RowSource = "工作表1!B2:B4"
3      ListBox2.RowSource = "B2:B4"
4  End Sub
```

執行結果

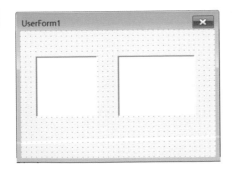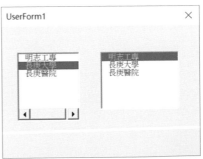

上述如果 Excel 覺得寬度不足會自行增加水平捲軸，可以參考右邊的左圖 ListBox1，讀者可以點選體會清單方塊的操作。

36-3-4　增加清單項目資料 - AddItem 方法

這個方法可以為清單方塊增加項目資料，增加方式讀者可以參考下列實例。

程式實例 ch36_8.xlsm：使用 AddItem 方法為清單增加項目資料，工作表內容與 ch36_7.xlsm 相同。

```
1  Private Sub UserForm_Initialize()
2      Dim i As Integer
3      For i = 2 To 4
4          ListBox1.AddItem Cells(i, 2)
5      Next i
6      With ListBox2
7          .AddItem Cells(2, 2)
8          .AddItem Cells(3, 2)
9          .AddItem Cells(4, 2)
10     End With
11 End Sub
```

執行結果 　與 ch36_7.xlsm 相同。

程式實例 ch36_9.xlsm：將陣列資料加入清單方塊。

```
1  Private Sub UserForm_Initialize()
2      Dim i As Integer
3      Dim dataArray As Variant
4      dataArray = Array("明志工專", "長庚大學", "台塑企業")
5      For i = 0 To UBound(dataArray)
6          ListBox1.AddItem dataArray(i)
7      Next i
8      With ListBox2
9          .AddItem "明志工專"
10         .AddItem "長庚大學"
11         .AddItem "台塑企業"
12     End With
13 End Sub
```

執行結果 　與 ch36_7.xlsm 相同。

36-3-5　將陣列資料加入清單 - List 屬性

List 屬性是最快可以將陣列資料新增至清單方塊的方法，讀者可以參考下列實例。

程式實例 ch36_10.xlsm：使用 List 屬性將陣列資料新增至清單方塊。

```
1  Private Sub UserForm_Initialize()
2      Dim dataArray As Variant
3      ListBox1.List = Range("B2:B4").Value        ' 方法 1
4
5      dataArray = Array("明志工專", "長庚大學", "台塑企業")
6      ListBox2.List = dataArray                   ' 方法 2
7  End Sub
```

執行結果 與 ch36_7.xlsm 相同。

36-3-6　目前所選資料的索引 - ListIndex 屬性

ListIndex 屬性是目前所選項目資料的索引。

程式實例 ch36_11.xlsm：點選項目資料，然後列出所選項目資料的索引。

```
1  Private Sub UserForm_Initialize()
2      ListBox1.List = Range("B2:B4").Value
3      Label1.Caption = "目前沒有選取項目"
4  End Sub
5
6  Private Sub ListBox1_Click()
7      Label1.Caption = "目前選取索引是 " & ListBox1.ListIndex
8  End Sub
```

執行結果

程式執行初畫面

註　如果想要取消所選的項目資料，除了可以點選已選取的項目資料，也可以將 ListIndex 屬性設為 -1。

36-3-7　取得目前清單方塊所選的項目資料 - Text 屬性

清單方塊的 Text 屬性內容記錄的是目前所選的項目資料。

程式實例 ch36_12.xlsm：列出所選的項目資料。

```
1  Private Sub UserForm_Initialize()
2      ListBox1.List = Range("B2:B4").Value
3      Label1.Caption = "目前沒有選取項目"
4  End Sub
5
6  Private Sub ListBox1_Click()
7      Label1.Caption = "目前選取項目資料是 " & ListBox1.Text
8  End Sub
```

執行結果

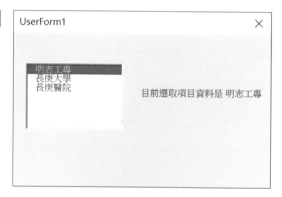

程式實例 ch36_13.xlsm：將所選的資料放在文字方塊。

```
1  Private Sub UserForm_Initialize()
2      ListBox1.List = Range("B2:B4").Value
3  End Sub
4
5  Private Sub ListBox1_Click()
6      TextBox1.Text = ListBox1.Text
7  End Sub
```

執行結果

36-3-5 節筆者介紹了 ListBox 的 List 屬性，清單資料其實就是儲存在此屬性內，所以我們也可以利用索引方式取得所選取的項目資料。

程式實例 ch36_14.xlsm：重新設計 ch36_12.xlsm，列出所選的項目資料。

```
1   Private Sub UserForm_Initialize()
2       ListBox1.List = Range("B2:B4").Value
3       Label1.Caption = "目前沒有選取項目"
4   End Sub
5
6   Private Sub ListBox1_Click()
7       With ListBox1
8           Label1.Caption = "目前選取項目資料是 " & .List(.ListIndex)
9       End With
10  End Sub
```

執行結果 與 ch36_12.xlsm 相同。

36-3-8 刪除清單方塊內的項目資料 RemoveItem 方法

有關刪除清單方塊資料有一點需要提醒的是，清單方塊的第一列資料的索引是 1，也就是 ListIndex 是 0，第二列資料是 1，其他依此類推。

程式實例 ch36_15.xlsm：按刪除鈕可以刪除所點選的項目資料。

```
1   Private Sub UserForm_Initialize()
2       ListBox1.List = Range("B2:B4").Value
3       CommandButton1.Caption = "刪除"
4   End Sub
5
6   Private Sub CommandButton1_Click()
7       ListBox1.RemoveItem ListBox1.ListIndex
8   End Sub
```

執行結果

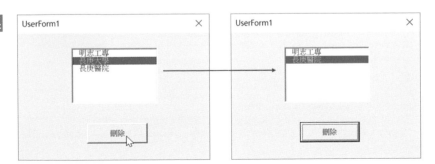

36-3-9　刪除清單方塊內所有項目資料 Clear 方法

Clear 方法可以刪除清單方塊內所有項目資料。

程式實例 ch36_16.xlsm：按刪除鈕可以刪除所有項目資料。

```
1  Private Sub UserForm_Initialize()
2      ListBox1.List = Range("B2:B4").Value
3      CommandButton1.Caption = "刪除"
4  End Sub
5
6  Private Sub CommandButton1_Click()
7      ListBox1.Clear
8  End Sub
```

執行結果

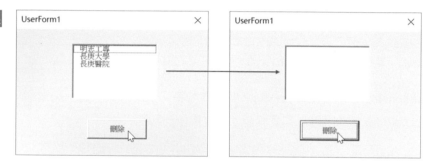

36-3-10　取得清單方塊項目資料筆數 – ListCount 屬性

ListBox 的 ListCount 屬性可以回傳目前清單方塊的所有項目資料的筆數。

程式實例 ch36_17.xlsm：列出目前清單方塊所有項目資料筆數和最後一筆項目資料內容。

```
1  Private Sub UserForm_Initialize()
2      ListBox1.List = Range("B2:B4").Value
3      CommandButton1.Caption = "確定"
4      Label1.Caption = ""
5      Label2.Caption = ""
6  End Sub
7
8  Private Sub CommandButton1_Click()
9      Label1.Caption = "有 " & ListBox1.ListCount & " 筆"
10     Label2.Caption = "最後一筆資料 : " & ListBox1.List(ListBox1.ListCount - 1)
11 End Sub
```

執行結果

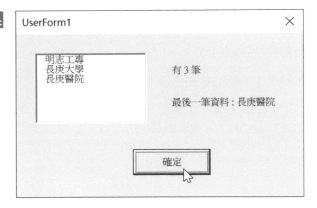

36-3-11 在不同清單移動所選項目資料

要移動所選項目資料,步驟如下:

1: 選取要移動的項目資料,同時儲存。

2: 將要移動的項目資料刪除。

3: 將步驟一儲存的項目資料加入目的清單方塊。

程式實例 ch36_18.xlsm:將左邊清單方塊選取的項目資料移至右邊的清單方塊。

```
1   Private Sub UserForm_Initialize()
2       ListBox1.List = Range("B2:B4").Value
3       CommandButton1.Caption = "移動"
4   End Sub
5
6   Private Sub CommandButton1_Click()
7       Dim msg As String
8       If ListBox1.ListIndex >= 0 Then
9           msg = ListBox1.Text
10          ListBox1.RemoveItem ListBox1.ListIndex
11          ListBox2.AddItem msg
12      End If
13  End Sub
```

執行結果

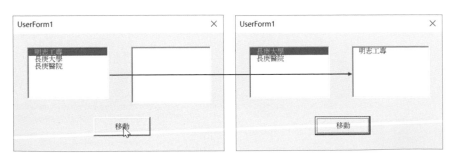

36-3-12　相同清單上下移動項目資料

要在相同清單方塊往上移動所選項目資料，步驟如下：

1：　先確定所選項目資料不是最上方列的資料。

2：　選取要移動的項目資料，同時儲存資料和索引。

3：　將要移動的項目資料刪除。

4：　將步驟一儲存的項目資料加入清單方塊，原索引減 1 的位置。

程式實例 ch36_19.xlsm：按往上移動鈕可以將所選的項目資料往上移動，筆者也設計了往下移動鈕，不過這是讓讀者自行練習，所以筆者將 Enabled 屬性設為 False。

```
1  Private Sub UserForm_Initialize()
2      ListBox1.List = Range("B2:B4").Value
3      CommandButton1.Caption = "往上移動"
4      With CommandButton2
5          .Caption = "往下移動"
6          .Enabled = False
7      End With
8  End Sub
9
10 Private Sub CommandButton1_Click()
11     Dim msg As String
12     Dim i As Integer
13     If ListBox1.ListIndex > 0 Then
14         With ListBox1
15             msg = .Text                  ' 儲存資料
16             i = .ListIndex - 1           ' 新索引
17             .RemoveItem .ListIndex       ' 刪除資料
18             .AddItem msg, i              ' 在新索引插入資料
19             .ListIndex = i               ' 更新索引
20         End With
21     End If
22 End Sub
```

執行結果

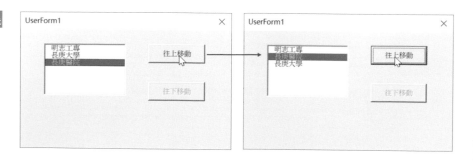

上述第 18 列指令如下：

```
AddItem msg, i
```

預設所插入資料是在清單項目的最下方，如果想插入中間位置，可以使用 AddItem 的第 2 個索引設定位置，這也是 i 的功能。

36-3-13　複選清單方塊內容 – MultiSelect 屬性

在預設環境清單方塊是單選，若是將 MultiSelect 屬性設為 fmMultiSelectMulti 或是 fmMultiSelectExtended，則可以複選清單方塊的項目資料。

程式實例 ch36_20.xlsm：複選清單方塊的項目，讀者可以點選多筆項目資料，這一個實例筆者多設計了 2 筆資料，供複選資料做體會。

```
1   Private Sub UserForm_Initialize()
2       With ListBox1
3           .List = Range("B2:B6").Value
4           .MultiSelect = fmMultiSelectMulti
5       End With
6   End Sub
```

執行結果

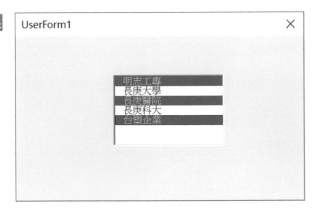

36-3-14　取得複選的資料 – Selected 屬性

當 Selected 屬性為 True 時，代表該項目被選取。

程式實例 ch36_21.xlsm：按列印鈕，可以列出所選的項目資料。

```
1   Private Sub UserForm_Initialize()
2       CommandButton1.Caption = "列印"
3       With ListBox1
4           .List = Range("B2:B6").Value
5           .MultiSelect = fmMultiSelectMulti
6       End With
7   End Sub
8
9   Private Sub CommandButton1_Click()
10      Dim i As Integer
11      Dim msg As String
12      With ListBox1
13          For i = 0 To .ListCount - 1
14              If .Selected(i) = True Then
15                  msg = msg & .List(i) & vbCrLf
16              End If
17          Next i
18      End With
19      MsgBox msg
20  End Sub
```

執行結果

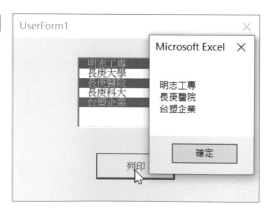

36-3-15　多欄的清單方塊

要建立多欄位清單，需要使用下列屬性：

ColumnCount：設定欄位數。

ColumnWidths：設定每個欄位的寬度

第 1 個欄位可以用 AddItem 方式加入項目資料，第 2 個欄位可以使用 List(I, 1) 方式加入資料項目，也就是將 List 屬性當作多為陣列方式處理。

程式實例 ch36_22.xlsm：建立多欄位的清單方塊，當按下列印鈕，可以列出所選的清單項目。

```
1    Private Sub UserForm_Initialize()
2        Dim i As Integer
3        CommandButton1.Caption = "列印"
4        With ListBox1
5            .ColumnCount = 2                    ' 設定欄位數
6            .ColumnWidths = "60, 40"            ' 設定欄寬度
7            For i = 2 To 4
8                .AddItem Cells(i, 2)            ' 加入單位
9                .List(i - 2, 1) = Cells(i, 3)   ' 加入地點
10           Next i
11       End With
12   End Sub
13
14   Private Sub CommandButton1_Click()
15       With ListBox1
16           MsgBox .List(.ListIndex, 0) & "   " & .List(.ListIndex, 1)
17       End With
18   End Sub
```

執行結果

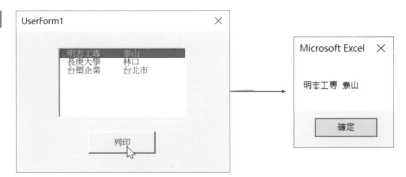

36-3-16 顯示選項按鈕 / 核取方塊 – ListStyle 屬性

如果目前只能單選項目資料時，設定 ListStyle = fmListStyleOption 屬性可以讓清單方塊項目資料類似選項按鈕的左邊，有圓形觀念。

程式實例 ch36_23.xlsm：清單方塊項目資料類似選項按鈕的左邊，有圓形觀念。

```
1    Private Sub UserForm_Initialize()
2        With ListBox1
3            .List = Range("B2:B4").Value
4            .ListStyle = fmListStyleOption
5        End With
6        Label1.Caption = "目前沒有選取項目"
7    End Sub
8
```

```
 9  Private Sub ListBox1_Click()
10      Label1.Caption = "目前選取項目資料是 " & ListBox1.Text
11  End Sub
```

執行結果

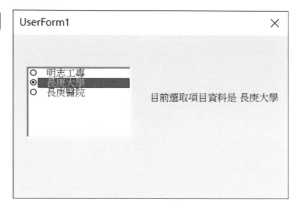

如果目前是複選項目資料時，設定 ListStyle = fmListStyleOption 屬性可以讓清單方塊項目資料類似核取方塊的左邊，有方形觀念。

程式實例 ch36_24.xlsm：清單方塊項目資料類似核取方塊的左邊，有方形觀念。

```
1  Private Sub UserForm_Initialize()
2      With ListBox1
3          .List = Range("B2:B6").Value
4          .MultiSelect = fmMultiSelectMulti
5          .ListStyle = fmListStyleOption
6      End With
7  End Sub
```

執行結果

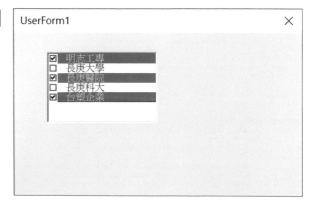

36-4 下拉式方塊 ComboBox

下拉式方塊 ComboBox 控制項如下：

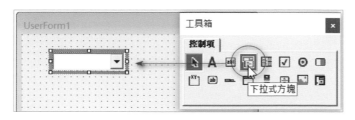

使用 ComboBox 下拉式方塊時，與清單方塊類似一般皆是在 UserForm 初始化 (Initialize) 時，為 ComboBox 建立項目資料。基本上下拉式方塊 ComboBox 可以說是文字方塊 TextBox 與清單方塊 ListBox 的組合，ComboBox 控制項最常使用的是 Click 事件，程式設計師可以依據 Click 事件設計相關的應用。

至於 ComboBox 控制項的許多屬性與 ListBox 控制項相同，下列將以實例解說。

36-4-1　將工作表資料與 ComboBox 產生連結 - RowSource 屬性

36-3-3 節的 RowSource 屬性主要功能是將工作表的資料與清單方塊 ListBox 產生連結，將這個觀念應用在 ComboBox，也可以說是將工作表資料新增到 ComboBox。這個方法的缺點是未來不可以使用 AddItem 新增項目，也不可以刪除項目資料。

建立方塊完成後，可用滑鼠點選選取或取消選取項目資料。

程式實例 ch36_25.xlsm：使用 RowSource 將儲存格 B2:B4 內容新增到清單方塊 ListBox，儲存格的內容可以參考 ch36_7.xlsm。

```
1  Private Sub UserForm_Initialize()
2      ComboBox1.RowSource = "B2:B4"
3  End Sub
```

 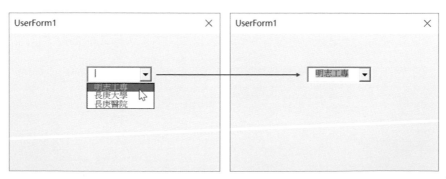

36-4-2　增加清單項目資料 - AddItem 方法

這個方法可以為清單方塊增加項目資料，增加方式讀者可以參考下列實例。

程式實例 ch36_26.xlsm：使用 AddItem 方法為清單增加項目資料，工作表內容與 ch36_25.xlsm 相同。

```
1   Private Sub UserForm_Initialize()
2       Dim i As Integer
3       For i = 2 To 4
4           ComboBox1.AddItem Cells(i, 2)
5       Next i
6       With ComboBox2
7           .AddItem Cells(2, 2)
8           .AddItem Cells(3, 2)
9           .AddItem Cells(4, 2)
10      End With
11  End Sub
```

執行結果

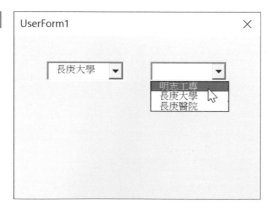

36-4-3　在 ComboBox 的文字欄位輸入資料 – Text 屬性

ComboBox 有一個的特色是除了可以在下拉式選單選擇項目資料，也可以在文字欄位輸入資料，不過所輸入的資料將不在下拉式清單中。

程式實例 ch36_27.xlsm：在文字欄位輸入資料，不過所輸入的資料不在下拉式清單中。

```
1   Private Sub UserForm_Initialize()
2       Dim i As Integer
3       For i = 2 To 4
4           ComboBox1.AddItem Cells(i, 2)
5       Next i
6   End Sub
```

執行結果

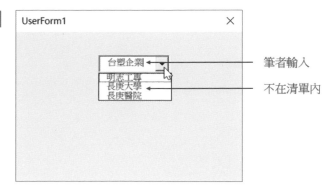

　　ComboBox 的 Text 屬性會記錄所輸入的資料,所以若是想要將所輸入的資料儲存至下拉式清單,可以使用語法 AddItem 方法。

程式實例 ch36_28.xlsm:將輸入加入清單。

```
1   Private Sub UserForm_Initialize()
2       Dim i As Integer
3       For i = 2 To 4
4           ComboBox1.AddItem Cells(i, 2)
5       Next i
6       CommandButton1.Caption = "加入"
7   End Sub
8
9   Private Sub CommandButton1_Click()
10      With ComboBox1
11          If ComboBox1 = "" Then        ' 如果沒有資料
12              Exit Sub                  ' 結束 Sub
13          End If
14          .AddItem .Text                ' 加入ComboBox
15      End With
16  End Sub
```

執行結果

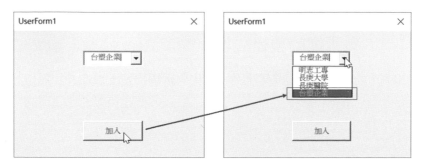

　　上述筆者使用了很簡單的方式在下拉式清單中加入資料,在正式設計時最好再加入資料前先檢查是否資料已經存在,如果資料已經存在就放棄加入。

程式實例 ch36_29.xlsm：擴充設計 ch36_28.xlsm，加入資料前先檢查是否資料已經存在，如果已經存在則不加入，同時列出警告視窗。

```
1   Private Sub UserForm_Initialize()
2       Dim i As Integer
3       For i = 2 To 4
4           ComboBox1.AddItem Cells(i, 2)
5       Next i
6       CommandButton1.Caption = "加入"
7   End Sub
8
9   Private Sub CommandButton1_Click()
10      With ComboBox1
11          If ComboBox1 = "" Then              ' 如果沒有資料
12              Exit Sub                        ' 結束 Sub
13          End If
14          For i = 0 To .ListCount - 1
15              If .Text = .List(i) Then        ' 如果資料已經存在
16                  MsgBox "資料已經存在", vbCritical
17                  Exit Sub                    ' 結束 Sub
18              End If
19          Next i
20          .AddItem .Text                      ' 加入ComboBox
21      End With
22  End Sub
```

執行結果

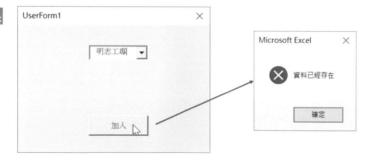

36-4-4　列出所選的項目內容

在 ComboBox 中若是選擇某個項目，此所選項目會出現在文字欄位，而此欄位可以使用 Text 屬性取得，可以參考上一小節，所以我們也可以使用這個屬性獲得所選的項目。

程式實例 ch36_30.xlsm：列出所選的項目。

```
1   Private Sub UserForm_Initialize()
2       ComboBox1.List = Range("B2:B4").Value
3       Label1.Caption = "目前沒有選取項目"
```

```
4  End Sub
5
6  Private Sub ComboBox1_Click()
7      Label1.Caption = "目前選取項目資料是 " & ComboBox1.Value
8  End Sub
```

執行結果

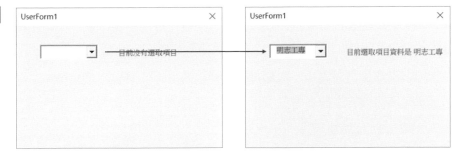

36-4-5　顯示選項按鈕 / 核取方塊 – ListStyle 屬性

36-3-16 節顯示選項按鈕 / 核取方塊的觀念也可以應用在 ComboBox。

程式實例 ch36_31.xlsm：ComboBox 項目資料類似選項按鈕的左邊，有圓形觀念。

```
1   Private Sub UserForm_Initialize()
2       With ComboBox1
3           .List = Range("B2:B4").Value
4           .ListStyle = fmListStyleOption
5       End With
6       Label1.Caption = "目前沒有選取項目"
7   End Sub
8
9   Private Sub ComboBox1_Click()
10      Label1.Caption = "目前選取項目資料是 " & ComboBox1.Text
11  End Sub
```

執行結果

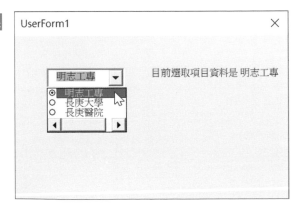

36-5 框架 Frame

　　框架 Frame 其實是一個容器，對於內含複雜多樣的控制項目，可以先將有關連的部分先組合成框架。例如：在 36-1 節筆者有介紹選項鈕，此控制項的特色是一次只能有一個選項被選取，如果我們要設計含有學歷與性別的選項鈕，不使用框架就會出現問題。

　　因為學歷欄位必須有一項被選取，性別欄位也必須有一項被選取，這時可以使用將學歷欄位的選項歸類在一個框架。與性別有關的選項鈕歸類在另一個框架，這樣就可以克服選項鈕只能有一項選取的困擾。

　　框架 Frame 控制項如下：

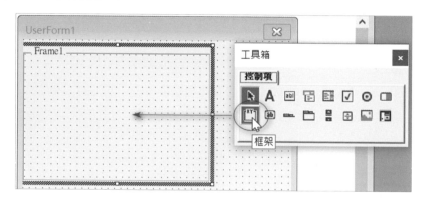

36-5-1 建立框架

　　框架預設的名稱是 Frame + 1，1 是框架編號，我們可以使用 Caption 屬性更改。

程式實例 ch36_32.xlsm：建立含選項按鈕的學歷欄框架與性別欄框架。

```
1  Private Sub UserForm_Initialize()
2      Frame1.Caption = "學歷"
3      OptionButton1.Caption = "研究所"
4      OptionButton2.Caption = "大學"
5      OptionButton3.Caption = "高中"
6      Frame2.Caption = "性別"
7      OptionButton4.Caption = "男"
8      OptionButton5.Caption = "女"
9  End Sub
```

執行結果
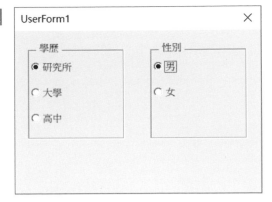

36-5-2 列出點選結果

讀者可以參考 36-1 節的 OptionButton 物件的觀念，當一個選項按鈕被選取時，他的 Value 屬性是 True，我們可以利用這個觀念設計選項的結果。

程式實例 ch36_33.xlsm：列出學歷與性別。

```
1   Private Sub UserForm_Initialize()
2       Frame1.Caption = "學歷"
3       OptionButton1.Caption = "研究所"
4       OptionButton2.Caption = "大學"
5       OptionButton3.Caption = "高中"
6       Frame2.Caption = "性別"
7       OptionButton4.Caption = "男"
8       OptionButton5.Caption = "女"
9       CommandButton1.Caption = "列印"
10  End Sub
11
12  Private Sub CommandButton1_Click()
13      Dim msg As String
14      Dim i As Integer
15      For i = 1 To 5
16          If Controls("optionbutton" & i).Value = True Then
17              msg = msg & Controls("optionbutton" & i).Caption & " "
18          End If
19      Next i
20      MsgBox msg
21  End Sub
```

執行結果

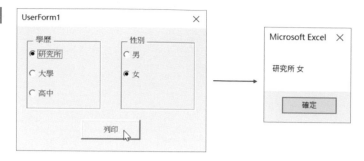

36-6 多重頁面 MultiPage

多重頁面也是一種容器，我們可以將有相關屬性的控制項集中在一個頁面，例如：企業可以將員工、供應商、經銷商、業務單位分別建立在不同頁面，這樣就可以建立一個完整的企業應用。

多重頁面 MultiPage 控制項的物件是 MultiPage，每個頁面物件是 Pages，下列是建立多重頁面的物件方式：

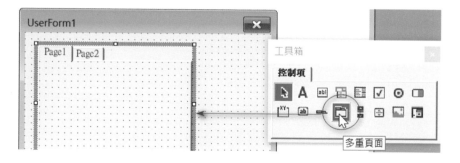

36-6-1 多重頁面的名稱 - Caption 屬性

我們可以使用 UserForm 最初化時，用下列方式分別設定各頁面的名稱：

MultiPage1.Pages(0).Caption

…

MultiPage1.Pages(n).Caption

程式實例 ch36_34.xlsm：建立多重頁面，同時將頁面名稱改為員工與供應商。

```
1   Private Sub UserForm_Initialize()
2       With MultiPage1
3           .Pages(0).Caption = "員工"
4           .Pages(1).Caption = "供應商"
5       End With
6   End Sub
```

執行結果

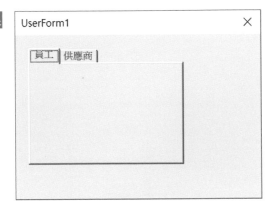

36-6-2　增加頁面 – Add 方法

程式實例 ch36_35.xlsm：增加頁面使用 Add 方法。

```
1   Private Sub UserForm_Initialize()
2       With MultiPage1
3           .Pages(0).Caption = "員工"
4           .Pages(1).Caption = "供應商"
5           .Pages.Add "經銷商"
6       End With
7   End Sub
```

執行結果

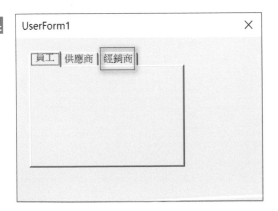

36-6-3 多重頁面的目前頁面 - Value 屬性

MultiPage1 的 Value 屬性可以得知目前開啟的頁面,如果 Value 是 0,表示目前開啟第一頁,1 表示目前開啟第 2 頁,其他依此類推。

程式實例 ch36_36.xlsm:擴充設計 ch36_35.xlsm,使用 MultiPage1 的 Change 事件列出目前開啟第幾頁。

```
1   Private Sub UserForm_Initialize()
2       With MultiPage1
3           .Pages(0).Caption = "員工"
4           .Pages(1).Caption = "供應商"
5           .Pages.Add "經銷商"
6       End With
7   End Sub
8
9   Private Sub MultiPage1_Change()
10      Select Case MultiPage1.Value
11          Case 0
12              MsgBox "開啟了員工頁面"
13          Case 1
14              MsgBox "開啟供應商頁面"
15          Case 2
16              MsgBox "開啟經銷商頁面"
17      End Select
18  End Sub
```

執行結果

36-7 微調按鈕 SpinButton

微調按鈕 SpinButton 是一種數值控制器，我們可以可以使用點選箭頭鈕的方式控制數值的值，利用此值做進一步的資料處理。下列是建立 SpinButton 物件方式：

預設所建立的微調按鈕是垂直顯示，如果更改寬度有可以水平顯示，如下：

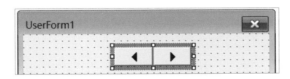

36-7-1 SpinButton 的常用屬性

當建立微調按鈕 SpinButton 後，此微調按鈕的物件名稱分別是 SpinButton1，然後編號逐步增加 1，我們可以使用 UserForm 的最初化 (Initialize) 設定 SpinButton 的下列重要屬性：

- Max：最大值，預設是 100。
- Min：最小值，預設是 0。
- Value：目前值，預設是 0。
- SmallChange：每次更動的大小，預設是 1。

使用 SpinButton 時，上右箭頭是加，下左箭頭是減。

36-7-2　程式應用

程式實例 ch36_37.xlsm：使用 SpinButton 觀察數值在 0 ～ 10 間的變化。

```
1   Private Sub UserForm_Initialize()
2       With SpinButton1
3           .Max = 10
4           .Min = 0
5           .SmallChange = 1
6       End With
7       Label1.Caption = "目前值 : " & SpinButton1.Value
8   End Sub
9
10  Private Sub SpinButton1_Change()
11      Label1.Caption = "目前值 : " & SpinButton1.Value
12  End Sub
```

執行結果

程式實例 ch36_38.xlsm：使用 SpinButton 觀察工作表數值的變化。

```
1   Private Sub UserForm_Initialize()
2       SpinButton1.Max = 6
3       SpinButton1.Min = 1
4       Label1.Caption = "1 月"
5       Label2.Caption = "冷飲"
6       Label3.Caption = "文具"
7   End Sub
8
9   Private Sub SpinButton1_Change()
10      Dim m As Integer
11      m = SpinButton1.Value + 1
12      TextBox1.Value = Cells(m, 2)
13      TextBox2.Value = Cells(m, 3)
14      Label1.Caption = Cells(m, 1)
15  End Sub
```

執行結果

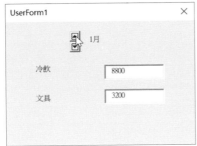 

36-8 捲軸 ScrollBar

捲軸 ScrollBar 可以視為微調按鈕 SpinButton 的擴充，也是一種數值控制器，在捲軸中間有一個滑動鈕，滑動鈕的位置就是捲軸值，我們可以可以使用點選箭頭鈕或是的箭頭與滑動鈕中間位置方式控制滑動鈕的值，然後利用此值做進一步的資料處理。下列是建立 ScrollBar 物件方式：

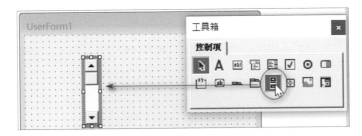

預設所建立的捲軸是垂直顯示，如果更改寬度有可以水平顯示，如下：

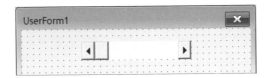

36-8-1 ScrollBar 的常用屬性

當建立捲軸 ScrollBar 後，此捲軸 ScrollBar 的物件名稱分別是 ScrollBar1，然後編號逐步增加 1，我們可以使用 UserForm 的最初化 (Initialize) 設定 ScrollBar 的下列重要屬性：

- Max：最大值，預設是 100。

- Min：最小值，預設是 0。

- Value：滑動鈕目前值，預設是 0。

- SmallChange：每次按兩端箭頭更動的大小，預設是 1。

- LargeChange：按箭頭與滑動鈕之間的區域更動的大小，預設是 1。

36-8-2　程式應用

程式實例 ch36_39.xlsm：使用 ScrollBar 觀察數值在 0 ~ 100 間的變化。

```
1   Private Sub UserForm_Initialize()
2       With ScrollBar1
3           .Max = 100
4           .Min = 0
5           .SmallChange = 1
6           .LargeChange = 5
7       End With
8       Label1.Caption = "目前值 : " & ScrollBar1.Value
9   End Sub
10
11  Private Sub ScrollBar1_Change()
12      Label1.Caption = "目前值 : " & ScrollBar1.Value
13  End Sub
```

執行結果

程式實例 ch36_40.xlsm：使用 3 個捲軸值觀察 3 個框架底部顏色的變化，同時 3 組顏色也用做控制 UserForm 底部顏色。

```
1   Private Sub ScrollBar1_Change()
2       Frame1.BackColor = RGB(ScrollBar1.Value, 0, 0)
3       Label1.Caption = "Red = " & ScrollBar1.Value
4       Me.BackColor = RGB(ScrollBar1.Value, ScrollBar2.Value, ScrollBar3.Value)
5   End Sub
6
7   Private Sub ScrollBar2_Change()
8       Frame2.BackColor = RGB(0, ScrollBar2.Value, 0)
9       Label2.Caption = "Green = " & ScrollBar2.Value
10      Me.BackColor = RGB(ScrollBar1.Value, ScrollBar2.Value, ScrollBar3.Value)
11  End Sub
12
```

```
13   Private Sub ScrollBar3_Change()
14       Frame3.BackColor = RGB(0, 0, ScrollBar3.Value)
15       Label3.Caption = "Blue = " & ScrollBar3.Value
16       Me.BackColor = RGB(ScrollBar1.Value, ScrollBar2.Value, ScrollBar3.Value)
17   End Sub
18
19   Private Sub UserForm_Initialize()
20       Frame1.Caption = "Red"
21       Frame2.Caption = "Green"
22       Frame3.Caption = "Blue"
23       Label1.BackStyle = fmBackStyleTransparent
24       Label2.BackStyle = fmBackStyleTransparent
25       Label3.BackStyle = fmBackStyleTransparent
26       With ScrollBar1
27           .Min = 0
28           .Max = 255
29           .SmallChange = 1
30           .LargeChange = 10
31       End With
32       With ScrollBar2
33           .Min = 0
34           .Max = 255
35           .SmallChange = 1
36           .LargeChange = 10
37       End With
38       With ScrollBar3
39           .Min = 0
40           .Max = 255
41           .SmallChange = 1
42           .LargeChange = 10
43       End With
44   End Sub
```

執行結果

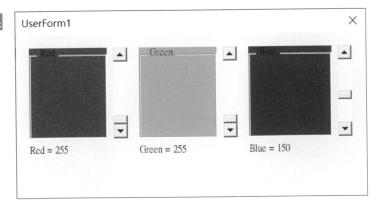

36-9　圖像 Image

圖像 Image 可以在物件內使用 LoadPicture 函數將圖片插入物件位置。下列是建立 Image 物件方式：

目前 Excel VBA 支援常用的圖檔格式，例如：jpg、gif、ico、bmp、wmf,…等。

程式實例 ch36_41.xlsm：點選名字，然後將該名字的相片插入圖像位置。

```
1   Private Sub ListBox1_Click()
2       Dim mypict As String
3       Select Case ListBox1.Value
4           Case "洪錦魁"
5               mypict = "hung.jpg"
6           Case "王博士"
7               mypict = "wang.jpg"
8       End Select
9       With Image1
10          .Picture = LoadPicture(mypict)
11          .PictureAlignment = fmPictureAlignmentCenter
12          .PictureSizeMode = fmPictureSizeModeZoom
13      End With
14  End Sub
15
16  Private Sub UserForm_Initialize()
17      ListBox1.List = Range("B3:B4").Value
18  End Sub
```

執行結果

上述第 12 列 PictureSizeMode 筆者使用 fmPictureSizeModeZoom，雖然圖像不失真，不過圖像會有空白，無法填滿圖像框。

程式實例 ch36_42.xlsm：重新設計 ch36_41.xlsm，將 PictureSizeMode 改為使用 fmPictureSizeStretch，圖像雖有失真，但是可以填滿圖像框，讀者可以比較差異。

```
12          .PictureSizeMode = fmPictureSizeModeStretch
```

執行結果

　　上述實例雖然可以精準的將圖片安置在物件內，缺點是如果員工有很多，第 3～8 列，要為每個員工插入圖片不是很有效率的設計，這時我們可以在工作表姓名左邊增加圖片檔案名稱，當點選姓名時將右邊的圖片帶入程式，這應該是比較好的設計模式。

程式實例 ch36_43.xlsm：改良 ch36_42.xlsm 的 Select … Case 方式取得圖片檔案名稱。

```
1  Private Sub ListBox1_Click()
2      Dim mypict As String
3      mypict = Range("C" & ListBox1.ListIndex + 3)
4      With Image1
5          .Picture = LoadPicture(mypict)
6          .PictureAlignment = fmPictureAlignmentCenter
7          .PictureSizeMode = fmPictureSizeModeStretch
8      End With
9  End Sub
10
11 Private Sub UserForm_Initialize()
12     ListBox1.RowSource = Sheets(1).Name & "!B3:B4"
13 End Sub
```

執行結果

36-10 ListView 控制項

ListView 是一種檢視多欄位的控制項，很早就被使用在 Window 檔案總管。這個控制項不存在於工具箱內，必須另行安裝。

36-10-1 安裝 ListView

將滑鼠游標放在工具箱的空白部分，按一下滑鼠右鍵，

執行新增控制項指令，可以看到新增控制項對話方塊。

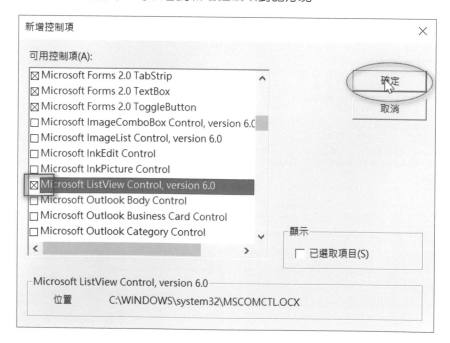

選擇 Microsoft ListView Control, version 6.0,按確定鈕,可以得到下列結果。

建立 ListView 物件與建立其他控制項物件一樣,如下所示:

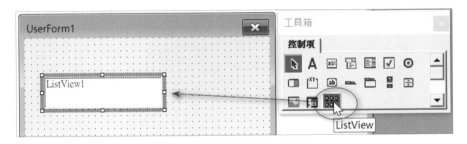

36-10-2 認識 ListView 的重要屬性

ListView 控制項的重要屬性如下:

- ColumnHeaders:欄位名稱,可以用 Add(Name, Caption) 設定欄位名稱和標題。
- View:設定 ListView 的顯示方式,常使用 lvwReport,這是報表格式。
- AllowColumnReorder:可設定是否可以調整欄寬。
- ListItems:各列與各欄的項目。
- FullRowSelect:設定選擇方式,如果設為 True,表示選擇整列。
- Gridlines:設定是否在 ListView 內部顯示格線,True 表示顯示,False 表示不顯示。

ListView 的常用方法:

- Add 方法:增加項目。
- Remove 方法:刪除項目。
- Clear 方法:刪除全部項目。

36-10-3　建立沒有資料的 ListView

程式實例 ch36_44.xlsm：建立一個空的 ListView。

```
1   Private Sub UserForm_Initialize()
2       With ListView1
3           .View = lvwReport
4           .AllowColumnReorder = True
5           .FullRowSelect = True
6           .Gridlines = True
7           .ColumnHeaders.Add , "theName", "姓名"
8           .ColumnHeaders.Add , "department", "部門"
9           .ColumnHeaders.Add , "gender", "性別"
10      End With
11  End Sub
```

執行結果

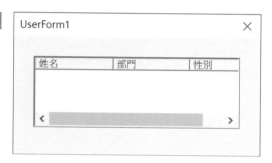

36-10-4　增加單欄位資料

程式實例 ch36_45.xlsm：為 ListView 增加資料，所增加的資料是在工作表內，下列是工作表內容。

	A	B	C	D
1				
2		深智員工資料表		
3		姓名	部門	性別
4		洪錦魁	編輯部	男
5		周曾明	業務部	男
6		林玉芳	財務部	女

```
1   Private Sub CommandButton1_Click()
2       Dim i As Integer
3       For i = 4 To 6
4           With ListView1.ListItems.Add
5               .Text = Cells(i, 2)
6           End With
7       Next i
```

```
8   End Sub
9
10  Private Sub UserForm_Initialize()
11      With ListView1
12          .View = lvwReport
13          .AllowColumnReorder = True
14          .FullRowSelect = True
15          .Gridlines = True
16          .ColumnHeaders.Add , "theName", "姓名"
17          .ColumnHeaders.Add , "department", "部門"
18          .ColumnHeaders.Add , "gender", "性別"
19      End With
20      CommandButton1.Caption = "增加"
21  End Sub
```

執行結果

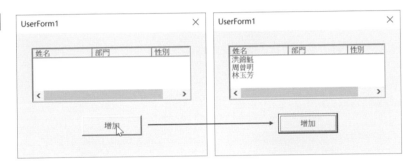

36-10-5　增加多欄位資料

程式實例 ch36_46.xlsm：擴充設計 ch36_45，將工作表單所有資料加入 ListView。

```
1   Private Sub CommandButton1_Click()
2       Dim i As Integer
3       For i = 4 To 6
4           With ListView1.ListItems.Add
5               .Text = Cells(i, 2)        ' 姓名
6               .SubItems(1) = Cells(i, 3)  ' 部門
7               .SubItems(2) = Cells(i, 4)  ' 性別
8           End With
9       Next i
10  End Sub
11
12  Private Sub UserForm_Initialize()
13      With ListView1
14          .View = lvwReport
15          .AllowColumnReorder = True
16          .FullRowSelect = True
17          .Gridlines = True
18          .ColumnHeaders.Add , "theName", "姓名"
19          .ColumnHeaders.Add , "department", "部門"
20          .ColumnHeaders.Add , "gender", "性別"
21      End With
22      CommandButton1.Caption = "增加"
23  End Sub
```

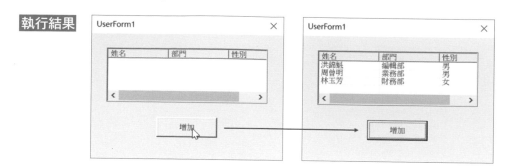

執行結果

讀者須留意上述第 6 和 7 列，在 ListView 中增加第 2 欄後，是使用 SubItems(n) 處理。

36-10-6 列出所選擇的項目

當使用滑鼠點選 ListView 時，可以產生 Click 事件，這時可以使用下列 2 個屬性獲得所點選的內容。

- SelectedItem.Index：所選的列，最上方的列是從 1 開始計數。

- SelectedItem：回傳所選第一欄的內容。

程式實例 ch36_47.xlsm：擴充 ch36_46.xlsm，在 ListView 控制項下方建立 Label，然後列出所選的項目。

```
1   Private Sub CommandButton1_Click()
2       Dim i As Integer
3       For i = 4 To 6
4           With ListView1.ListItems.Add
5               .Text = Cells(i, 2)          ' 姓名
6               .SubItems(1) = Cells(i, 3)   ' 部門
7               .SubItems(2) = Cells(i, 4)   ' 性別
8           End With
9       Next i
10  End Sub
11
12  Private Sub ListView1_Click()
13      With ListView1                       ' 用標籤列出所選內容
14          Label1.Caption = "你選擇第 " & .SelectedItem.Index _
15                         & " 列的 " & .SelectedItem
16          Label1.TextAlign = fmTextAlignCenter
17      End With
18  End Sub
19
20  Private Sub UserForm_Initialize()
21      With ListView1
22          .View = lvwReport
```

```
23          .AllowColumnReorder = True
24          .FullRowSelect = True
25          .Gridlines = True
26          .ColumnHeaders.Add , "theName", "姓名"
27          .ColumnHeaders.Add , "department", "部門"
28          .ColumnHeaders.Add , "gender", "性別"
29      End With
30      CommandButton1.Caption = "增加"
31      Label1.Caption = ""
32  End Sub
```

執行結果

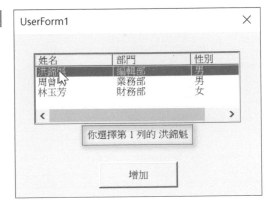

36-10-7 綜合應用

程式實例 ch36_48.xlsm：擴充 ch36_46.xlsm，當用滑鼠點選某項目後，將所選項目資料複製到對應的文字方塊。

```
1   Private Sub CommandButton1_Click()
2       Dim i As Integer
3       For i = 4 To 6
4           With ListView1.ListItems.Add
5               .Text = Cells(i, 2)          ' 姓名
6               .SubItems(1) = Cells(i, 3)   ' 部門
7               .SubItems(2) = Cells(i, 4)   ' 性別
8           End With
9       Next i
10  End Sub
11
12  Private Sub ListView1_Click()
13      Dim i As Integer
14      i = ListView1.SelectedItem.Index
15      TextBox1.Text = ListView1.ListItems(i)
16      TextBox2.Text = ListView1.ListItems(i).SubItems(1)
17      TextBox3.Text = ListView1.ListItems(i).SubItems(2)
18  End Sub
19
20  Private Sub UserForm_Initialize()
```

```
20    Private Sub UserForm_Initialize()
21        With ListView1
22            .View = lvwReport
23            .AllowColumnReorder = True
24            .FullRowSelect = True
25            .Gridlines = True
26            .ColumnHeaders.Add , "theName", "姓名"
27            .ColumnHeaders.Add , "department", "部門"
28            .ColumnHeaders.Add , "gender", "性別"
29        End With
30        CommandButton1.Caption = "增加"
31        Label1.Caption = "姓名 : "
32        Label1.TextAlign = fmTextAlignRight
33        Label2.Caption = "部門 : "
34        Label2.TextAlign = fmTextAlignRight
35        Label3.Caption = "性別 : "
36        Label3.TextAlign = fmTextAlignRight
37    End Sub
```

執行結果　下列是按增加鈕將資料載入 ListView 後的畫面。

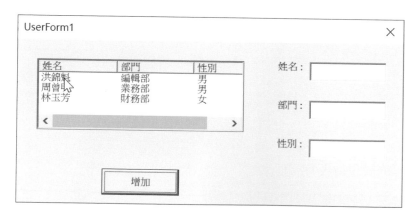

下列是點選洪錦魁後的結果，可以在右邊文字方塊看到對應的資料。

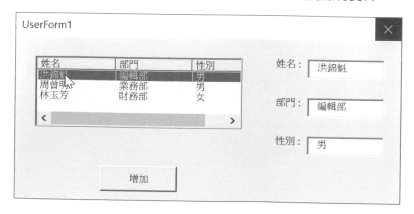

36-11　TreeView

TreeView 是一種以樹狀檢視多欄位的控制項，很早就被使用在 Window 檔案總管。這個控制項不存在於工具箱內，必須另行安裝。

36-11-1　安裝 TreeView

將滑鼠游標放在工具箱的空白部分，按一下滑鼠右鍵，

執行新增控制項指令，可以看到新增控制項對話方塊。

選擇 Microsoft TreeView Control, version 6.0，按確定鈕，可以得到下列結果。

建立 TreeView 物件與建立其他控制項物件一樣，如下所示：

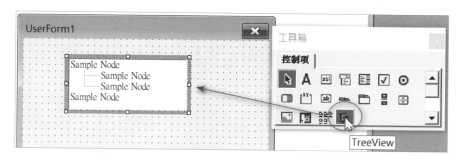

36-11-2　認識 TreeView 的幾個重要屬性

TreeView 控制項的重要屬性如下：

- Indentation：樹狀內縮距離。

- LineStyle：設定節點之間顯示的線條樣式，一般常用 tvwRootLines 有根節點的
  樣式。

- LabelEdit：0 或 tvwAutomatic 自動，1-tvmManual 手動。

- BorderStyle：0 或 ccNone 無邊框，1-ccFixedSingle 單邊框。

- HideSelection：如果是 True，移到其他控制項時會解除選取。如果是 False，
  則移到其他控制項時不會解除選取。

新增子節點的方法是 Add(Relative, Relationship, Text)，細節可以參考下列實例。

- Relative：指出與哪一個父節點有關連。

- Relationship：關係，如果是子節點，使用 tvwChild。

- Text：這個節點的標題。

程式實例 ch36_49.xlsm：建立 TreeView，然後點選了解整個結構，這個實例的工作表內容如下：

	A	B	C
1	亞洲	美洲	歐洲
2	日本	美國	德國
3	泰國		英國
4	韓國		

```
1   Private Sub UserForm_Initialize()
2       Dim i As Integer
3       For i = 1 To 3
4           TreeView1.Nodes.Add Key:="item" & i, Text:=Cells(1, i)
5       Next i
6   ' 增加亞洲的子節點
7       TreeView1.Nodes.Add relative:="item1", relationship:=tvwChild, _
8                           Text:=Cells(2, 1)
9       TreeView1.Nodes.Add relative:="item1", relationship:=tvwChild, _
10                          Text:=Cells(3, 1)
11      TreeView1.Nodes.Add relative:="item1", relationship:=tvwChild, _
12                          Text:=Cells(4, 1)
13  ' 增加美洲的子節點
14      TreeView1.Nodes.Add relative:="item2", relationship:=tvwChild, _
15                          Text:=Cells(2, 2)
16  ' 增加歐洲的子節點
17      TreeView1.Nodes.Add relative:="item3", relationship:=tvwChild, _
18                          Text:=Cells(2, 3)
19      TreeView1.Nodes.Add relative:="item3", relationship:=tvwChild, _
20                          Text:=Cells(3, 3)
21  End Sub
```

執行結果

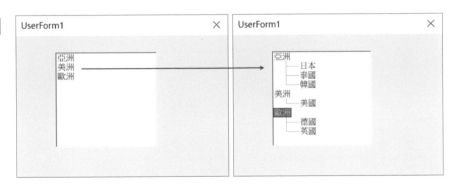

36-11-3 展開節點與列出所點選的字串

如果建立樹狀完成想要展開，可以使用 Expanded 屬性，如果要了解所點選的內容可以使用 SelectedItem.Text 屬性。

程式實例 ch36_50.xlsm：建立樹狀完成後展開亞洲子節點，同時未來點選節點可以列出所點選的內容。

```
1   Private Sub TreeView1_Click()
2       Dim str As String
3       str = TreeView1.SelectedItem.Text
4       MsgBox "你點選了 " & str
5   End Sub
6
7   Private Sub UserForm_Initialize()
8       Dim i As Integer
9       For i = 1 To 3
10          TreeView1.Nodes.Add Key:="item" & i, Text:=Cells(1, i)
11      Next i
12  ' 增加亞洲的子節點
13      TreeView1.Nodes.Add relative:="item1", relationship:=tvwChild, _
14                      Text:=Cells(2, 1)
15      TreeView1.Nodes.Add relative:="item1", relationship:=tvwChild, _
16                      Text:=Cells(3, 1)
17      TreeView1.Nodes.Add relative:="item1", relationship:=tvwChild, _
18                      Text:=Cells(4, 1)
19  ' 增加美洲的子節點
20      TreeView1.Nodes.Add relative:="item2", relationship:=tvwChild, _
21                      Text:=Cells(2, 2)
22  ' 增加歐洲的子節點
23      TreeView1.Nodes.Add relative:="item3", relationship:=tvwChild, _
24                      Text:=Cells(2, 3)
25      TreeView1.Nodes.Add relative:="item3", relationship:=tvwChild, _
26                      Text:=Cells(3, 3)
27  ' 展開
28      TreeView1.Nodes(1).Expanded = True
29  End Sub
```

執行結果

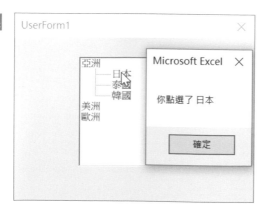

第三十七章

快顯功能表

37-1 新增 / 刪除 / 重設快顯功能表的指令

在 Excel 視窗，按一下滑鼠右鍵可以開啟快顯功能表，Excel VBA 可以使用 CommandBar 物件操作，這一節將講解新增與刪除快顯功能表的指令。

37-1-1 新增指令 Add

新增指令到快顯功能表，使用的是 Add 方法，語法如下：

expression.Add(Type, ID, Parameter, Before, Temporary)

上述 expression 是 CommandBars.Controls 物件，其他參數意義如下：

- Type：選用，新增加的指令類型，這是 MsoControl 列舉常數，可以是 msoControlButton、msoControlEdit、msoControlDropdown、msoControlComboBox，... 等。

- ID：選用，指定內建控制項的整數，可以在此設定內建功能。

- Parameter：選用，可以使用這個參數將資訊傳送到 Visual Basic 程序儲存。

- Before：選用，此新指令在快顯功能表的位置。

- Temporary：選用，True 表示暫時儲存，關閉檔案就結束，預設是 False>。

此外，需要了解下列 3 個物件：

- Controls 集合：這代表快顯功能表所有的指令集合。

- Cell：儲存格的快顯功能表稱 Cell。

- Caption：新增的指令。

程式實例 ch37_1.xlsm：新增加 myMarco 指令到快顯功能表。

```
1   Public Sub ch37_1()
2       CommandBars("Cell").Controls.Add.Caption = "myMarco"
3   End Sub
```

執行結果

新增加 myMarco 指令至快顯功能表後，即使將目前 Excel 視窗關閉，再重新開啟
Excel，也可以看到此指令在快顯功能表內。

37-1-2 刪除指令 Delete

Delete 指令可以刪除新增加的指令，下列程式基本上是將 ch37_1.xlsm 複製所以
原先工作表將存有 myMarco 指令。

程式實例 ch37_2.xlsm：刪除 myMarco 指令。

```
1   Public Sub ch37_2()
2       CommandBars("Cell").Controls("myMarco").Delete
3   End Sub
```

執行結果 現在開啟快顯功能表將看不到 myMarco 了。

註 未來各位有一系列在快顯功能表內練習建立指令，可以使用這個程式將所建立的
練習指令刪除。

37-1-3　重設快顯功能表 Reset

Reset 指令是重設快顯功能表，這個功能會讓快顯功能表回到預設狀態，原先新增加的指令或是增益集都將會消失。

程式實例 ch37_3.xlsm：重設快顯功能表，在執行這個程式前建議先執行 ch37_1.xlsm，然後才可以體會。

```
1  Public Sub ch37_3()
2      CommandBars("Cell").Reset
3  End Sub
```

執行結果　執行 ch37_1.xlsm 時會新增加 myMarco，執行這個指令後 myMarco 會消失。

37-2　設定新增指令的位置 Before

這一節觀念基本上是 37-1-1 節的延伸，在 Add 方法內使用 Before 參數。在建立指令時，預設是將指令建立在快顯功能表下方，使用 Before 參數可以指定指令的位置。

程式實例 ch37_4.xlsm：在快顯功能表上方增加 myMarco 指令。

```
1  Public Sub ch37_4()
2      With CommandBars("Cell").Controls.Add(Before:=1)
3          .Caption = "myMarco"
4      End With
5  End Sub
```

執行結果

37-3 替指令新增加分隔線

假設我們為快顯功能表建立一系列指令，建議可以為自己建立的快顯功能表增加分隔線，這樣可以和原先系統內建的快顯功能表做區隔。建立前首先要將群組布林值 (Boolean) 設為 True，方法如下：

CommandBars("Cell").Controls(1).BeginGroup = True

未來如果要刪除分隔線，只要將上述設為 False 即可。

CommandBars("Cell").Controls(1).BeginGroup = False

上述 Controls 的參數 1，代表第 1 個物件。

程式實例 ch37_5.xlsm：建立指令時，增加分隔線。

```
1   Public Sub ch37_5()
2       CommandBars("Cell").Controls(1).BeginGroup = True
3       With CommandBars("Cell").Controls.Add(Before:=1)
4           .Caption = "myMarco"
5       End With
6   End Sub
```

執行結果

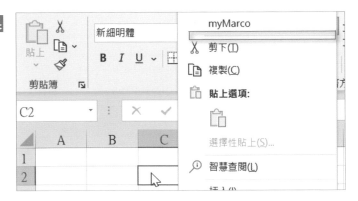

37-4 在指令前方增加圖示 FaceID

我們也可以在所建立的指令左邊建立 FaceID，下列是 0 ~ 299 的 FaceID 圖示表。

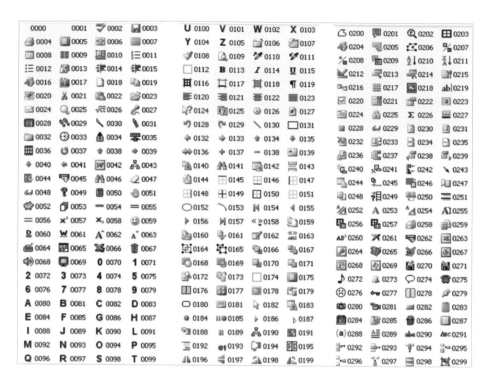

程式實例 ch37_6.xlsm：在所建立的指令左邊建立 FaceID = 25 的圖示。

```
1   Public Sub ch37_6()
2       CommandBars("Cell").Controls(1).BeginGroup = True
3       With CommandBars("Cell").Controls.Add(Before:=1)
4           .Caption = "myMarco"
5           .FaceId = 25
6       End With
7   End Sub
```

執行結果

37-5 建立指令的功能

37-5-1 為指令增加巨集功能 OnAction

現在我們所建立的指令是沒有作用，我們可以使用 OnAction 設定指令的功能。

程式實例 ch37_7.xlsm：為 myMarco 建立可以顯示現在時間的功能。

```
1   Public Sub ch37_7()
2       CommandBars("Cell").Controls(1).BeginGroup = True
3       With CommandBars("Cell").Controls.Add(Before:=1)
4           .Caption = "myMarco"
5           .FaceId = 25
6           .OnAction = "myMarcoJob"
7       End With
8   End Sub
9
10  Sub myMarcoJob()
11      MsgBox Time
12  End Sub
```

執行結果

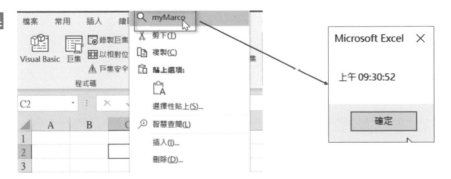

37-5-2 設定內建功能 ID

在 37-1-1 節的 Add 方法內有參數 ID，使用這個參數可以將系統內建功能指定給所建立的指令，幾個重要的 ID 功能可以參考下表：

ID 值	功能說明	ID 值	功能說明
2	拼字檢查	21	剪下
3	儲存檔案	22	貼上
4	列印	23	開啟舊檔
18	開新檔案	25	顯示比例
19	複製		

程式實例 ch37_8.xlsm：在快顯功能表建立開啟舊檔的功能，使用 ID = 23，同時也設定 FaceID = 23。

```
1  Public Sub ch37_8()
2      CommandBars("Cell").Controls(1).BeginGroup = True
3      With CommandBars("Cell").Controls.Add(Before:=1, ID:=23)
4          .Caption = "myMarco"
5          .FaceId = 23
6      End With
7  End Sub
```

執行結果

上述執行後可以得到下列結果。

37-6 在快顯功能表內建立子功能表

若是想要在快顯功能表內建立子功能表,在 37-1-1 節的 Add 方法內,請增加 Type = msoControlPopup 的參數設定。

程式實例 ch37_9.xlsm:在 myMarco 內建立子功能的應用。

```
1  Public Sub ch37_9()
2      CommandBars("Cell").Controls(1).BeginGroup = True
3      With CommandBars("Cell").Controls.Add(Before:=1, _
4          Type:=msoControlPopup)
5          .Caption = "myMarco"
6          With .Controls.Add
7              .Caption = "Test1"
8          End With
9          With .Controls.Add
10             .Caption = "Test2"
11         End With
12     End With
13 End Sub
```

執行結果

37-7 列出執行指令的標題

CommandBars.ActionControl 的 Capiton 屬性儲存執行指令的標題。

程式實例 ch37_10.xlsm：列出執行指令的標題。

```
1   Public Sub ch37_10()
2       CommandBars("Cell").Controls(1).BeginGroup = True
3       With CommandBars("Cell").Controls.Add(Before:=1, _
4           Type:=msoControlPopup)
5           .Caption = "myMarco"
6           With .Controls.Add
7               .Caption = "Test1"
8               .OnAction = "myMarcoJob"
9           End With
10          With .Controls.Add
11              .Caption = "Test2"
12          End With
13      End With
14  End Sub
15
16  Sub myMarcoJob()
17      MsgBox CommandBars.ActionControl.Caption    ' 列出程式標題
18  End Sub
```

執行結果

第三十八章

財務上的應用

這一章筆者將使用 Excel VBA 處理財務上應用的實例說明，這一章將使用 Excel 財物函數，如果讀者不熟悉，建議可以閱讀筆者所著 Excel 函數庫最完整職場 / 商業應用王者歸來，深智公司發行。

38-1 計算貸款年利率 Rate

程式實例 ch38_1.xlsm：輸入還款期限、每月還款金額、貸款總金額，計算貸款年利率。

```
1   Private Sub CommandButton1_Click()
2       Dim nper As Double              ' 還款期限
3       Dim pmt As Double               ' 每月還款金額
4       Dim pv As Double                ' 貸款總金額
5       Dim myrate As Double            ' 年利率
6       nper = TextBox1.Value
7       pmt = TextBox2.Value
8       pv = TextBox3.Value
9       myrate = WorksheetFunction.rate(nper * 12, -pmt, pv) * 12
10      TextBox4.Value = Round(myrate * 100, 2) & "%"
11  End Sub
12
13  Private Sub UserForm_Initialize()
14      CommandButton1.Caption = "計算"
15      Label1.Caption = "還款期限(年) : "
16      Label1.TextAlign = fmTextAlignRight
17      Label2.Caption = "每月還款金額 : "
18      Label2.TextAlign = fmTextAlignRight
19      Label3.Caption = "貸款金額 : "
20      Label3.TextAlign = fmTextAlignRight
21      Label4.Caption = "貸款年利率 : "
22      Label4.TextAlign = fmTextAlignRight
23  End Sub
```

執行結果

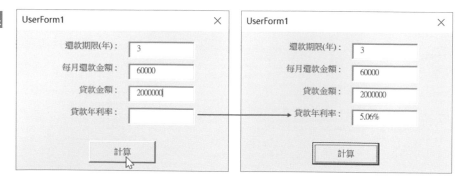

上述第 9 列 Rate 函數的用法可以參考筆者所著，「Excel 函數庫最完整職場商業應用王者歸來」書籍的 12-1-1 節。或是參考 4-12-1 節，詢問 ChatGPT 此函數的用法（這個觀念可以應用在未來各節內容）。

38-2 第一桶金存款計畫書 PMT

程式實例 ch38_2.xlsm：輸入年利率、存款期限、第一桶金金額，計算每個月的存款金額。

```
1  Private Sub CommandButton1_Click()
2      Dim rate As Double              ' 年利率
3      Dim nper As Double              ' 存款期限
4      Dim pv As Double                ' 第一桶金金額
5      Dim mypmt As Double             ' 每月存款金額
6
7      rate = TextBox1.Value / 100
8      nper = TextBox2.Value
9      pv = TextBox3.Value
10     mypmt = WorksheetFunction.pmt(rate / 12, nper * 12, 0, pv, 1)
11     TextBox4.Value = -Round(mypmt, 2)
12 End Sub
13
14 Private Sub UserForm_Initialize()
15     CommandButton1.Caption = "計算"
16     Label1.Caption = "年利率(單位%) : "
17     Label1.TextAlign = fmTextAlignRight
18     Label2.Caption = "定期定額存款期間(年) : "
19     Label2.TextAlign = fmTextAlignRight
20     Label3.Caption = "第一桶金金額 : "
21     Label3.TextAlign = fmTextAlignRight
22     Label4.Caption = "每月存款金額 : "
23     Label4.TextAlign = fmTextAlignRight
24 End Sub
```

執行結果

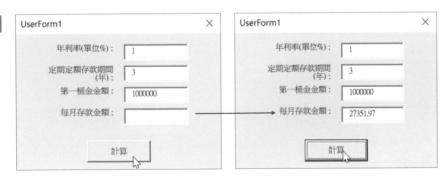

上述第 10 列 PMT 函數的用法可以參考筆者所著，「Excel 函數庫最完整職場商業應用王者歸來」書籍的 12-4-1 節。

38-3 計算投資報酬率 IRR

程式實例 ch38_3.xlsm：輸入期初投資金額，以及未來 4 年收益，最後列出投資報酬率。

```
1   Private Sub CommandButton1_Click()
2       Dim arr(5) As Double
3       arr(0) = -TextBox1.Value
4       arr(1) = TextBox2.Value
5       arr(2) = TextBox3.Value
6       arr(3) = TextBox4.Value
7       arr(4) = TextBox5.Value
8       result = WorksheetFunction.IRR(arr)
9       TextBox6.Value = Round(result * 100, 2) & "%"
10  End Sub
11
12  Private Sub UserForm_Initialize()
13      CommandButton1.Caption = "計算"
14      Label1.Caption = "期初投資 : "
15      Label1.TextAlign = fmTextAlignRight
16      Label2.Caption = "2021年 : "
17      Label2.TextAlign = fmTextAlignRight
18      Label3.Caption = "2022年 : "
19      Label3.TextAlign = fmTextAlignRight
20      Label4.Caption = "2023年 : "
21      Label4.TextAlign = fmTextAlignRight
22      Label5.Caption = "2024年 : "
23      Label5.TextAlign = fmTextAlignRight
24      Label6.Caption = "IRR報酬率 : "
25      Label6.TextAlign = fmTextAlignRight
26  End Sub
```

執行結果

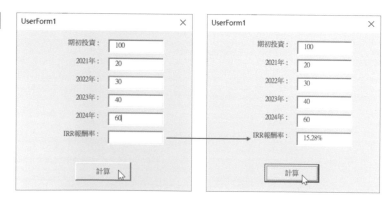

　　上述第 8 列 IRR 函數的用法可以參考筆者所著，「Excel 函數庫最完整職場商業應用王者歸來」書籍的 12-7-1 節。

38-4 計算設備折舊 DB

程式實例 ch38_4.xlsm：有一個資產原價值是 1000 萬，經過 3 年後價值剩 100 萬，請計算這 3 年每年的折舊金額。

```
1  Private Sub CommandButton1_Click()
2      Dim result1 As Double, result2 As Double, result3 As Double
3      result1 = WorksheetFunction.Db(TextBox1.Value, TextBox2.Value, TextBox3.Value, 1)
4      TextBox4.Value = Round(result1, 2)
5      result2 = WorksheetFunction.Db(TextBox1.Value, TextBox2.Value, TextBox3.Value, 2)
6      TextBox5.Value = Round(result2, 2)
7      result3 = WorksheetFunction.Db(TextBox1.Value, TextBox2.Value, TextBox3.Value, 3)
8      TextBox6.Value = Round(result3, 2)
9  End Sub
10
11 Private Sub UserForm_Initialize()
12     CommandButton1.Caption = "計算"
13     Label1.Caption = "資產原價值 : "
14     Label1.TextAlign = fmTextAlignRight
15     Label2.Caption = "資產殘值 : "
16     Label2.TextAlign = fmTextAlignRight
17     Label3.Caption = "使用年限 : "
18     Label3.TextAlign = fmTextAlignRight
19     Label4.Caption = "第一年折舊 : "
20     Label4.TextAlign = fmTextAlignRight
21     Label5.Caption = "第二年折舊 : "
22     Label5.TextAlign = fmTextAlignRight
23     Label6.Caption = "第三年折舊 : "
24     Label6.TextAlign = fmTextAlignRight
25     TextBox3.Value = 3
26 End Sub
```

執行結果 因為已經設定要分 3 年折舊,所以直接在使用年限設定 3。

上述按計算鈕後可以得到下列結果。

上述第 3、5、7 列 DB 函數的用法可以參考筆者所著,「Excel 函數庫最完整職場商業應用王者歸來」書籍的 12-1-1 節。

38-5 計算保險總金額 FV

程式實例 ch38_5.xlsm:輸入年利率、保險年限、每年存款金額,計算保險總金額。

```
1   Private Sub CommandButton1_Click()
2       Dim rate As Double                    ' 年利率
3       Dim year As Double                    ' 保險年限
4       Dim money As Double                   ' 每年繳款金額
5       Dim total As Double                   ' 總金額
6
7       rate = TextBox1.Value / 100
8       year = TextBox2.Value
9       money = TextBox3.Value
10      total = WorksheetFunction.FV(rate, year, -money, 1)
11      TextBox4.Value = Round(total)
12  End Sub
13
14  Private Sub UserForm_Initialize()
15      CommandButton1.Caption = "計算"
16      Label1.Caption = "年利率(單位:%) : "
17      Label1.TextAlign = fmTextAlignRight
18      Label2.Caption = "保險年限(單位:年) : "
19      Label2.TextAlign = fmTextAlignRight
20      Label3.Caption = "每年繳款金額 : "
21      Label3.TextAlign = fmTextAlignRight
22      Label4.Caption = "保險總經額 : "
23      Label4.TextAlign = fmTextAlignRight
24  End Sub
```

執行結果

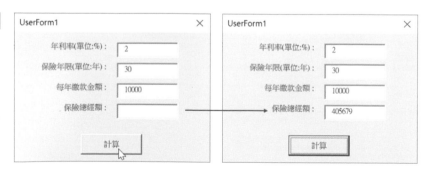

上述第 10 列 FV 函數的用法可以參考筆者所著,「Excel 函數庫最完整職場商業應用王者歸來」書籍的 12-2-1 節。

第三十九章

AI 輔助更新 Word/ PowerPoint 檔案

15-8 節筆者介紹了使用 Excel VBA 更新舊版的「.xls」Excel 格式為新版的「.xlsx」Excel 格式，我們也可以將此觀念應用到 Office 的 Word 和 PowerPoint 檔案。這一節也將讓 ChatGPT 協助我們設計程式。

39-1　AI 輔助舊版「.doc」轉換成新版「.docx」

在當今數位化辦公的背景下，文件格式的轉換變得日益重要，特別是將舊版 Microsoft Word 文檔（.doc）升級到較新版的文檔格式（.docx）。這不僅關乎文件的相容性和安全性，還涉及到資料的可持續性和易於管理。透過 Excel VBA，我們可以自動化這一轉換過程，提高效率，降低人為操作錯誤的風險。這一節將探討如何使用 Excel VBA 實現從「.doc」到「.docx」的批量轉換，為你的文件管理帶來便捷。

39-1-1　認識「.doc」和「.docx」的差異

「.doc」和「.docx」是 Microsoft Word 文檔的兩種不同檔案格式，主要差異在於它們的檔案結構、相容性、檔案大小和安全性：

❏　檔案結構

- .doc：是 Word 97-2003 的預設格式，採用二進位檔案格式，內容、格式和其他訊息都儲存在一個單一的二進位檔案中。

- .docx：首次出現在 Word 2007，是 XML 的開放檔案格式（Office Open XML）。「.docx」檔案實際上是一個壓縮的 ZIP 容器，內部包含多個分開的文件，用於儲存文件的內容、格式設置等訊息。

❏　相容性

- .doc：廣泛支援於各種文字處理軟件，包括舊版本的 Microsoft Word 和其他非 Microsoft 產品。

- .docx：從 Word 2007 開始成為標準格式，需要較新版本的文字處理軟件才能原生打開。舊版本的 Word（2003 及以前）需要安裝相容包才能打開「.docx」檔案。

- ❏ 檔案大小
  - .docx：這是使用 XML 和檔案壓縮技術，「.docx」檔案通常比相同內容的「.doc」檔案小，這使得「.docx」格式更加高效於檔案儲存和傳輸。

- ❏ 安全性
  - .docx：因為採用 XML 的開放格式使得「.docx」檔案在安全性方面有所提升。與「.doc」相比，「.docx」格式更容易被檢查和清理，從而降低了檔案携帶惡意程式碼的風險。

- ❏ 編輯和恢復
  - .docx：由於其開放和模塊化的檔案結構，「.docx」檔案在文檔損壞時更容易被恢復部分內容。

從上述說明可以知道「.docx」格式相較於「.doc」格式，提供了更好的檔案管理效率、相容性、安全性和恢復能力，是推薦使用的 Word 文件格式。

39-1-2 「doc」格式轉「docx」檔案

程式實例 ch39_1.py：請 ChatGPT 將目前資料夾 ch39 底下「data1」子資料夾內所有「.doc」檔案轉成「.docx」，請 ChatGPT 批次處理，同時將結果儲存到「out1」的結果。

> 您
> 請讀取data1資料夾內所有的「.doc」檔案，用Excel VBA讀取這些檔案，然後轉換成「.docx」檔案，所有轉換的結果儲存在out1資料夾，如果out1資料夾不存在需要先建立此資料夾。

> ⑤ ChatGPT
> 為了完成這項任務，我們需要編寫一個 Excel VBA 腳本，該腳本將會：
>
> 1. 檢查 `out1` 資料夾是否存在，若不存在則創建它。
> 2. 遍歷 `data1` 資料夾內的所有 `.doc` 檔案。
> 3. 使用 Word 應用程序對象打開每個 `.doc` 檔案並將其另存為 `.docx` 格式到 `out1` 資料夾。
>
> 請注意，為了使用以下 VBA 腳本，你的電腦上需要安裝 Microsoft Word。

```
1   Sub ConvertDocToDocx()
2       Dim fs As Object
3       Dim sourceFolder As String, targetFolder As String
4       Dim docFile As String
5       Dim wordApp As Object                   我們稱物件
6       Dim doc As Object
7
8       ' 初始化檔案系統對象
9       Set fs = CreateObject("Scripting.FileSystemObject")
10
11      ' 設定源資料夾和目標資料夾的路徑
12      sourceFolder = ThisWorkbook.Path & "\data1\"
13      targetFolder = ThisWorkbook.Path & "\out1\"
14
15      ' 檢查目標資料夾是否存在，如果不存在則創建
16      If Not fs.FolderExists(targetFolder) Then
17          fs.CreateFolder (targetFolder)
18      End If
19
20      ' 初始化 Word 應用程序對象
21      Set wordApp = CreateObject("Word.Application")
22      wordApp.Visible = False ' 設置 Word 應用程序不可見
23
24      ' 獲取第一個 .doc 檔案
25      docFile = Dir(sourceFolder & "*.doc")
26
27      ' 遍歷所有 .doc 檔案
28      Do While docFile <> ""
29          ' 打開 .doc 檔案
30          Set doc = wordApp.Documents.Open(Filename:=sourceFolder & docFile)
31
32          ' 將 .doc 檔案另存為 .docx 格式
33          doc.SaveAs2 Filename:=targetFolder & Replace(docFile, ".doc", ".docx"), _
34                          FileFormat:=wdFormatXMLDocument
35
36          ' 關閉文檔
37          doc.Close
38
39          ' 獲取下一個檔案
40          docFile = Dir()
41      Loop
42
43      ' 退出 Word 應用程序
44      wordApp.Quit
45
46      ' 釋放對象
47      Set doc = Nothing
48      Set wordApp = Nothing
49      Set fs = Nothing
50
51      MsgBox "所有 .doc 檔案已成功轉換為 .docx 格式！"
52  End Sub
```

註 1：上述第 8 列「對象」英文是 object，台灣是稱「物件」，使用 ChatGPT 時會將 object 翻譯成「對象」，所以所謂的「對象」我們稱「物件」。

註 2：上述程式是 ChatGPT 生成，筆者只有將第 33 列分 2 列，改為 33 ~ 34 列。

執行結果

在使用這段腳本之前,請確保你的 Excel VBA 環境允許運行宏,並且你的 Word 版本支援 `.docx` 格式(Word 2007 及以上版本)。

表示巨集

這段腳本使用 Word 應用程序自動化來打開和另存每個 `.doc` 檔案,並且對於不熟悉 VBA 開發的用戶來說,可能需要一些基本的 VBA 知識和對 Excel 及 Word 對象模型的理解。此外,請確保在執行腳本前做好適當的檔案備份,以防萬一。

上述程式第 21 列 CreateObject 函數的參數使用「Word.Application」,是在 Excel VBA 中用來建立並回傳一個 Word 物件的引用。

39-2 AI 輔助舊版「.ppt」轉換成新版「.pptx」

在處理簡報檔案時,將過時的「.ppt」格式轉換為現代的「.pptx」格式,不僅能夠提升文件的相容性和安全性,還能利用「.pptx」格式更豐富的功能。這一節將介紹如何使用 Excel VBA 自動化這一轉換過程,從而節省時間,減少重複工作,並確保簡報資料的一致性和最新狀態。

39-2-1 認識「.ppt」和「.pptx」的差異

「.ppt」和「.pptx」是 Microsoft PowerPoint 的兩種檔案格式,主要用於建立和編輯簡報文件。它們之間的差異主要在檔案結構、功能支持、相容性和安全性方面。

☐ 檔案結構

- .ppt:是 PowerPoint 97 到 PowerPoint 2003 使用的預設檔案格式。它是二進位檔案結構,將所有簡報資訊,例如:本文、圖片、格式等,儲存在單一的二進位檔案中。

- .pptx:從 PowerPoint 2007 開始引入,採用 Office Open XML 格式,這是一種基於 XML 和 ZIP 壓縮技術的開放檔案格式。「.pptx」檔案實際上是一個壓縮包,內部包含了多個分開的檔案和資料夾,這些檔案描述了簡報的結構和內容。

❑　功能支持

● .pptx：由於其現代化的檔案結構，「.pptx」格式支援更多先進的功能，包括改進的圖表和圖形效果、更豐富的多媒體支援（例如：影片和音頻格式）、以及更高效的檔案壓縮技術，從而使檔案大小更小。

❑　相容性

● .ppt：廣泛相容於老版本的 PowerPoint 以及其他辦公軟體。

● .pptx：需要 PowerPoint 2007 或更高版本才能開啟，雖然較老版本的 PowerPoint 可以透過安裝相容包來打開「.pptx」檔案，但在一些非 Microsoft 的辦公軟件中可能會遇到相容問題。

❑　安全性

● .pptx：XML 的格式使得「.pptx」檔案在安全性方面具有優勢。它更容易被掃描和檢查潛在的安全威脅，並且由於檔案結構的透明性，使得數據恢復在檔案損壞時更加可行。

總的來說「.pptx」格式相較於「.ppt」提供了更好的功能支持、檔案壓縮、相容性和安全性。

39-2-2　「ppt」格式轉「pptx」檔案

程式實例 ch39_2.py：請 ChatGPT 將目前資料夾 ch39 底下「data2」子資料夾內所有「.ppt」檔案轉成「.pptx」，請 ChatGPT 批次處理，同時將結果儲存到「out2」的結果。

> 🧑 您
> 請讀取data2資料夾內所有的「.ppt」檔案，用Excel VBA讀取這些檔案，然後轉換成「.pptx」檔案，所有轉換的結果儲存在out2資料夾，如果out2資料夾不存在需要先建立此資料夾。

> 🟢 ChatGPT
> 要實現從 `.ppt` 轉換為 `.pptx` 格式的功能，我們可以通過 Excel VBA 使用 PowerPoint 應用程序對象進行操作。以下是一個 VBA 腳本範例，說明如何自動完成這個轉換過程：
>
> 1. 檢查並創建目標資料夾（如果不存在）。
> 2. 遍歷指定資料夾中的所有 `.ppt` 檔案。
> 3. 打開每個 `.ppt` 檔案並以 `.pptx` 格式另存。
>
> 請注意，為了運行以下腳本，你需要在電腦上安裝有 Microsoft PowerPoint。

```
1   Sub ConvertPPTtoPPTX()
2       Dim fs As Object
3       Dim sourceFolder As String, targetFolder As String
4       Dim pptFile As String
5       Dim pptApp As Object
6       Dim presentation As Object
7
8       ' 初始化檔案系統對象
9       Set fs = CreateObject("Scripting.FileSystemObject")
10
11      ' 設定源資料夾和目標資料夾的路徑
12      sourceFolder = ThisWorkbook.Path & "\data2\"
13      targetFolder = ThisWorkbook.Path & "\out2\"
14
15      ' 檢查目標資料夾是否存在，如果不存在則創建
16      If Not fs.FolderExists(targetFolder) Then
17          fs.CreateFolder (targetFolder)
18      End If
19
20      ' 初始化 PowerPoint 應用程序對象
21      Set pptApp = CreateObject("PowerPoint.Application")
22      pptApp.Visible = True ' PowerPoint 在轉換過程中可能需要可見
23
24      ' 獲取第一個 .ppt 檔案
25      pptFile = Dir(sourceFolder & "*.ppt")
26
27      ' 遍歷所有 .ppt 檔案
28      Do While pptFile <> ""
29          ' 打開 .ppt 檔案
30          Set presentation = pptApp.Presentations.Open(sourceFolder & pptFile)
31
32          ' 將 .ppt 檔案另存為 .pptx 格式, 24 代表 .pptx 格式
33          presentation.SaveAs targetFolder & Replace(pptFile, ".ppt", ".pptx"), 24
34
35          ' 關閉演示文稿
36          presentation.Close
37
38          ' 獲取下一個檔案
39          pptFile = Dir()
40      Loop
41
42      ' 退出 PowerPoint 應用程序
43      pptApp.Quit
44
45      ' 釋放對象
46      Set presentation = Nothing
47      Set pptApp = Nothing
48      Set fs = Nothing
49
50      MsgBox "所有 .ppt 檔案已成功轉換為 .pptx 格式！"
51  End Sub
```

我們稱物件

執行結果

在運行此腳本之前，請確保已經在你的 Excel VBA 環境中啟用了對 PowerPoint 的引用。你可以通過 VBA 編輯器的「工具」->「引用」菜單進行設置，並勾選相應的 Microsoft PowerPoint 對象庫。

此腳本會在指定的源資料夾（`data2`）中查找所有 `.ppt` 檔案，並將它們轉換為 `.pptx` 格式儲存到目標資料夾（`out2`）中。如果目標資料夾不存在，腳本會自動創建它。轉換過程中 PowerPoint 應用程序會顯示出來，但可以通過將 `pptApp.Visible` 設置為 `False` 來使其在背景運行。

　　上述程式第 21 列 CreateObject 函數的參數使用「PowerPoint.Application」，是在 Excel VBA 中用來建立並回傳一個 PowerPoint 物件的引用。

第四十章

在 Excel 內開發聊天機器人

　　ChatGPT 是 AI 聊天機器人，聊天機器人的引擎已經開放大眾使用，這一章將簡單講解在 Excel 內執行 ChatGPT 的引擎，開發聊天機器人，當然首先讀者要先有 OpenAI 公司開發機器人程式的 API Key。

40-1　取得 API 密鑰

40-1-1　取得 API Key

　　首先讀者需要註冊，註冊後可以未來可以輸入下列網址，進入開發者環境。

　　https://platform.openai.com/overview

　　進入自己的帳號後，可以在瀏覽器右上方看到自己的名稱，請點選 Personal，可以看到 View API keys，如下所示：

　　點選 View API Keys 可以進入自己的 API keys 環境。

SECRET KEY	CREATED	LAST USED	
sk-...QXTm	2023年3月20日	Never	🗑
sk-...3Y6a	2023年3月26日	2023年3月27日	🗑
+ Create new secret key			

　　上述是列出 API keys 產生的時間與最後使用時間，如果點選 Create new secret key 鈕，可以產生新的 API keys。

註： 使用 API keys 會依據資料傳輸數量收費，因為申請 ChatGPT plus 時已經綁定信用卡，此傳輸費用會記載信用卡上，所以請不要外洩此 API keys。

40-1-2 API Key 的收費

API Key 的收費方式，主要是看所使用的伺服器 (Server) 模型，大概可以區分是使用 GPT-3.5 Turbo 或是 GPT-4 模型，可以參考下表：

模型	流量限制	輸入訊息	輸出訊息
GPT-3.5 Turbo	4K 文字	0.0015/1K tokens	0.002/1K tokens
GPT-3.5 Turbo	16K 文字	0.003/1K token	0.004/1K tokenss
GPT-4	8K 文字	0.03/1K tokens	0.06/1K tokens
GPT-4	32K 文字	0.06/1K tokens	0.12/1K tokens

註 1：1K = 1024。

註 2：這是一個訊息萬變的時代，上述 token 計費方式將隨時改變。

40-2 Excel 內執行 ChatGPT 功能

假設現在想將 A2 儲存格的英文資料翻譯成中文，將「中文」結果儲存到 B2 儲存格，可以參考下列畫面。

這就是使用 ChatGPT 的好時機。坦白說，在 Excel 內呼叫 ChatGPT 功能步驟比較複雜，不過筆者會用最簡單方式解說。基礎觀念是將要處理的儲存格 A2，透過網路通訊協定傳送給 ChatGPT 的模型，將回傳結果儲存到指定儲存格 B2。

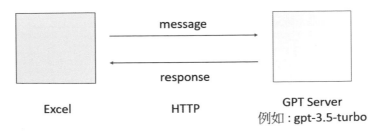

其實上述原理不難，對初學者複雜的原因是要使用 HTTP 通訊協定的呼叫，因為這對於一般程式設計師是陌生的。此外，所回傳的資料是 Json 格式，我們必須將此格式資料取出。

40-3 設計 Excel VBA 程式的步驟重點

這一節將一步一步說明在 Excel 呼叫 ChatGPT 模組的步驟，下列是概觀。

❑ **步驟 1**：設定伺服器模型網址

設定 OpenAPI 的網址，當呼叫 "gpt-3.5-turbo" 模型時，所使用的網址如下：

> apiURL = "https://api.openai.com/v1/chat/completion

❑ **步驟 2**：設定你的 **OpenAI API Key**

下列是實際指令。

> apiKey = "YOUR_API_KEY"

❑ **步驟 3**：設定要送給 **"gpt-3.5-turbo"** 模型處理的資料

例如：假設要將「工作表 1」的 A2 儲存格資料送到 "gpt-3.5-turbo" 模型，可以使用下列指令。

> englishText = Sheets(" 工作表 1").Range("A2").Value

上述設定，相當於是「 "role":"user", "content": … 」的內容。

❑ **步驟 4**：說明 **ChatGPT** 的角色

例如：我們要設定 ChatGPT 是執行英文翻譯中文的角色，可以使用下列語法設定。

> job = " 英文翻譯中文 "

❑ **步驟 5**：設定要使用 **ChatCompletion.create( )** 傳遞給 **API** 模型資料

這時需要設定下列資料，下列是概念，不是語法本身，細節請參考程式實例：

> "model":"gpt-3.5-turbo"
> "message":[{"role":"system", "content": … },
> 　　　　　{"role":"user","content": … }

❑　步驟 6：建立 HTTP 物件

必須依照規定使用 CreateObject(MSXML2.ServerXMLHTTP.6.0) 建立 HTTP 物件，然後執行傳送資料給指定的 ChatGPT 模型，其中步驟 5 的資料是用 send( ) 函數傳送，回傳的資料是「.responseText」，這是 Json 格式的資料。例如：下列是設定回傳資料儲存到 msgResponse 變數。

```
Set objHTTP = CreateObject("MSXML2.ServerXMLHTTP.6.0")
With objHTTP
    …
    msgResponse = .responseText
End With
```

上述 CreateObject("MSXML2.ServerXMLHTTP.6.0") 是一個在 VBA (Visual Basic for Applications) 中常用的方法，用於建立一個 HTTP 物件，該物件允許你從 Excel 或其他 Microsoft Office 應用程式發送和接收 HTTP 請求。以下是詳細的解釋：

- CreateObject( )：這是 VBA 的一個內建函數，用於動態地建立物件。這意味著你不需要在程式開始時就設定或參考特定的物件或函數庫，而是可以在運行時動態地建立它。

- MSXML2.ServerXMLHTTP.6.0 參數：這是你想要建立的物件類別，它參考了 Microsoft 的 XML Core Services，這是一組提供 XML 相關功能的服務。

- MSXML2：這是 Microsoft XML Core Services 的版本，MSXML 是一組提供 XML 處理功能的 API。

- ServerXMLHTTP：這是 MSXML 函數庫中的一個物件，專為發送 HTTP 請求而設計。與其相似的另一個物件是 XMLHTTP，但 ServerXMLHTTP 是專為伺服器應用程式設計的，而 XMLHTTP 則是為瀏覽器或客戶端應用程式設計的。

- 6.0：這是 MSXML 的版本號，6.0 是該函數庫的一個版本，並且是目前最新的版本。

當使用 CreateObject("MSXML2.ServerXMLHTTP.6.0")，實際上是在建立一個可以用於發送 HTTP 請求的物件。你可以使用這個物件的方法，例如：".Open" 或 ".send" 來設定和發送請求，並使用其屬性，例如：".responseText" 來獲取回應。

❑　**步驟 7：解析 Json 格式的資料**

可以使用 JsonConverter.bas，假設要將解析結果儲存到 translatedText 變數，指令如下，細節未來會解說。

```
Set json = JsonConverter.ParseJson(msgResonse)
translatedText = json("choice")(1)("message")("content")
```

❑　**步驟 8：將步驟 7 解析結果輸出到指定儲存格**

例如：假設解析結果是 translatedText，要儲存到 B2 儲存格，可以用下列指令。

```
Sheets(" 工作表 1").Range("B2").Value = translatedText
```

40-4　建立 HTTP 物件

對 40-3 節的步驟為例，對讀者而言比較陌生或複雜的是建立 HTTP 物件，其程式碼如下：

```
25      ' 建立一個HTTP物件
26      Set objHTTP = CreateObject("MSXML2.ServerXMLHTTP.6.0")
27      With objHTTP
28          .Open "POST", apiURL, False
29          .setRequestHeader "Content-Type", "application/json"
30          .setRequestHeader "Authorization", "Bearer " & apiKey
31          .send (msgAPI)
32          msgResponse = .responseText
33      End With
```

這段程式碼的主要目的是建立一個 HTTP 物件來與 OpenAI API 進行網路通信，以下是程式碼的逐步解釋：

❑　第 25 列：「**Set objHTTP = CreateObject("MSXML2.ServerXMLHTTP.6.0")**」

這列程式碼建立一個 HTTP 物件，這個物件未來主要是用在執行 HTTP 請求，例如：GET 或 POST 等，以及 28 ～ 32 列之間系列指令，執行函數呼叫時使用。「MSXML2. ServerXMLHTTP.6.0」是一個在 Windows 中可用的元件，它提供了進行 HTTP 請求的功能。

❑　第 27 ～ 33 列：「**With objHTTP**」…「**End With**」

「With … End With」語句，在其內部的多個指令列中引用同一個物件，而不必每次都重複該物件的名稱。在這裡我們將對「objHTTP」物件進行一系列的操作。

❑　第 28 列：「**.Open "POST"**, apiURL, False」

整個 Open 方法完整的語法如下：

物件 .Open 方法 , apiURL, async

這列程式碼開啟一個新的 HTTP 請求。第 1 個參數使用 POST 方法，表示我們將向指定的 OpenAI API 網址 apiURL 發送數據。第 3 個參數 False 參數表示這是一個同步請求，這意味著 VBA 將等待請求完成並收到回應，然後再繼續執行後面的程式碼。

註　"Open" 左邊有「.」，因為前一列有 "With objHTTP"，否則指令將如下：

　　objHTTP.Open

這個觀念可以應用在之後，但是在 "End With" 之前的程式碼。

❑　第 29 列：「**.setRequestHeader** "Content-Type", "application/json"」

這列程式碼設置 HTTP 請求的內容類型 ("Content-Type") 為 "application/json"，這告訴伺服器我們將發送的數據是 JSON 格式的。

❑　第 30 列：「**.setRequestHeader** "Authorization", "Bearer " & apiKey」

這列程式碼設置 HTTP 網路通訊認證標頭，它包含您的 OpenAI API 密鑰。這是告訴 OpenAI 伺服器：「嗨，這是我，這是我的 API 密鑰，請允許我訪問您的服務」。

上述指令中的 Bearer 是一種 HTTP 認證方案，用於訪問 OAuth(Open Authorization) 2.0 保護的資源。當使用 Bearer 作為認證方案時，它通常與 OAuth 2.0 令牌一起使用。在這裡的上下文中，Bearer 後面跟隨的是一個 API 密鑰。這個密鑰是從 OpenAI 獲得的，它證明您有權訪問特定的 API 資源。當發送一個帶有 Authorization 標頭的 HTTP 請求時，格式如下：

　　"Authorization", "Bearer " & YOUR_API_KEY

伺服器會檢查這個 Bearer 令牌，確認它是有效的，然後才允許您訪問該資源。簡單來說，Bearer 就是一種說「我有一個有效的令牌，請允許我訪問」的方式。

註　OAuth 2.0 是一種授權框架，允許第三方應用程式在用戶同意的情況下訪問其帳戶資訊，而無需分享密碼。它被廣泛用於讓用戶可以授予有限的訪問權限給不信任的第三方應用程式，無論是為了分享資訊還是為了獲取資訊。

❏　第 32 列：「.send (msgAPI)」

這列程式碼實際上發送了 HTTP 請求，並將 "msgAPI"(即我們要發送給 OpenAI API 的數據) 作為請求的內容，前一節步驟 5 的內容，也就是我們請求的重點內容。

❏　「msgResponse = .responseText」

一旦請求完成，我們將伺服器的回應 (即 OpenAI 返回的數據) 儲存在 msgResponse 變數中。

❏　「End With」

這搭配「With objHTTP」語句，表示完成對 "objHTTP" 物件的所有操作。

總之，這段程式碼的目的是建立一個 HTTP 物件，設置適當的請求標頭，然後向 OpenAI API 發送一個 POST 請求，並接收其回應，然後將結果儲存在 msgResponse 變數內。

40-5　第一次在 Excel 執行 ChatGPT 功能

40-5-1　建立或開啟程式

請點選開發人員標籤，然後點選 Visual Basic，就可以開啟此 Excel 檔案的 Excel VBA 程式。

```
1   Sub ch40_1()
2       Dim apiURL As String          ' OpenAI API的網址
3       Dim apiKey As String          ' OpenAI的API金鑰
4       Dim job As String             ' system - content
5       Dim msgAPI As String          ' 儲存發送到API的資料
6       Dim msgResponse As String     ' 儲存API回應的字符串
7       Dim objHTTP As Object         ' 定義HTTP物件
8       Dim json As Object            ' 用於解析JSON的物件
9
10      ' OpenAI API的網址
11      apiURL = "https://api.openai.com/v1/chat/completions"
12
13      ' 你的OpenAI API金鑰
14      apiKey = "Your_API_Key"
15
16      ' 從工作表1的A2儲存格獲取要翻譯的資料
17      englishText = Sheets("工作表1").Range("A2").Value
18
19      ' 設置ChatCompletion.create()的參數
20      job = "英文翻譯中文"          ' 說明ChatGPT的角色
21      msgAPI = "{""model"":""gpt-3.5-turbo""," & _
22              """messages"":[{""role"":""system"",""content"":""" & job & """}," & _
```

```
23              "{""role"":""user"","""content"":""" & englishText & """}]}"
24
25      ' 建立一個HTTP物件
26      Set objHTTP = CreateObject("MSXML2.ServerXMLHTTP.6.0")
27      With objHTTP
28          .Open "POST", apiURL, False
29          .setRequestHeader "Content-Type", "application/json"
30          .setRequestHeader "Authorization", "Bearer " & apiKey
31          .send (msgAPI)
32          msgResponse = .responseText
33      End With
34
35      ' 解析API的JSON回應
36      Set json = JsonConverter.ParseJson(msgResponse)
37      translatedText = json("choices")(1)("message")("content")
38
39      ' 將翻譯的文字輸出到工作表1的B2單元格
40      Sheets("工作表1").Range("B2").Value = translatedText
41
42      ' 清理物件
43      Set objHTTP = Nothing
44      Set json = Nothing
45
46  End Sub
```

程式第 2 ~ 8 列是定義變數，上述程式執行的時候會錯，錯誤原因是第 32 列回傳的是 Json 物件，Excel VBA 無法處理 Json 格式的資料，所以這時在第 36 列會有錯誤。

40-5-2 下載與導入 JasonConverter 模組

若是點選 Visual Basic for Application 視窗的執行 / 執行 Sub 或 UserForm 指令，會出現 424 錯誤，這是第 36 列的 JasonConverter 沒有被正確的引用。JsonConverter 是一個外部的 VBA JSON 模組，需要將其添加到 VBA 專案中才能使用。此時解決方式如下：

1： 請進入下列網址，下載 JasonConveter.bas 模組。

https://github.com/VBA-tools/VBA-JSON

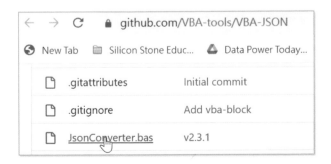

讀者可以將上述檔案下載到 ch40 資料夾。

2： 執行 Visual Basic 編輯器的檔案 / 匯入檔案。

請按開啟鈕，就可以將此模組載入，同時在專案視窗看到此模組。

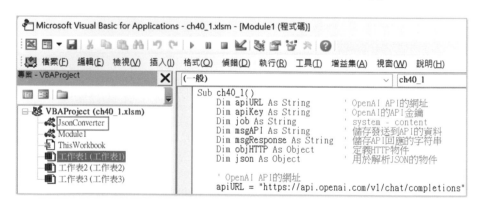

3： 現在要引入 JsonConverter 模組，請執行 Visual Basic 編輯視窗的工具 / 設定引用項目指令。

4： 出現設定引用項目對話方塊。

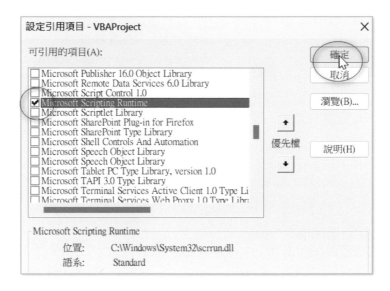

請設定 Microsoft Scriping Runtime 核對框，請按確定鈕。經過上述設定後，我們的 Visual Basic 就可以正式引用 JsonConverter 模組了。

40-5-3　認識 Json 格式資料

當在 Excel VBA 中使用 JsonConverter 模組來解析 Json 數據時，該模組內部依賴於某些特定的數據結構，特別是 Dictionary，這些數據結構用於存儲和操作解析後的 Json 數據。要使用 Dictionary，需要引入 Microsoft Scripting Runtime 參考，這是因為 Dictionary 物件是由 Microsoft Scripting Runtime 函數庫提供的。

Dictionary 是一種特殊的數據結構，允許你存儲鍵值對。他的資料結構類似下列實例：

```
{
    "name":"Kevin",
    "sex":"M",
    "fruit":["apple", "banana", "cherry"]
}
```

程式第 8 列和 36 列的指令如下：

```
Dim json As Object                          # 第 8 列定義物件 json
Set json = JsonConverter.ParseJson(msgResponse)   # 第 36 列
```

第 36 列是呼叫 JsonConverter 模組中的 ParseJson( ) 函數，此函數的目的是將一個 Json 格式的字串解析為 Excel VBA 可以理解和操作的數據結構，同時將解析結果儲存在 json 變數內。有了上述設定後，可以用下列觀念取得 Dictionary：

json("name") 可以得到 "Kevin"
json("fruit") 可以得到 ["apple", "banana", "cherry"]

也可以使用索引，此索引是從 1 開始，所以可以得到下列：

json("fruit")(1) 可以得到 "apple"
json("fruit")(2) 可以得到 "banana"
json("fruit")(3) 可以得到 "cherry"

40-5-5 節筆者會輸出 json 內容，讀者可以自己體會。

40-5-4　執行程式

點選 Visual Basic for Application 視窗的執行 / 執行 Sub 或 UserForm 指令，可以看到下列視窗，可以在 Excel 視窗看到輸出結果。

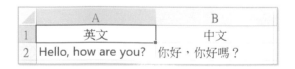

40-5-5　輸出 json 資料

本書 ch40_2.xlsm 資料和 ch40_1.xlsm 幾乎一樣，但是 ch40_2.xlsm 多了第 34 列指令如下：

```
Debug.Print msgResponseText
```

請先執行檢視 / 即時運算視窗，程式執行時可以在即時運算視窗看到原始 Json 資料格式如下：

```
{
  "id": "chatcmpl-7xzRJwogXwtUlnysTg7PCPq6fqgl4",
  "object": "chat.completion",
  "created": 1694531881,
  "model": "gpt-3.5-turbo-0613",
  "choices": [
    {
      "index": 0,
      "message": {
        "role": "assistant",
        "content": "嗨，你好嗎？"
      },
      "finish_reason": "stop"
    }
  ],
  "usage": {
    "prompt_tokens": 26,
    "completion_tokens": 10,
    "total_tokens": 36
  }
}
```

即時運算

讀者可以仔細看上述結構，應該可以了解為何程式第 37 列，可以得到「嗨，你好嗎？」的結果，同時第 40 列將執行結果放在 B2 儲存格。

40-6　情感分析

有時候我們用 Excel 儲存電影評論，例如：A4:A9。這時可以使用迴圈逐一分析電影評論是正向或是負向，然後將分析結果存入 B4:B9。

程式實例 ch40_3.xlsm：電影評論的情感分析，這個程式另一個特色是在 B2 儲存格設定 ChatGPT 扮演的角色。

	A	B
1	ChatGPT電影評論	
2	ChatGPT角色	你是情感分析專家,請針對評論,輸出評論是「正向」或是「負向」
3	電影評論	情感分析
4	這是一部好的電影	
5	內容很好	
6	故事很差	
7	故事很好, 拍得很用心	
8	情節很好, 女主角很美	
9	劇情不好, 演技很爛	

```
1   Sub ch40_3()
2       Dim apiURL As String         ' OpenAI API的網址
3       Dim apiKey As String         ' OpenAI的API金鑰
4       Dim job As String            ' system - content
5       Dim msgAPI As String         ' 儲存發送到API的資料
6       Dim msgResponse As String    ' 儲存API回應的字符串
7       Dim objHTTP As Object        ' 定義HTTP物件
8       Dim json As Object           ' 用於解析JSON的物件
9       Dim sentimentText As String
10      Dim analyzedSentiment As String
11      Dim i As Integer
12
13      ' OpenAI API的網址
14      apiURL = "https://api.openai.com/v1/chat/completions"
15
16      ' 你的OpenAI API金鑰
17      apiKey = "Your_API_Key"
18
19      ' 說明ChatGPT的角色
20      job = Sheets("工作表1").Range("B2").Value
21
22      ' 建立一個HTTP物件
23      Set objHTTP = CreateObject("MSXML2.ServerXMLHTTP.6.0")
24
25      ' 循環處理A4:A9中的每一個情感文字
26      For i = 4 To 9
27          ' 從工作表1的A4:A9儲存格獲取要分析的情感文字
28          sentimentText = Sheets("工作表1").Range("A" & i).Value
29
30          ' 設置ChatCompletion.create()的參數
31          msgAPI = "{""model"":""gpt-3.5-turbo""," & _
32              """messages"":[{""role"":""system"",""content"":""" & job & """},"
33              "{""role"":""user"",""content"":""" & sentimentText & """}]}"
34
35          With objHTTP
36              .Open "POST", apiURL, False
37              .setRequestHeader "Content-Type", "application/json"
38              .setRequestHeader "Authorization", "Bearer " & apiKey
39              .send (msgAPI)
40              msgResponse = .responseText
41          End With
42          Debug.Print msgResponse
43
44          ' 解析API的JSON回應
45          Set json = JsonConverter.ParseJson(msgResponse)
46          analyzedSentiment = json("choices")(1)("message")("content")
47
48          ' 將分析的情感結果輸出到工作表1的B4:B9儲存格
49          Sheets("工作表1").Range("B" & i).Value = analyzedSentiment
50      Next i
51
52      ' 清理物件
53      Set objHTTP = Nothing
54      Set json = Nothing
55
56  End Sub
```

執行結果

A	B
ChatGPT電影評論	
ChatGPT角色	你是情感分析專家, 請針對評論, 輸出評論是「正向」或是「負向」
電影評論	情感分析
這是一部好的電影	正向
內容很好	正向
故事很差	負向
故事很好, 拍得很用心	評論：正向
情節很好, 女主角很美	正向
劇情不好, 演技很爛	負向

40-7 在 Excel 內建立含功能鈕的 ChatGPT 聊天機器人

前面幾小節，我們皆是需要在 Visual Basic 編輯環境執行 Excel VBA 程式，其實也可以在工作表建立功能鈕，未來只要按此功能鈕就可以執行指令的巨集功能。

請點選開發人員 / 插入，開啟表單控制項，然後拖曳功能鈕到工作表，這時可以在工作表建立一個功能鈕，同時可以看到指定巨集對話方塊，請在巨集名稱欄位輸入 ch40_4，按新增鈕。

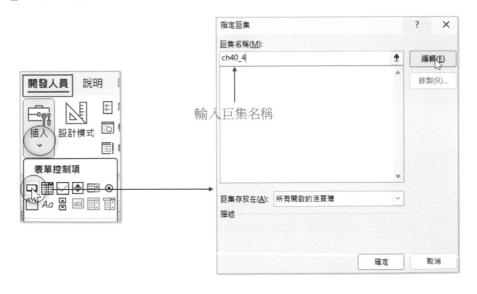

　　上述按確定鈕，就可以建立 ch40_4 巨集，未來可以在此巨集建立 Excel VBA 程式，這個巨集會和功能鈕綁在一起。

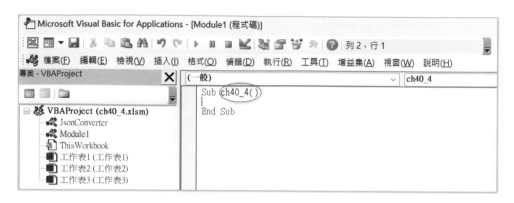

　　回到原始工作表，請將滑鼠游標移到按鈕，按一下滑鼠右鍵，選擇編輯文字，如下所示：

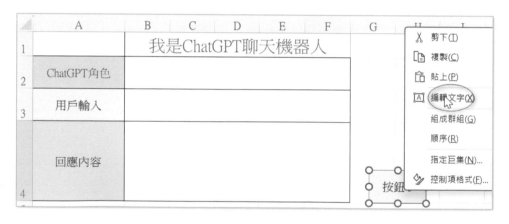

　　請將按鈕名稱改為「確定」，可以得到下列結果。

經過上述設定後，未來按一下確定鈕，相當於可以執行 ch40_4 巨集。

```
1   Sub ch40_4()
2       Dim apiURL As String            ' OpenAI API的網址
3       Dim apiKey As String            ' OpenAI的API金鑰
4       Dim job As String               ' system - content
5       Dim msgAPI As String            ' 儲存發送到API的資料
6       Dim msgResponse As String       ' 儲存API回應的字符串
7       Dim objHTTP As Object           ' 定義HTTP物件
8       Dim json As Object              ' 用於解析JSON的物件
9       Dim userText As String          ' 使用者的文字
10
11      ' OpenAI API的網址
12      apiURL = "https://api.openai.com/v1/chat/completions"
13
14      ' 你的OpenAI API金鑰
15      apiKey = "Your_API_Key"
16
17      ' 從工作表1的B2和B3儲存格獲取ChatGPT的功能和使用者的文字
18      job = Sheets("工作表1").Range("B2").Value
19      userText = Sheets("工作表1").Range("B3").Value
20
21      ' 設置ChatCompletion.create()的參數
22      msgAPI = "{""model"":""gpt-3.5-turbo""," & _
23              """messages"":[{""role"":""system"",""content"":""" & job & """}," & _
24              "{""role"":""user"",""content"":""" & userText & """}]}"
25
26      ' 建立一個HTTP物件
27      Set objHTTP = CreateObject("MSXML2.ServerXMLHTTP.6.0")
28      With objHTTP
29          .Open "POST", apiURL, False
30          .setRequestHeader "Content-Type", "application/json"
31          .setRequestHeader "Authorization", "Bearer " & apiKey
32          .send (msgAPI)
33          msgResponse = .responseText
34      End With
35
36      ' 解析API的JSON回應
37      Set json = JsonConverter.ParseJson(msgResponse)
38      responseText = json("choices")(1)("message")("content")
39
40      ' 將回應的結果輸出到工作表1的B4單元格
41      Sheets("工作表1").Range("B4").Value = responseText
42
43      ' 清理物件
44      Set objHTTP = Nothing
45      Set json = Nothing
46  End Sub
```

執行結果

	A	B	C	D	E	F	G	H
1		我是ChatGPT聊天機器人						
2	ChatGPT角色	你是創意家						
3	用戶輸入	請用50個字描述大海的故事						
4	回應內容	大海無止境的湧潮，裡面充滿了神秘與無窮的力量。魚兒隨波逐流，而海豚跳躍於浪花之中。漁船破浪而行，漁夫帶著希望撒網。燦爛的陽光映照著浩瀚的海洋，大海總是給人無盡的遐想和夢想。						確定

	A	B	C	D	E	F	G	H
1		我是ChatGPT聊天機器人						
2	ChatGPT角色	你是創意家						
3	用戶輸入	請用50個字行銷深智公司的電腦書籍						
4	回應內容	解鎖您的數位智慧。深智公司的電腦書籍，助您創造革命性科技，開拓未來之門。從程式碼到資安，我們賦予您無盡的知識，喚醒您的創意，引領您登上成功巔峰。這是您通往智慧世界的必備指南！						確定

第四十一章

專題 – 員工 / 庫存 / 客戶關係管理系統

這一章將舉 Excel VBA 應用的專題，讓讀者可以更完整的了解 Excel VBA 的應用。

41-1　員工資料管理系統

程式實例 ch41_1.xlsm：設計一個簡單的員工資料管理系統，此系統需要有的基本功能如下：

- 新增員工資料
- 查詢員工資料
- 更新員工資料
- 刪除員工資料
- 退出員工資料管理系統

這個程式所使用的「工作表 1」是筆者先建立的 2 筆員工資料，內容如下：

	A	B	C	D	E	F
1	員工編號	姓名	職位	部門		
2	A0001	洪錦魁	經理	業務		
3	A0005	陳阿海	專員	編輯		員工資料管理
4						
5						

註　這個程式也可以改為設計 5 個功能鈕，一個功能鈕執行一個功能。

上述「員工資料管理」功能鈕可以啟動巨集「MainProgram」，點選此功能鈕後，可以看到下列畫面。

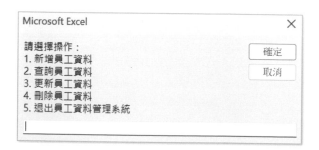

上述會要求輸入 1 ~ 5，分別是新增、查詢、更新、刪除和退出系統。如果輸入錯誤，將看到下列畫面。

上述按確定鈕後，又可以看到此主程式的選單畫面。本程式主要選單功能的內容如下：

❑ 新增員工資料

會看到要求輸入員工編號、姓名、職位和部門的對話方塊，以及告知員工資料已新增的畫面。

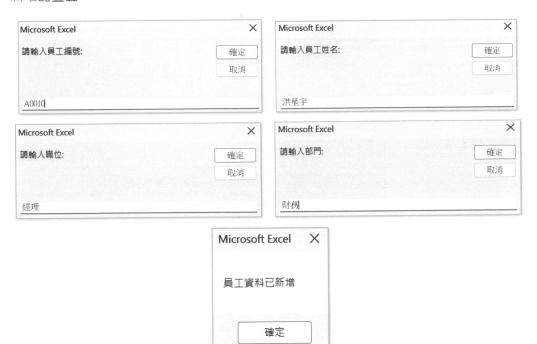

❑　查詢員工資料

會看到要求輸入員工編號以及告知搜尋結果的對話方塊。

❑　更新員工資料

首先會看到要求輸入員工編號，如果員工編號輸入正確，則可以分別看到要求輸入職位和部門的對話方塊，以及告知員工資料已更新的畫面，可以參考下方左圖。如果輸入員工編號錯誤，將看到下方右圖。

❑　刪除員工資料

首先會看到要求輸入員工編號，如果員工編號輸入正確，會詢問是否確定要刪除此員工資料。

上述如果按確定鈕將看到下方左圖，告知員工資料已刪除。如果輸入員工資料錯誤，將看到下方右圖。

下列是完整的程式碼。

```
1    ' 新增員工資料的子程序
2    Sub AddEmployeeData()
3        ' 定義並設置工作表變數
4        Dim ws As Worksheet
5        Set ws = ThisWorkbook.Sheets("工作表1")
6        ' 定義 row 變數，找到最後一列的下一列，準備寫入數據
7        Dim row As Long
8        row = ws.Cells(ws.Rows.Count, "A").End(xlUp).row + 1
9
10       ' 定義變數用於儲存從輸入框獲取的數據
11       Dim employeeID As String
12       Dim name As String
13       Dim position As String
14       Dim department As String
15
16       ' 顯示輸入框讓用戶輸入數據
17       employeeID = InputBox("請輸入員工編號:")
18       name = InputBox("請輸入員工姓名:")
19       position = InputBox("請輸入職位:")
20       department = InputBox("請輸入部門:")
21
22       ' 將獲取的數據寫入對應的儲存格
23       ws.Cells(row, 1).Value = employeeID
24       ws.Cells(row, 2).Value = name
25       ws.Cells(row, 3).Value = position
26       ws.Cells(row, 4).Value = department
```

```
27
28        ' 顯示對話方塊告知用戶員工資料已新增
29        MsgBox "員工資料已新增"
30   End Sub
31
32   ' 查詢員工資料的子程序
33   Sub FindEmployeeData()
34        ' 設置工作表變數
35        Dim ws As Worksheet
36        Set ws = ThisWorkbook.Sheets("工作表1")
37        ' 定義變數用於儲存員工編號
38        Dim employeeID As String
39        employeeID = InputBox("請輸入員工編號:")
40
41        ' 查詢員工編號並儲存結果
42        Dim found As Range
43        Set found = ws.Columns("A:A").Find(What:=employeeID, LookIn:=xlValues)
44
45        ' 如果找到了員工資料，顯示詳細訊息，否則顯示未找到的訊息
46        If Not found Is Nothing Then
47           MsgBox "姓名: " & found.Offset(0, 1).Value & vbCrLf & _
48                  "職位: " & found.Offset(0, 2).Value & vbCrLf & _
49                  "部門: " & found.Offset(0, 3).Value
50        Else
51           MsgBox "找不到員工資料"
52        End If
53   End Sub
54
55   ' 更新員工資料的子程序
56   Sub UpdateEmployeeData()
57        ' 設置工作表變數
58        Dim ws As Worksheet
59        Set ws = ThisWorkbook.Sheets("工作表1")
60        ' 定義變數用於儲存員工編號
61        Dim employeeID As String
62        employeeID = InputBox("請輸入員工編號:")
63
64        ' 查詢員工編號並存儲結果
65        Dim found As Range
66        Set found = ws.Columns("A:A").Find(What:=employeeID, LookIn:=xlValues)
67
68        ' 如果找到了員工，則允許更新職位和部門，否則顯示未找到的訊息
69        If Not found Is Nothing Then
70           Dim newPosition As String
71           Dim newDepartment As String
72
73           newPosition = InputBox("請輸入新的職位:")
74           newDepartment = InputBox("請輸入新的部門:")
75
76           found.Offset(0, 2).Value = newPosition
77           found.Offset(0, 3).Value = newDepartment
78
79           MsgBox "員工資料已更新"
80        Else
```

```
81          MsgBox "找不到員工資料"
82      End If
83  End Sub
84
85  ' 刪除員工資料的子程序
86  Sub DeleteEmployeeData()
87      ' 設置工作表變數
88      Dim ws As Worksheet
89      Set ws = ThisWorkbook.Sheets("工作表1")
90      ' 定義變數用於儲存員工編號
91      Dim employeeID As String
92      employeeID = InputBox("請輸入員工編號:")
93
94      ' 查詢員工編號並儲存結果
95      Dim found As Range
96      Set found = ws.Columns("A:A").Find(What:=employeeID, LookIn:=xlValues)
97
98      ' 如果找到了員工，詢問用戶是否確定刪除，是則刪除，否則取消
99      If Not found Is Nothing Then
100         Dim confirm As VbMsgBoxResult
101         confirm = MsgBox("確定要刪除此員工資料嗎？", vbYesNo + vbQuestion, "確認刪除")
102
103         If confirm = vbYes Then
104             found.EntireRow.Delete
105             MsgBox "員工資料已刪除"
106         End If
107     Else
108         MsgBox "找不到員工資料"
109     End If
110 End Sub
111
112 ' 主程序，提供用戶介面來執行不同的操作
113 Sub MainProgram()
114     Dim userChoice As Integer
115     Do
116         ' 顯示操作選單，讓用戶選擇
117         userChoice = Val(InputBox("請選擇操作：" & vbCrLf & _
118                                   "1. 新增員工資料" & vbCrLf & _
119                                   "2. 查詢員工資料" & vbCrLf & _
120                                   "3. 更新員工資料" & vbCrLf & _
121                                   "4. 刪除員工資料" & vbCrLf & _
122                                   "5. 退出員工資料管理系統"))
123
124         ' 根據用戶的選擇執行相應的子程序
125         Select Case userChoice
126             Case 1
127                 Call AddEmployeeData
128             Case 2
129                 Call FindEmployeeData
130             Case 3
131                 Call UpdateEmployeeData
132             Case 4
133                 Call DeleteEmployeeData
134             Case 5
135                 Exit Sub ' 退出主程序
136             Case Else
137                 MsgBox "請輸入有效的選項（1-5）"
138         End Select
139     Loop While userChoice <> 5 ' 持續顯示操作選項直到用戶選擇退出
140 End Sub
```

41-2 庫存管理系統

程式實例 ch41_2.xlsm：設計一個簡單的庫存管理系統，此系統需要有的基本功能如下：

- 新增庫存項目
- 更新庫存
- 查詢庫存
- 退出庫存管理系統

這個程式所使用的「工作表 1」是筆者先建立的 2 筆庫存資料，內容如下：

	A	B	C	D	E
1	產品編號	產品名稱	庫存數量		
2	i001a	iPhone	10		
3	i001b	iWatch	15		庫存管理
4					
5					

註 這個程式也可以改為設計 4 個功能鈕，一個功能鈕執行一個功能。

上述「庫存管理」功能鈕可以啟動巨集「InventoryManagementSystem」，點選此功能鈕後，可以看到下列畫面。

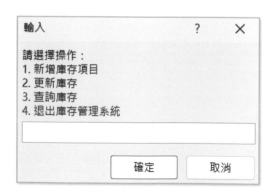

上述會要求輸入 1 ~ 4，分別是新增、更新、查詢和退出系統。如果輸入錯誤，將看到下列畫面。

上述按確定鈕後，又可以看到此主程式的選單畫面。本程式主要選單功能的內容如下：

❏　新增庫存項目

會看到要求輸入產品編號、產品名稱和庫存數量的對話方塊，以及告知庫存項目已新增的畫面。

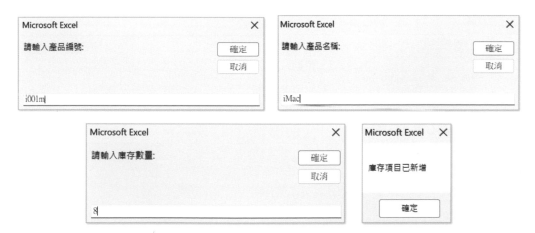

❏　更新庫存

會看到要求輸入產品編號和庫存數量的對話方塊，如果產品編號輸入正確，輸入完庫存數量後會告知庫存數量已更新的畫面，可以參考下方左圖。如果產品編號輸入錯誤，會告知找不到該產品編號的庫存項目，可以參考下方右圖。

❑　查詢庫存

　　會看到要求輸入要查詢產品編號的對話方塊，如果產品編號輸入正確，輸入完後會告知產品名稱與庫存數量的畫面，可以參考下方左圖。如果產品編號輸入錯誤，會告知找不到該產品編號的庫存項目，可以參考下方右圖。

　　下列是完整的程式碼。

```
1    ' 新增庫存項目的子程序
2    Sub AddInventoryItem()
3        ' 定義工作表變數並設定為"工作表1"
4        Dim ws As Worksheet
5        Set ws = ThisWorkbook.Sheets("工作表1")
6
7        ' 找到最後一個非空白列的下一列
8        Dim lastRow As Long
9        lastRow = ws.Cells(ws.Rows.Count, "A").End(xlUp).Row + 1
10
11       ' 定義變數儲存產品編號、名稱和數量
12       Dim productID As String
13       Dim productName As String
14       Dim quantity As Integer
15
16       ' 使用輸入對話方塊獲取這些值
17       productID = InputBox("請輸入產品編號:")
18       productName = InputBox("請輸入產品名稱:")
19       quantity = InputBox("請輸入庫存數量:")
20
21       ' 在工作表中添加這些值
22       ws.Cells(lastRow, 1).Value = productID
23       ws.Cells(lastRow, 2).Value = productName
24       ws.Cells(lastRow, 3).Value = quantity
25
26       ' 顯示對話方塊告知用戶新增完成
27       MsgBox "庫存項目已新增"
28   End Sub
29
30   ' 更新庫存的子程序
31   Sub UpdateInventory()
32       ' 定義工作表變數並設定為"工作表1"
33       Dim ws As Worksheet
34       Set ws = ThisWorkbook.Sheets("工作表1")
```

```
15
16        ' 使用輸入對話方塊獲取這些值
17        productID = InputBox("請輸入產品編號:")
18        productName = InputBox("請輸入產品名稱:")
19        quantity = InputBox("請輸入庫存數量:")
20
21        ' 在工作表中添加這些值
22        ws.Cells(lastRow, 1).Value = productID
23        ws.Cells(lastRow, 2).Value = productName
24        ws.Cells(lastRow, 3).Value = quantity
25
26        ' 顯示對話方塊告知用戶新增完成
27        MsgBox "庫存項目已新增"
28    End Sub
29
30  ' 更新庫存的子程序
31  Sub UpdateInventory()
32        ' 定義工作表變數並設定為"工作表1"
33        Dim ws As Worksheet
34        Set ws = ThisWorkbook.Sheets("工作表1")
35
36        ' 定義變數儲存產品編號
37        Dim productID As String
38        Dim newQuantity As Integer
39
40        ' 使用對話方塊獲取產品編號
41        productID = InputBox("請輸入要更新的產品編號:")
42
43        ' 尋找匹配的產品編號
44        Dim foundRange As Range
45        Set foundRange = ws.Columns("A:A").Find(What:=productID, LookIn:=xlValues)
46
47        ' 如果找到，則更新庫存數量
48        If Not foundRange Is Nothing Then
49            newQuantity = InputBox("請輸入新的庫存數量:")
50            foundRange.Offset(0, 2).Value = newQuantity
51            MsgBox "庫存數量已更新"
52        Else
53            MsgBox "找不到該產品編號的庫存項目"
54        End If
55    End Sub
56
57  ' 查詢庫存的子程序
58  Sub QueryInventory()
59        ' 定義工作表變數並設定為"工作表1"
60        Dim ws As Worksheet
61        Set ws = ThisWorkbook.Sheets("工作表1")
62
63        ' 定義變數儲存產品編號
64        Dim productID As String
65
66        ' 使用輸入框獲取產品編號
67        productID = InputBox("請輸入要查詢的產品編號:")
68
69        ' 尋找匹配的產品編號
70        Dim foundRange As Range
71        Set foundRange = ws.Columns("A:A").Find(What:=productID, LookIn:=xlValues)
72
```

```
73        ' 如果找到，則顯示產品名稱和庫存數量
74        If Not foundRange Is Nothing Then
75            MsgBox "產品名稱：" & foundRange.Offset(0, 1).Value & vbCrLf & _
76                   "庫存數量：" & foundRange.Offset(0, 2).Value
77        Else
78            MsgBox "找不到該產品編號的庫存項目"
79        End If
80    End Sub
81
82    ' 庫存管理系統主程序
83    Sub InventoryManagementSystem()
84        Dim userChoice As Integer
85        Do
86            ' 提供用戶選單並獲取選擇
87            userChoice = Application.InputBox("請選擇操作：" & vbCrLf & _
88                "1. 新增庫存項目" & vbCrLf & _
89                "2. 更新庫存" & vbCrLf & _
90                "3. 查詢庫存" & vbCrLf & _
91                "4. 退出庫存管理系統", Type:=1)
92
93            ' 根據用戶選擇執行相應的子程序
94            Select Case userChoice
95                Case 1
96                    Call AddInventoryItem
97                Case 2
98                    Call UpdateInventory
99                Case 3
100                   Call QueryInventory
101               Case 4
102                   Exit Do
103               Case Else
104                   MsgBox "請輸入有效的選項（1-4）"
105           End Select
106       Loop While userChoice <> 4                    ' 當選擇4時退出迴圈
107       MsgBox "感謝使用庫存管理系統", vbInformation ' 顯示感謝使用的信息
108   End Sub
```

41-3 客戶關係管理系統

程式實例 ch41_3.xlsm：設計一個簡單的客戶關係管理系統，此系統需要有的基本功能
如下：

- 新增客戶資料
- 查詢客戶資料
- 更新客戶資料
- 刪除客戶資料
- 退出客戶關係管理系統

這個程式所使用的「工作表 1」是筆者先建立的 1 筆客戶資料，內容如下：

	A	B	C	D	E	F	G	H	I
1	客戶編號	客戶名稱	聯絡人	電話	電子郵箱	地址	備註		
2	A0001	深智	洪錦魁	02-12345678	jiinkwei@me.com	台北市信義區基隆路149-49號			
3									客戶關係管理
4									
5									

註　這個程式也可以改為設計 5 個功能鈕，一個功能鈕執行一個功能。

上述「客戶關係管理」功能鈕可以啟動巨集「CRMSystem」，點選此功能鈕後，可以看到下列畫面。

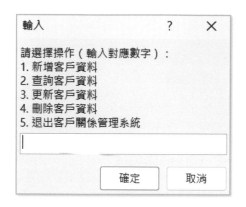

上述會要求輸入 1～5，分別是新增、查詢、更新、刪除和退出客戶關係管理系統。如果輸入錯誤，將看到下列畫面。

上述按確定鈕後，又可以看到此主程式的選單畫面。本程式主要選單功能的內容如下：

❏　新增客戶資料

　　會看到要求輸入客戶編號、客戶名稱、聯絡人、電話、電子郵箱、地址和備註的對話方塊，以及告知客戶資料已成功新增的畫面。

Microsoft Excel	✕
請輸入客戶編號：	確定　取消
A0002	

Microsoft Excel	✕
請輸入客戶名稱：	確定　取消
明志科大	

Microsoft Excel	✕
請輸入聯絡人：	確定　取消
洪星宇	

Microsoft Excel	✕
請輸入電話：	確定　取消
02-11112222	

Microsoft Excel	✕
請輸入電子郵箱：	確定　取消
kk@me.com	

Microsoft Excel	✕
請輸入地址：	確定　取消
新北市泰山區工專路84號	

新增客戶資料	✕
請輸入備註（可選）：	確定　取消

Microsoft Excel	✕
客戶資料已成功新增	
確定	

❏　查詢客戶資料

　　會看到要求輸入客戶編號以及告知搜尋結果的對話方塊。

Microsoft Excel	✕
請輸入要查詢的客戶編號：	確定　取消
A0002	

❑　更新客戶資料

　　首先會看到要求輸入客戶編號,如果客戶編號輸入正確,則可以分別看到要求輸入聯絡人、電話的對話方塊,以及告知客戶資料已更新的畫面,可以參考下方左圖。如果輸入客戶編號錯誤,將看到下方右圖。

❑　刪除客戶資料

　　首先會看到要求輸入客戶編號,如果客戶編號輸入正確,會詢問是否確定要刪除此客戶資料。

　　上述如果按確定鈕將看到下方左圖，告知客戶資料已刪除。如果輸入客戶資料錯誤，將看到下方右圖。

退出程式可以看到下列畫面。

完整的程式碼可以參考本書讀者資源 ch41_3.xlsm。

附錄 A

常數 / 關鍵字 / 函數索引表

附錄 B

RGB 色彩表

色彩名稱	16 進位	色彩樣式
AliceBlue	#F0F8FF	
AntiqueWhite	#FAEBD7	
Aqua	#00FFFF	
Aquamarine	#7FFFD4	
Azure	#F0FFFF	
Beige	#F5F5DC	
Bisque	#FFE4C4	
Black	#000000	
BlanchedAlmond	#FFEBCD	
Blue	#0000FF	
BlueViolet	#8A2BE2	
Brown	#A52A2A	
BurlyWood	#DEB887	
CadetBlue	#5F9EA0	
Chartreuse	#7FFF00	
Chocolate	#D2691E	
Coral	#FF7F50	
CornflowerBlue	#6495ED	
Cornsilk	#FFF8DC	
Crimson	#DC143C	
Cyan	#00FFFF	
DarkBlue	#00008B	
DarkCyan	#008B8B	
DarkGoldenRod	#B8860B	
DarkGray	#A9A9A9	

色彩名稱	16 進位	色彩樣式
DarkGrey	#A9A9A9	
DarkGreen	#006400	
DarkKhaki	#BDB76B	
DarkMagenta	#8B008B	
DarkOliveGreen	#556B2F	
DarkOrange	#FF8C00	
DarkOrchid	#9932CC	
DarkRed	#8B0000	
DarkSalmon	#E9967A	
DarkSeaGreen	#8FBC8F	
DarkSlateBlue	#483D8B	
DarkSlateGray	#2F4F4F	
DarkSlateGrey	#2F4F4F	
DarkTurquoise	#00CED1	
DarkViolet	#9400D3	
DeepPink	#FF1493	
DeepSkyBlue	#00BFFF	
DimGray	#696969	
DimGrey	#696969	
DodgerBlue	#1E90FF	
FireBrick	#B22222	
FloralWhite	#FFFAF0	
ForestGreen	#228B22	
Fuchsia	#FF00FF	
Gainsboro	#DCDCDC	

色彩名稱	16 進位	色彩樣式	色彩名稱	16 進位	色彩樣式
GhostWhite	#F8F8FF		LightSalmon	#FFA07A	
Gold	#FFD700		LightSeaGreen	#20B2AA	
GoldenRod	#DAA520		LightSkyBlue	#87CEFA	
Gray	#808080		LightSlateGray	#778899	
Grey	#808080		LightSlateGrey	#778899	
Green	#008000		LightSteelBlue	#B0C4DE	
GreenYellow	#ADFF2F		LightYellow	#FFFFE0	
HoneyDew	#F0FFF0		Lime	#00FF00	
HotPink	#FF69B4		LimeGreen	#32CD32	
IndianRed	#CD5C5C		Linen	#FAF0E6	
Indigo	#4B0082		Magenta	#FF00FF	
Ivory	#FFFFF0		Maroon	#800000	
Khaki	#F0E68C		MediumAquaMarine	#66CDAA	
Lavender	#E6E6FA		MediumBlue	#0000CD	
LavenderBlush	#FFF0F5		MediumOrchid	#BA55D3	
LawnGreen	#7CFC00		MediumPurple	#9370DB	
LemonChiffon	#FFFACD		MediumSeaGreen	#3CB371	
LightBlue	#ADD8E6		MediumSlateBlue	#7B68EE	
LightCoral	#F08080		MediumSpringGreen	#00FA9A	
LightCyan	#E0FFFF		MediumTurquoise	#48D1CC	
LightGoldenRodYellow	#FAFAD2		MediumVioletRed	#C71585	
LightGray	#D3D3D3		MidnightBlue	#191970	
LightGrey	#D3D3D3		MintCream	#F5FFFA	
LightGreen	#90EE90		MistyRose	#FFE4E1	
LightPink	#FFB6C1		Moccasin	#FFE4B5	

色彩名稱	16 進位	色彩樣式
NavajoWhite	#FFDEAD	
Navy	#000080	
OldLace	#FDF5E6	
Olive	#808000	
OliveDrab	#6B8E23	
Orange	#FFA500	
OrangeRed	#FF4500	
Orchid	#DA70D6	
PaleGoldenRod	#EEE8AA	
PaleGreen	#98FB98	
PaleTurquoise	#AFEEEE	
PaleVioletRed	#DB7093	
PapayaWhip	#FFEFD5	
PeachPuff	#FFDAB9	
Peru	#CD853F	
Pink	#FFC0CB	
Plum	#DDA0DD	
PowderBlue	#B0E0E6	
Purple	#800080	
RebeccaPurple	#663399	
Red	#FF0000	
RosyBrown	#BC8F8F	
RoyalBlue	#4169E1	
SaddleBrown	#8B4513	

色彩名稱	16 進位	色彩樣式
Salmon	#FA8072	
SandyBrown	#F4A460	
SeaGreen	#2E8B57	
SeaShell	#FFF5EE	
Sienna	#A0522D	
Silver	#C0C0C0	
SkyBlue	#87CEEB	
SlateBlue	#6A5ACD	
SlateGray	#708090	
SlateGrey	#708090	
Snow	#FFFAFA	
SpringGreen	#00FF7F	
SteelBlue	#4682B4	
Tan	#D2B48C	
Teal	#008080	
Thistle	#D8BFD8	
Tomato	#FF6347	
Turquoise	#40E0D0	
Violet	#EE82EE	
Wheat	#F5DEB3	
White	#FFFFFF	
WhiteSmoke	#F5F5F5	
Yellow	#FFFF00	
YellowGreen	#9ACD32	

Note

Note